"十二五"职业教育国家规划教材
经全国职业教育教材审定委员会审定

园林树木

YUANLIN SHUMU

第二版

王庆菊　张咏新　主编

化学工业出版社
·北京·

本书采用项目教学法和典型工作任务相结合的“理实一体化”教学改革模式，将园林树木相关知识分成3个模块、10个项目、25个工作任务进行介绍。每个项目明确了技能目标和知识目标，任务中设置了任务分析、任务实施、任务考核和理论认知等环节，通过完成各项任务实践环节来实现技能目标和知识目标；项目测评采用课业形式，提升学生对每个项目目标的理解和掌握；课外研究可以拓展学生的学习空间，开放学生的思维。园林树木识别与应用模块采用彩色印刷，图片精美、直观，方便教学应用。

本书可作为职业院校园林、园艺、林学等专业的专业教材，也可作为相关专业远程教育、技术培训及园林树木栽植与养护技术人员的参考用书。

图书在版编目（CIP）数据

园林树木/王庆菊，张咏新主编．—2版．—北京：化学工业出版社，2018.3 （2023.2重印）
“十二五”职业教育国家规划教材
ISBN 978-7-122-31518-2

Ⅰ．①园… Ⅱ．①王… ②张… Ⅲ．①园林树木-职业教育-教材 Ⅳ．①S68

中国版本图书馆CIP数据核字（2018）第026578号

责任编辑：李植峰　迟　蕾　张春娥　　　装帧设计：史利平
责任校对：王　静

出版发行：化学工业出版社（北京市东城区青年湖南街13号　邮政编码100011）
印　　装：北京缤索印刷有限公司
787mm×1092mm　1/16　印张17¾　字数493千字　2023年2月北京第2版第2次印刷

购书咨询：010-64518888　　　售后服务：010-64518899
网　　址：http://www.cip.com.cn
凡购买本书，如有缺损质量问题，本社销售中心负责调换。

定　　价：59.80元

《园林树木》（第二版）编写人员

主　　编　王庆菊　张咏新

副 主 编　贾大新　于文越　窦京海　张玉泉

编写人员（按姓名汉语拼音排列）

董　斌（广东农工商职业技术学院）

窦京海（潍坊职业学院）

贾大新（辽宁农业职业技术学院）

黄金凤（辽宁省农业科学院果树科学研究所）

柳玉晶（辽宁农业职业技术学院）

佟　畅［辽宁（营口）沿海开发建设有限公司］

王　辉（信阳农林学院）

王庆菊（辽宁农业职业技术学院）

王宇栋（沈阳市美诚景观工程有限公司）

王宇飞（辽宁五洲公路工程有限公司）

于文越（沈阳农业大学高等职业技术学院）

张计育（江苏省中国科学院植物研究所）

张淑梅（辽宁农业职业技术学院）

张咏新（辽宁农业职业技术学院）

张玉泉（黑龙江农业职业技术学院）

赵明珠（辽宁农业职业技术学院）

主　　审　王国东（辽宁农业职业技术学院）

前言
PREFACE

《园林树木》介绍园林树木的形态特征、生长发育规律、栽培养护措施和识别与应用等理论知识以及相关实践技能，分为园林树木基础、园林树木栽培与养护及园林树木识别与应用3大模块，10个项目，25个工作任务。

园林树木基础模块分为园林树木形态观察和园林树木物候期调查2个项目，详细介绍了园林树木的形态和生长发育规律基础理论，设计了观察园林树木形态、采集与制作标本和调查园林树木物候期3项任务，调查物候期可以帮助了解园林树木生长发育规律的理论知识，为掌握园林树木栽植及各种栽培养护管理技术打下理论基础；观察园林树木形态、采集与制作标本，可以促进学生对各种园林树木形态特征的理解和掌握，有利于识别各园林树种，并能合理地应用于园林建设中。园林树木基础模块是全面掌握园林树木栽培与应用技能的前提。

园林树木栽培与养护模块分为园林树木栽植与成活期养护、园林树木整形与修剪、园林树木土肥水管理和树木自然灾害及损伤养护4个项目，从实践技能角度分别设计了栽植园林树木，大树移植，修剪方法与技术处理、修剪园林乔木，修剪灌木（或小乔木）和修剪绿篱，园林树木的土壤、施肥和水分管理，自然灾害防治，园林树木损伤养护，养护管理作业历的制定等12项任务，并在理论上全面阐述了园林树木的栽培与养护。学习园林树木栽培与养护模块是全面提升园林树木栽培养护方面职业技能的过程。

园林树木识别与应用模块分为园林树木的分类、园林乔木识别与应用、园林灌木识别与应用和园林藤木识别与应用4个项目。按园林应用分别安排了制定分类检索表、调查与识别行道树、调查与识别独赏树、调查与识别庭荫树、调查与识别观花乔木、调查与识别树丛和片林树、调查与识别花灌木、调查与识别绿篱及整形灌木、调查与识别屋基种植灌木和调查与识别藤木树等10项任务。通过学习园林树木识别与应用模块，学生可系统掌握各种园林树木的形态特征、分布与习性及园林应用等识别与应用技能，并在园林建设中灵活应用各种园林树木。

《园林树木》是依据项目教学法和典型任务相结合的理实一体化教学模式而设计编写的理论与实践相结合的教材，在教材结构、顺序、内容等方面都进行了改进，教师可根据课程结构和季节特点适时布置实践任务，现场分析任务特点，并在任务实施过程

中了解和掌握相关理论知识，学生通过实践掌握理论，并用相关理论指导实践任务的完成，在完成任务的同时实现各个项目的知识目标和技能目标，达到活化理论、生动实践的目的。每个项目结束前设置项目测评和课外研究等专栏，可以巩固加深对技能目标和知识目标的理解，同时拓展学生的学习空间，开放学生的思维。教材编排引导学生通过实践提升理论学习的愿望和兴趣，理论知识的掌握可进一步指导和提高实践技能，并能融会贯通。

本教材由王庆菊、张咏新任主编，由贾大新、于文越、窦京海、张玉泉任副主编。参加编写的人员还有董斌、黄金凤、柳玉晶、佟畅、王辉、王宇栋、王宇飞、张计育、张淑梅、赵明珠；插图由王庆菊、张咏新和贾大新完成；审稿由王国东完成。本书编写中曾参考过有关单位和学者的文献资料，在此一并致以衷心的感谢。

本教材配套有丰富的立体化数字资源，可以从www.cipedu.com.cn免费下载。

由于编者水平有限，教材中难免存在缺点和不足，恳请各校师生批评指正。

编　者

2018年1月

目录
CONTENTS

目录
CONTENTS

绪　论

一、园林树木的概念

园林是指在一定的地域内，运用工程技术和艺术手段，通过改造地形、种植树木花草、营造建筑和布置园路等途径创作而成的优美的自然环境和游憩境域。园林树木是指在园林中栽植应用的木本植物，包括乔木、灌木和藤木树种。园林树木是构成园林景观和发挥绿化功能的主要植物材料，在园林建设中占有重要地位。充分地认识和合理地应用园林树木，正确地栽培、养护园林树木，对绿化、美化、净化以及改善自然环境，保持自然生态平衡，提高城乡园林绿化水平，具有重要意义。

园林树木本是野生林木，只是长期被人类选育、引种、驯化和利用后，才逐步形成供人们观赏的树木，由于人们的长期培育，产生了大量的变异，培育了很多新的品种，从而大大丰富了园林绿化的内容。

二、园林树木的作用

（一）园林树木的美化作用

众所周知，园林植物是园林景观营造的主要素材，园林绿化能否达到美观、经济、实用的效果，在很大程度上取决于对园林植物的选择和配置。园林中没有园林树木就不能称其为真正的园林。而园林绿化中，园林植物又以园林树木占有较大的比重而成为重要的美化题材。园林树木种类繁多，各具不同的形态、色彩、芳香、风韵，随季节变化而五彩纷呈，香韵悠远。它们与园林中的建筑、雕塑、山石、溪瀑等相互映衬，再加上艺术处理，呈现出千姿百态的迷人美景，令人神往。利用园林树木美化环境是园林工作者的首要任务。

1. 园林树木的观赏特性

园林树木树形各异，叶、花、果更是色彩丰富，绚丽多姿。树形如圆锥形、卵圆形、伞形、圆球形等。叶色有绿色的油松、侧柏，春色叶的落叶松、皂角，秋红色叶的槭树、五叶地锦，秋黄色叶的银杏、悬铃木，常色叶的紫叶李、紫叶小檗，双色叶银白杨，斑色叶的变叶木等。花形、花序形态变化极多。花色有红色系的月季、海棠，黄色系的连翘、黄刺玫，蓝色系的紫丁香、泡桐，白色系的荚蒾、玉兰等。花香有清香（茉莉）、甜香（桂花）、浓香（白玉兰）、淡香（玉兰）、幽香（树兰）等。果实的形状如铜钱树似铜钱、腊肠树似香肠、秤锤树似秤锤、紫珠似紫色小珍珠等。果实的色彩有红色的小檗、火棘、枸杞，黄色的甜橙、佛手，蓝紫色的葡萄，黑色的鼠李，白色的红瑞木等。观枝的红瑞木（红色）、山桃（古铜色），观皮的华山松（光滑）、白皮松（片裂），观刺毛的江南槐（毛）、皂角（刺）。观根的银杏、榕树等可做盆景。

2. 利用园林树木表现时序景观

园林树木随着季节的变化表现出鲜明的季相特征，春季繁花似锦，夏季绿树成荫，秋季硕果累累，冬季枝干遒劲。这种盛衰荣枯的生命节律，为创造园林四时演变的时序景观提供了条件。

根据植物的季相变化，把不同花期的植物搭配种植，使得同一地点在不同时期产生某种特有景观，给人不同的感受，体会时令的变化。

3. 利用园林树木创造观赏景点

园林树木本身具有独特的姿态、色彩、风韵之美，不同的园林植物形态各异，变化万千，既可孤植以展示个体之美，又能按照一定的构图方式配置，表现植物的群体美，还可根据各自生态习性，合理安排，巧妙搭配，营造出乔、灌、草结合的群落景观。

4. 利用园林植物形成地域景观特色

植物生态习性的不同及各地气候条件的差异，致使植物的分布呈现地域性。不同地域环境形成不同的植物景观，如热带雨林及阔叶常绿林相植物景观、暖温带针阔叶混交林相景观等具有不同的特色。根据环境气候等条件选择适合生长的植物种类，营造具有地方特色的景观。各地在漫长的植物栽培和应用观赏中形成了具有地方特色的植物景观，并与当地的文化融为一体，甚至有些植物材料被逐渐演化为一个国家或地区的象征。

5. 利用植物能够起到烘托建筑、雕塑的作用

植物的枝叶呈现柔和的曲线，不同植物的质地、色彩在视觉感受上都有一定差别，园林中经常用柔质的植物材料来软化生硬的几何式建筑形体，如基础栽植、墙角种植、墙壁绿化等形式。一般体型较大、立面庄严、视线开阔的建筑物附近，要选干高枝粗、树冠开展的树种；在玲珑精致的建筑物四周，要选栽一些枝态轻盈、叶小而致密的树种。现代园林中的雕塑、喷泉、建筑小品等也常用植物材料作装饰，或用绿篱作背景，通过色彩的对比和空间的围合来加强人们对景点的印象，产生烘托效果。园林植物与山石相配，能表现出地势起伏、野趣横生的自然韵味，与水体相配合则能形成倒影或遮蔽水源，造成深远的感觉。

（二）园林树木改善环境的作用

1. 改善空气质量

（1）吸收CO_2放出O_2　人类和众多的动物体每时每刻都在进行呼吸，吸进O_2呼出CO_2。据调查，正常情况下空气的CO_2含量为0.03%，当CO_2含量为0.4%时，就会引起人们头痛、耳鸣、呕吐等各种反应，超过0.8%就会使人迅速死亡。

地球上大面积的森林和绿色植物是CO_2的消耗者。树木是环境中CO_2和O_2的调节器，在光合作用中每吸收44g CO_2可放出32g O_2。虽然植物也进行呼吸作用，但在田间由光合作用所放出的O_2要比由呼吸作用所消耗的O_2量大20倍。一个体重75kg的成年人，若有10m^2 的树林，即可满足呼吸对O_2的需要。空气中60%以上的O_2来自陆地上的植物。人们把绿色植物比喻为“新鲜空气的加工厂”。

（2）分泌杀菌素　空气中散布着各种细菌。许多树木在生长过程中能不断分泌出大量的植物杀菌素，可以有效杀灭细菌、真菌和原生动物，主要代表树种有侧柏、圆柏、杉松、雪松等。

树木的挥发性物质除了有杀菌作用外，还可使人们有精神愉快的效果。

（3）吸收有毒气体　随着工业的发展，向大气中排放的有毒物质的数量也越来越多，种类越来越复杂，从而引起了空气成分的变化，对人类和其他生物产生不良影响。很多树木具有吸收多种有害气体的功能，从而减轻大气污染，起到净化空气的作用。

净化SO_2：忍冬、卫矛、旱柳、臭椿、榆、花曲柳、水蜡、山桃等既具有较大的吸毒力，又具有较强的抗性，所以是良好的净化SO_2的树种。总而言之，落叶树的吸硫力强于常绿阔叶树，更强于针叶树。

净化Cl_2：银柳、旱柳、臭椿、赤杨、水蜡、卫矛、花曲柳、忍冬等是净化Cl_2的较好树种。

净化其他有毒物质：泡桐、梧桐、大叶黄杨、女贞、樟树、垂柳等均有不同程度的吸氟力，柑橘类可吸收较多的氟化物。

（4）阻滞灰尘　大气中除有害气体污染外，还受烟尘、粉尘的污染。空气中的尘埃降低了空气的透明度，减少紫外线含量，容易引起呼吸道的各种疾病、沙眼及皮肤病，影响人体健康。微尘还可以使有雾地区雾情加重，使空气的透明度降低。

树木的枝叶可以阻滞空气中的尘埃，使空气变清洁。一般树冠大而浓密、叶面多毛或粗糙以及分泌有油脂或黏液者均有较强的滞尘力。

2. 调节气温

树冠能阻拦阳光从而减少辐射热。由于树冠大小不同，叶片的疏密度、质地等的不同，所以不同树种的遮阴能力也不同，遮阴力愈强，降低辐射热的效果愈显著。夏天在树荫下会感到凉爽，这是由于绿叶茂盛的树冠遮拦阳光，吸收辐射热，降低小环境的气温，一般能降温2～5℃。

3. 提高空气湿度

树木还可以改善小环境内的空气湿度。杨树等树种具有很强的增加空气湿度的能力。如进行大面积种植树木或树丛，则提高小环境湿度的效果尤为显著，数据测定，一般树林中的空气湿度要比空旷地高7%～14%。

4. 光照方面

树木可以吸收强光（红橙光和蓝紫光）、反射弱光（绿色光），可以遮去部分光照使光线变暗，对眼睛保健有良好作用，能使人在精神上觉得爽快和宁静。

5. 减弱噪声

城市环境中充满各种噪声，超过70dB时，对人体就会产生不良影响。树木能吸收、反射部分声波。较好的隔音树种是雪松、桧柏、水杉、悬铃木、梧桐、垂柳、云杉、臭椿、柳树等。

此外，园林树木能吸收或分解水中的部分有毒物质，如树木根部能积累汞、砷、铬等，柳树可富集镉等。在过于潮湿的地区，大面积种植蒸腾强度大的树种，可降低地下水位而使地面干燥。

（三）园林树木保护环境的作用

1. 涵养水源，保持水土

“天旱把雨盼，雨来冲一片，刮走肥和土，剩下石头蛋”，这是水土流失严重的山区俗语。植被稀少的荒山，在大暴雨的冲刷下，山地表土流失，山石裸露。

据调查，我国目前水土流失严重，全国每年流入江河的泥土量相当于被刮去1cm厚的耕地土层，土壤损失50多亿吨，流失的氮、磷、钾含量相当于4000多万吨化肥，比目前全国化肥年常用量还要多。因毁林导致水土流失在许多国家造成了严重后果，全世界谷物每年因此减产约2000万吨，同时造成水力发电的水库淤塞、水运受损等。

树木、草地有很大的保水能力，树林的林冠能截留雨水，减缓雨水强度，截留量为降水总量的15%～40%；树体可以储存一部分水分，减少和减缓了地表径流量和流速；树林内土壤团粒结构好，树木的根系能把持土壤，有利于水分渗透，能将更多的地表水转变为地下水，减少地表径流，有效地保持水土。

2. 防风固沙

大风可以增加土壤蒸发，降低土壤水分，造成土壤风蚀，严重时携带沙土埋没城镇和农田。有人测定，一条14m高的防风林，在它250～300m的保护范围内平均风速可以降低20%～30%。树林可阻挡风沙，为了防风应设置防风林带。在选择树种时应注意选择抗风力强、生长快且生长期长而寿命也长的树种，最好选择最能适应当地气候、土壤条件的乡土树种，其树冠最好呈尖塔形或柱形而叶片较小。在东北和华北的防风树常用杨、柳、榆、白蜡、紫穗槐、桂香柳、柽柳等。

3. 其他防护作用

为防止火灾蔓延，可选择应用树干有厚木栓层和富含水分而不易燃烧的树种作隔离带，如苏铁、银杏、青冈栎、棕榈、女贞、八角金盘等。酸木树具有很强的抗放射性污染的能力。其他如多风雪地区的防雪林带，海洋地区的红树防浪林，沿海地区的防海潮风的林带等。

4. 监测大气污染

许多植物对大气中有毒物质敏感，可以用来监测大气中有毒物质，如杏、紫丁香、月季、枫杨、白蜡、连翘、红松、油松等对SO_2敏感；榆叶梅、葡萄、杜鹃、樱桃、杏、李、桃、月季等对F及HF敏感；石榴、竹、复叶槭、桃、苹果、柳、落叶松、油松对Cl_2及HCl敏感；木兰、垂柳、银槭、梓树、皂荚、葡萄等对光化学气体（臭氧）敏感。

模块一 园林树木基础

项目一 园林树木形态观察

技能目标

正确描述树木形态；能绘制形态简图；能完成腊叶标本的制作。

知识目标

掌握园林树木的树形、枝、芽、叶、花、果等的形态术语。

任务1.1 观察园林树木形态

任务分析

园林树木的种类丰富，形态各异，如何准确描述其形态特征是园林树木识别的关键。通过对多种园林树木的观察，掌握描述树形、枝、芽、叶、花、果等的形态术语，运用形态术语正确描述树木各器官形态，并能绘制形态简图。

任务实施

【材料与工具准备】

常见各种园林树木50～80种。

卷尺、游标卡尺、放大镜、解剖针、镊子、记录夹、记录纸、记录笔。

【实施过程】

1. 形态观察：认真观察各种园林树木的树形、树皮、枝、叶、芽、花、果实等。

2. 形态描述：区分并用形态术语对各种园林树木的树形、树皮、枝、叶、芽、花、果实等形态进行准确描述。

3. 记录与绘制简图：将观察的园林树木形态进行记录，见表1-1；并绘制形态简图。

表1-1 园林树木形态观察记录表

树种名称		科属		生长地点	
生长习性					
树形		树皮形态		分枝方式	
枝条形态		单叶或复叶		叶序	
叶形		叶色		叶脉	
叶缘		叶端		叶基	
刺		芽		花序	
花色		花形		花瓣数	
果实类型		果色		果实形状	
种子性状					
其他					

任务考核

任务考核从职业素养和职业技能两方面进行评价，标准见表1-2。

表1-2 园林树木形态观察的考核标准

考核内容		考核标准	考核分值
职业素养	职业道德 职业态度 职业习惯	忠于职守，乐于奉献；实事求是，不弄虚作假；积极主动，操作认真；善始善终，爱护公物	30
职业技能	任务操作	按要求完成树种调查； 形态描述准确、绘制简图清晰	30 30
	总结创新	调查记录完整、真实	10

理论认知

园林树木一般都有根、茎、叶、花、果实及种子等六大器官，由于地上、地下器官所处环境不同，执行的生理功能不同，所以它们的形态、结构特征也各不相同。除此之外，园林树木在树形、树皮等方面也有其独特性，下面分别介绍园林树木各器官及树形、树皮的特点。

一、树体性状

（一）树木类型

1. 依树木的生长习性分类

（1）乔木类　树体高大，树木具明显主干，一般高度6m以上。可细分为伟乔（＞30m）、大乔（20～30m）、中乔（10～20m）及小乔（6～10m）等。

（2）灌木类　分为两种类型，一种是有主干，但树体矮小（＜6m）；另一种是树体矮小，无明显主干，茎干自地面生出多数，而呈丛生状，又称为丛木类，如绣线菊、棣棠、锦带、连翘等。

（3）铺地类　树木枝干均铺地生长，与地面接触部分生出不定根，如矮生栒子、铺地柏、沙地柏等。

（4）藤蔓类 地上部分不能直立生长，须攀附于其他支持物向上生长。又分为卷须攀援类，如葡萄的茎；气生根攀援类，如扶芳藤、络石、凌霄的茎；叶柄攀援类，如铁线莲的茎；吸盘攀援类，如爬山虎、五叶地锦的茎。

2. 依树木的观赏特性分类

（1）观形树木 指形体及姿态有较高观赏价值的一类树木。如雪松、龙柏、榕树、龙爪槐、龙桑、龙须柳等。

（2）观花树木 指在花色、花形、花香等方面具有较高观赏价值的树木。如梅花、厚朴、樱花、牡丹、白玉兰、八仙花等。

（3）观叶树木 指叶色、叶形、叶大小或着生方式有独特表现的树木。在热带地区比较常见的观叶树种有红乌桕、红背桂、花叶榕、黄榕、金连翘等；在北方寒冷地区比较常见的观叶种类有银杏、紫叶小檗、黄栌、红叶李、美国红枫、金叶榆、金叶女贞、金叶复叶槭等。

（4）观果树木 指果实具较高观赏价值，或果形奇特，或其色彩艳丽，或果实巨大，且挂果时间长的一类树木。如南天竹、火棘、金橘、石榴、金银忍冬、秤锤树、复羽叶栾树、美国黑果花楸、枸杞、山楂、五味子、葡萄、刺五加、水榆、紫杉等。

（5）观枝干树木 这类树木的枝干具有独特的风姿、或具奇特的色彩、或具奇异的附属物等。如白皮松、悬铃木、棣棠、白桦、栓翅卫矛、红瑞木、柠檬桉、棕榈类等。

（6）观根树木 这类树木裸露的根具观赏价值。如水松、落羽杉等植物具有屈膝根，桑科榕属植物常有气根等。

3. 依据树木在园林绿化中的用途分类

根据树木在园林中的主要用途可分为独赏树、庭荫树、防护树、花木类、藤本类、花灌类、植篱类、地被类、盆栽与造型类、室内装饰类、基础种植类等，这里重点介绍以下几类。

（1）独赏树 是指树木孤立种植的类型。也可同一品种的2～3株树合栽成整体树冠。主要表现树木的个性特点和个体美，可以独立成为景物供观赏用。树木高大雄伟，树形优美，具有特色，且寿命较长，病虫害少。如雪松、南洋杉、银杏、金钱松、凤凰木、白玉兰、华山松等均是很好的独赏树。其种植的地点要求比较开阔，要有比较适合观赏的视距和观赏点。以在大草坪上最佳，或广场中心、道路交叉口或坡路转角处。

（2）庭荫树 庭荫树主要以能形成绿荫供游人纳凉以避免日光暴晒和装饰用。由于这类树木常用于庭院中，故称庭荫树，一般树木高大、树冠宽阔、枝叶茂盛、无污染物等，选择时应兼顾其他观赏价值。多植于路旁、池边、廊、亭前后或与山石建筑相配。如国槐、枫杨、柿树、梧桐、杨类、柳类等常用作庭荫树。

（3）行道树 行道树是为了美化、遮阴和防护等目的，在道路旁栽植的树木。一般来说，行道树应具有干性强、树冠大、枝下高较高、发芽早、落叶迟、生长迅速、寿命长、耐修剪、根系发达、不易倒伏、花果不污染街道、树皮不怕强光暴晒、抗逆性强等特点。我国常见的行道树有悬铃木、樟树、国槐、榕树、重阳木、栾树、毛白杨、银桦、鹅掌楸、椴树等。

（4）防护树 主要指能从空气中吸收有毒气体、阻滞尘埃、防风固沙、保持水土的一类树木。这类树种一般在应用时多植成片林，以充分发挥其生态效应。

（5）花灌类 一般指具观花、观果、观叶及其他观赏价值的灌木类的总称，这类树木在园林中应用最广。花灌类可作独赏树兼庭荫树、行道树、花篱，或与各种地形及设施物相配作基础种植，也可布置成各种专类花园。观花灌木如榆叶梅、腊梅、绣线菊、连翘、锦带等，观果类如火棘、金银木、风箱果等。

（6）植篱类 植篱又称为绿篱或树篱，在园林中主要起分隔空间、范围场地，遮蔽视线，衬托景物，美化环境以及防护作用等。一般要求树木枝叶密集、生长慢、耐修剪、耐密植、养护简单。常见的有大叶黄杨、雀舌黄杨、法国冬青、侧柏、女贞、珍珠绣线菊、水蜡、火棘、雪柳、紫叶小檗等。

（7）地被类　指那些低矮的、铺展力强、常覆盖于地面的一类树木，多以覆盖裸露地表、防止尘土飞扬、防止水土流失、减少地表辐射、增加空气湿度、美化环境为主要目的，如爬行卫矛、铺地柏、沙地柏等。

（二）树形

树形是指在正常的外界生长环境条件下的成年树的外貌。在美化配植中，树形是构成园林景观的基本因素之一，它对园林境界的创作起着巨大的作用。通常各种园林树木的树形可分为下述各类型（图1-1）。

(a) 尖塔形（冷杉）　(b) 垂枝形（垂柳）　(c) 棕榈形（棕榈）

(d) 圆球形（栾树）　(e) 伞形（合欢）　(f) 拱枝形（金银忍冬）

图1-1　常见主要树形

（1）圆柱形　树木顶端优势较明显，主干生长旺盛，但树冠基部与中上部的枝条长度比较短，树冠上、下直径相差不多。具有向上的方向感，列植形成夹景，或与其他形状的树木配植形成多变的林冠线，如杜松、塔柏、钻天杨等。

（2）尖塔形　这类树木顶端优势明显，主干生长旺盛，树冠剖面基本以树干为中心，左右对称，如雪松、金钱松、圆柏、冷杉、云杉等。

（3）圆球形　包括球形、扁球形、卵圆形、圆头形等，树种众多，应用广泛，这类植物树形构成以弧线为主，给人以优美、圆润、柔和、生动的感觉。规则式种植时可形成整齐、规则的形态，可以在入口、花坛、草地、角隅等处布置，如海桐、大叶黄杨、香樟、五角枫、栗、国槐等。

（4）垂枝形　树木具有明显悬垂或下弯的细长枝条，形态轻盈、优雅活泼，适合在水边、草地上种植，如垂柳、垂枝榆、垂枝槐、垂枝山毛榉等。

（5）伞形　分枝点较高，枝下可活动，外形活泼，多在草坪、广场、建筑物前等处应用，或作行道树，如合欢、龙爪槐、棕榈科植物、老龄的松树和柏树等。

（6）拱枝形　枝条长而略下垂，可形成拱卷式或瀑布式的景观，如连翘、金银忍冬等。

（7）匍匐形　枝干不能直立生长，匍匐在地面，多用作地被，如铺地柏、沙地柏、爬行卫矛等。

（8）藤本　茎无直立性，需借用其他物体支撑，如花架、棚架、门廊、栏杆、枯树、山石、墙面等，形成空间多层次景观，如紫藤、葡萄、金银花、凌霄等。

（9）棕榈形　树木只有少数大型叶片集生于茎顶，如棕榈。

（10）特殊树形　树木生长过程中因受到特殊立地条件的作用，形成具有特殊观赏价值的形态，如迎客形、悬崖形、旗形等。

二、茎

茎是维管植物地上部分的骨架，上面着生叶、花和果实，具有输导营养物质和水分以及支持叶、花和果实在一定空间的作用。同时茎中可以贮藏淀粉、糖类、脂肪、蛋白质以供植物体利用。此外，茎的繁殖作用也是极其明显的，利用茎、枝进行扦插、压条、嫁接繁殖，已是园林苗木栽培中的一项重要措施。

（一）茎的形态

园林树木茎的形态是多种多样的，不但有长短、粗细的变化，也有外形的变化，大多数茎呈圆柱状，也有的呈方柱状、三棱柱状、扁平柱状，同时茎的表面可能被覆各种类型的毛状结构或刺以及各种形状、各种颜色的皮孔。

（二）节与节间

节是芽与叶的着生部位，通常是茎上稍微膨大隆起的部位，为辨别茎枝的主要特征。两个节之间的部分，称为节间。茎和根的主要区别是，茎有节和节间，在节上着生叶，在叶腋和茎的顶端具有芽。着生叶和芽的茎，称为枝或枝条。

在植株生长过程中，枝条延伸生长的强弱可影响到节间的长短。在木本植物中，节间显著伸长的枝条，称为长枝；节间短缩，各个节间紧密相接，甚至难于分辨的枝条，称为短枝，其上的叶常因节间短缩而呈簇生状态，例如银杏、马尾松、梨、海棠等在长枝上着生许多短枝。

在多年生落叶乔木和灌木的越冬枝条上，除了节、节间和芽以外，常能观察到其附属结构脱落后遗留的痕迹，如叶痕与芽鳞痕（图1-2）。叶片脱落后在茎与叶柄相连的部位留下的痕迹称为叶痕，其中常能观察到散点状的叶柄维管束痕迹。芽鳞是包在芽的外面，起保护作用的鳞片状变态叶，芽鳞脱落后留下的痕迹，叫做芽鳞痕，常在茎的周围排列成环，一般顶芽的芽鳞痕比较明显，侧芽长成侧枝后芽鳞痕位于枝腋处不明显，侧枝上明显的芽鳞痕是侧枝的顶芽的芽鳞痕。根据芽鳞痕可判断枝条的生长年龄。

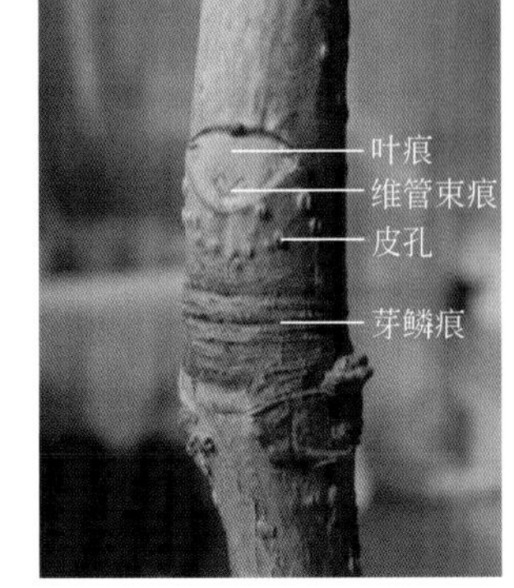

图1-2　落叶树木枝的冬态（局部）

（三）芽的类型

芽是处于幼态而未展开的枝条、花或花序，其实质是枝条、花或花序尚未发育前的雏体。依据芽在枝上的位置、有无芽鳞、形成器官的性质和它的生理活动状态等特点来划分，芽可分为以下几种类型。

1. 叶芽、花芽和混合芽

芽开放后形成枝叶的叫叶芽。叶芽的顶端分生组织保持着营养生长的特性，因此其发育结果将形成新的枝条。芽发展为花或花序的为花芽，花芽的顶端分生组织转向了生殖生长，因此决定了花芽是一个有限生长的结构，最终发育为一朵花或一个花序。如果一个芽开放后既形成枝叶，又形成花的叫做混合芽，混合芽的发育结果将是一个带花的枝条，如梨、苹果、海棠等的芽。

2. 定芽和不定芽

一般生长在枝条上的具有一定位置的芽称为定芽，其中生于枝端的芽称为顶芽；生于叶腋的芽称为腋芽或侧芽；有些植物如金银花、桃等的叶腋内会产生不止一个腋芽，有时叶腋内有3个横向并列的并生芽；有的为纵列2～4个叠生芽，也有的植物如复叶槭、二球悬铃木、火炬树等的腋芽，被膨大的叶柄基部覆盖，称为柄下芽。与定芽相对应的为不定芽，是指从老茎、老根和叶片上所产生的芽，不定芽的生长位置不固定，一般源于薄壁组织的恢复分裂，而与顶端分生组织无关，如刺槐等根上的不定芽，落地生根和秋海棠叶上的不定芽，砍伐后的柳树桩上所产生的不定芽等。因此在生产实践上，利用叶或根容易产生不定芽的特点，通过扦插可以进行大量繁殖。

3. 裸芽和鳞芽

芽的外面包有鳞片的叫鳞芽。木本植物的越冬芽，不论是枝芽还是花芽，外面都有鳞片包被，鳞片是变态的叶，有角质和毛茸，有时还被覆着分泌的树脂黏液，可以使芽内蒸腾减少和防止干旱、冻害，保护幼嫩的芽，对过冬可起保护作用。多数草本植物和少数多年生木本植物的芽，它们芽的外面无鳞片，仅为幼叶所包裹，如枫杨和胡桃的雄花芽，都是裸芽（图1-3）。

(a) 枫杨裸芽

(b) 紫丁香鳞芽

图1–3　园林树木的裸芽和鳞芽

4. 活动芽和休眠芽

通常认为能在当年生长季节中萌发的芽称为活动芽。一年生草本植物的植株上，经历由种子萌发生出幼苗、成长、开花、结果的过程，因此多数芽都是活动芽。

温带的多年生木本植物，其枝条上近下部的许多腋芽在生长季节里往往是不活动的，暂时保持休眠状态，这种芽称为休眠芽或潜伏芽。休眠芽以后可能伸展开放，例如当受到创伤和刺激时，往往可以打破休眠，开始萌发；也可能在植物的一生中，始终处于休眠状态不会形成活动芽。休眠芽的形成，可使植株调节养料，控制侧枝发生，使枝叶在空间合理安排，并保持充沛的后备力量，从而使植株得以稳健地成长和生存。

（四）茎的分枝

茎的分枝是普遍现象，茎在生长时，由顶芽和腋芽形成主干和分枝，形成分枝能迅速增加整个植物体的同化和吸收表面积，最充分地利用外界物质。由于顶芽和腋芽活动的情况不同，在长期进化过程中，各种植物分枝有一定规律，并常分为以下4种类型（图1-4）。

(a) 单轴分枝（云杉）

(b) 合轴分枝（山桃）

(c) 假二叉分枝（丁香）

(d) 二叉分枝（卷柏）

图1-4　园林树木主要分枝方式

1. 单轴分枝

从幼苗形成开始，主茎的顶芽不断向上生长，形成直立而明显的主干，主茎上的腋芽形成侧枝，侧枝再形成各级分枝，各次级分枝的伸长与加粗均弱于主干，形成主次分明的分枝形式。这种分枝方式称为单轴分枝，又称总状分枝。单轴分枝容易形成高而粗壮的主茎，许多高大树木包括多数裸子植物都属于这种分枝方式。多见于裸子植物，如松杉类的柏、杉、水杉、银杉，以及部分被子植物，如杨和山毛榉等。这种分枝方式能获得粗壮通直的木材。

2. 合轴分枝

茎在生长中，顶芽生长迟缓，或者很早枯萎，或者顶芽转变为花芽，由其下方的一个腋芽代替顶芽继续生长形成侧枝，以后侧枝的顶芽又停止生长，再由它下方的腋芽发育，如此反复交替进行，成为主干。这种主干是由许多腋芽发育的侧枝组成，称为合轴分枝。顶芽发育到一定时候，生长缓慢、死亡或形成花芽，如此反复不断，这样，主干实际上是由短的主茎和各级侧枝相继接替联合而成，因此称为合轴分枝。合轴分枝是顶端优势减弱或消失的结果，合轴分枝的植株，树冠开阔，枝叶茂盛，有利于接受充足阳光，是一种较为进化的分枝类型，是大多数被子植物的分枝方式，如桃、李、苹果、无花果、桉树、桑、榆等。

3. 假二叉分枝

假二叉分枝的实质属于合轴分枝，在具有对生叶序的植物中，顶芽停止生长或分化为花芽后，由它下面对生的两个腋芽发育成两个外形大致相同的侧枝，像是两个叉状的分枝，称为假二叉分枝。这种分枝，与真正的二叉分枝有根本区别。假二叉分枝多见于被子植物，如丁香、茉莉、接骨木、泡桐等。

4. 二叉分枝

二叉分枝也称叉状分枝，这是比较原始的分枝方式，顶端分生组织在发育一段时间后平分为均等的两部分，各形成一个分枝，并以这种方式重复产生次级分枝。因此这种分枝统称为二叉分枝。二叉分枝常见于石松、卷柏等蕨类植物。

（五）茎的类型

不同植物的茎在适应外界环境过程中，分别以各自的方式进行生长，使叶能在空间充分开展，获得充足阳光，制造营养物质，并完成繁殖后代的作用，产生了以下7种主要的类型。

1. 直立茎

茎干垂直地面向上直立生长的称直立茎。大多数植物的茎直立向上生长，如松、柏、杨、柳等（见图1-5）。

2. 缠绕茎

细长而柔软，不能直立，螺旋状缠绕他物而上的茎称缠绕茎（见图1-5），但它不具有特殊的攀援结构，而是以茎的本身缠绕于他物上。缠绕茎有一定的缠绕方向，有些是向左旋转（即逆时针方向），如紫藤、茑萝、马兜铃等；有些是向右旋转（即顺时针方向），如金银花、忍冬、北五味子等；有的植物的茎既可左旋，也可右旋，称为中性缠绕茎，如何首乌的茎。

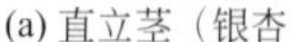

(a) 直立茎（银杏）

(b) 攀援茎（五叶地锦）

(c) 缠绕茎（紫藤）

图1-5 园林树木茎的主要类型

3. 攀援茎

这种茎细长柔软，不能直立，以特有的结构（卷须、吸盘、钩刺等器官）攀援支持物上升（见图1-5）。按攀援结构的性质，又可分为以下5种。

① 以卷须攀援的，如葡萄的茎；

② 以气生根攀援，如扶芳藤、络石、凌霄的茎；

③ 以叶柄攀援，如旱金莲、铁线莲、威灵仙的茎；

④ 以钩刺攀援，如白藤、猪殃殃的茎；

⑤ 以吸盘攀援，如爬山虎、五叶地锦的茎。

在少数植物中，茎既能缠绕，又具有攀援结构，如葎草，它的茎本身能向右缠绕于他物上，同时在茎上也生有能攀援的钩刺，帮助柔软的茎向上生长。有缠绕茎和攀援茎的植物统称藤本植物。热带、亚热带森林里藤本植物特别茂盛，形成森林内的特有景观。

4. 斜升茎

植株幼时茎不完全呈直立状态，而是偏斜而上，故长成后植株下部呈弧曲状，上部呈直立状，如草本植物的酢浆草、木本植物的山黄麻等。

5. 斜倚茎

茎通常为草质，基部斜倚地面，但不完全卧倒，上部有向上生长的倾向，但绝不直立，整个植株呈现近地面生长向四周扩展的状态。这种类型的植物，在生长密集的情况下，可发育为斜升茎状态；在植物生长较稀疏时，则植株斜倚于地表，如扁蓄、马齿苋等。

6. 平卧茎

茎平卧地上而生长，在近地表的基部即分枝，节上通常不长不定根，称平卧茎，如地锦、蒺藜等。

7. 匍匐茎

茎长而平卧地面，茎节和分枝处生不定根，这类茎称匍匐茎，如偃柏、铺地柏、沙地柏等，在园林中常用作地被。

（六）茎的变态

植物在长期系统发育的过程中，由于环境变化影响，植物器官形成某些特殊适应，以致外部形态发生改变，叫做变态。茎的变态，根据形态上的差异，可分为如下两大类型。

1. 地下变态茎

变态茎生长在地下，总称地下变态茎，共有4种类型。

（1）根状茎　茎像根一样横卧在地下，茎上有明显的节和节间、顶芽和腋芽以及退化的鳞片叶，如竹的根状茎，又称竹鞭；莲的地下茎又称藕；狗牙根、白茅是常见的田间杂草，根状茎繁殖力很强，许多蕨类也具有根状茎。

（2）块茎　为节间短缩的横生茎，外形不一，常肉质膨大呈不规则的块状，贮藏一定的营养物质借以度过不利之气候条件。如马铃薯块茎具螺旋排列的腋芽；菊芋（洋姜）、半夏、甘露子（草石蚕）等都有块茎。

（3）球茎　地下茎膨大呈球形、扁圆形或长圆形，表面有环状节痕，顶端有肥大的顶芽，侧芽不发达，如唐菖蒲、香雪兰、慈姑等。

（4）鳞茎　多年生单子叶植物的处于休眠阶段的变态茎。鳞茎通常为球形，变态茎极短，呈盘状，其上着生肥厚的鳞片状鳞片叶，营养物质贮藏在鳞片叶中，如洋葱、水仙。

2. 地上变态茎

地上的变态茎，多是茎的分枝的变态，有以下4种类型。

（1）卷须　是部分茎枝特化而成的卷须状攀援结构，是地上枝的变态，多见于藤本植物，缠绕于支柱物上，牵引植物向上攀援生长。葡萄的卷须生在腋芽的对方，黄瓜的卷须生在腋芽处。

（2）茎刺　是分枝或芽的变态，其中的维管组织相连，如皂荚、枸橘、梅。

（3）叶状茎　是茎枝特化为扁平的叶状结构，常呈绿色而具有叶的功能，但有明显的节和节间，如竹节蓼、假叶树、天门冬等。

（4）肉质茎　茎绿色，肥大多浆液，薄壁组织特别发达，适于贮藏水分，并能够进行光合作用。叶片高度退化或成刺状，以减少蒸腾，茎的形态多种，有球状、圆柱状或饼状的，如仙人掌属、仙人球属植物。

三、树皮

树木干皮的形、色很有观赏价值，在园林配置中起着很大的作用，按树皮的形、色可分为如下类型。

（一）干皮形态

园林树木的干皮形态见图1-6。

（1）光滑树皮　树皮表面平滑无裂，许多青年期树木都属此类，典型者如胡桃幼树、柠檬桉等。

（2）横纹树皮　树皮表面呈浅而细的横纹状，如山桃、桃、樱花等。

（3）片裂树皮　树皮表面呈不规则的片状剥落，如白皮松、悬铃木、榔榆等。

（4）丝裂树皮　树皮表面呈纵而薄的丝状脱落，如楸树、圆柏、侧柏等。

（5）纸状剥裂　树皮表面呈纸状剥落，如白桦、红桦等。

（6）纵裂树皮　树皮表面呈不规则的纵条状或近于人字状的浅裂，多数树种均属于本类，如银杏、金银忍冬、臭椿、栾树、国槐等。

（7）纵沟树皮　树皮表面纵裂较深，呈纵条或近于人字状的深沟，例如老年的胡桃、板栗、刺槐等。

（8）粗糙树皮　树皮表面既不平滑，又无较深沟纹，而呈不规则脱落之粗糙状，如云杉、硕桦等。

（9）疣突树皮　树皮表面有不规则的疣突，暖热地方的老龄树木可见到这种情况，如山皂荚、刺槐等。

(a) 横纹树皮（山桃） (b) 丝裂树皮（侧柏） (c) 纵裂树皮（银杏）
(d) 纵沟树皮（榆树） (e) 片裂树皮（悬铃木） (f) 疣突树皮（刺槐）

图1-6 园林树木的干皮形态

（二）干皮色彩

在进行丛植配景时，不但要注意树干颜色与环境的协调，也要注意各树木之间树干颜色的关系。

（1）暗紫色 紫竹。

（2）红褐色 马尾松、山桃、火炬松、杉木。

（3）黄色 金竹、黄桦、连翘。

（4）红色 红瑞木。

（5）绿色 竹、梧桐。

（6）斑驳色彩 黄金嵌碧玉竹、碧玉嵌黄金竹、木瓜等。

（7）白色或灰色 白皮松、白桦、胡桃、朴、山茶、悬铃木。

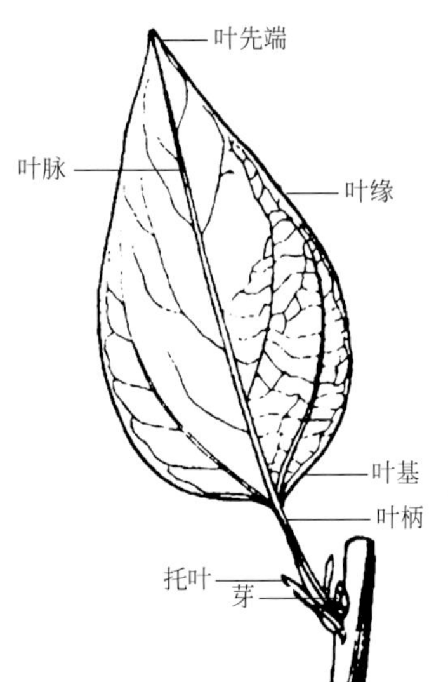

图1-7 叶片结构

四、叶及叶序

（一）叶片的结构

叶片的结构见图1-7。

1. 叶片

叶片的表皮由一层排列紧密、无色透明的细胞组成。表皮细胞外壁有角质层或蜡层，起保护作用。叶肉是叶片最发达、最重要的组织，由含有许多叶绿体的薄壁细胞组成。在有背腹之分的两面叶中，叶肉组织分为栅栏组织和海绵组织。叶脉由维管束和机械组织组成。叶片有叶先端、叶缘和叶基。

2. 叶柄

叶柄是连接在茎和叶片之间的水、营养物质和同化物质的通道。叶柄有向性运动，使叶片转向阳光的方向，调节与其他叶的重叠，通常叶柄位于叶片的基部。少数植物的叶柄着生于叶片中央或略偏下方，称为盾状着生，如莲、千金藤。叶柄通常呈细圆柱形、扁平形或具沟槽。

3. 托叶（叶托）

托叶是某些植物生长在叶柄基部附近，两侧或腋部所着生的细小绿色或膜质片状物，像叶子的植物组织；通常先于叶片长出，并于早期起着保护幼叶和芽的作用。托叶一般较细小，形状、大小因植物种类不同差异甚大。

（二）叶片的形态

自然界中各种植物叶片的大小、形状差异极大，形态各异。但就某一种植物来讲，叶片的形态有其自身特点，而且是比较稳定的，可作为识别植物和分类的依据。

1. 叶片的形状

叶片的形状类型如下所述（见图1-8）。

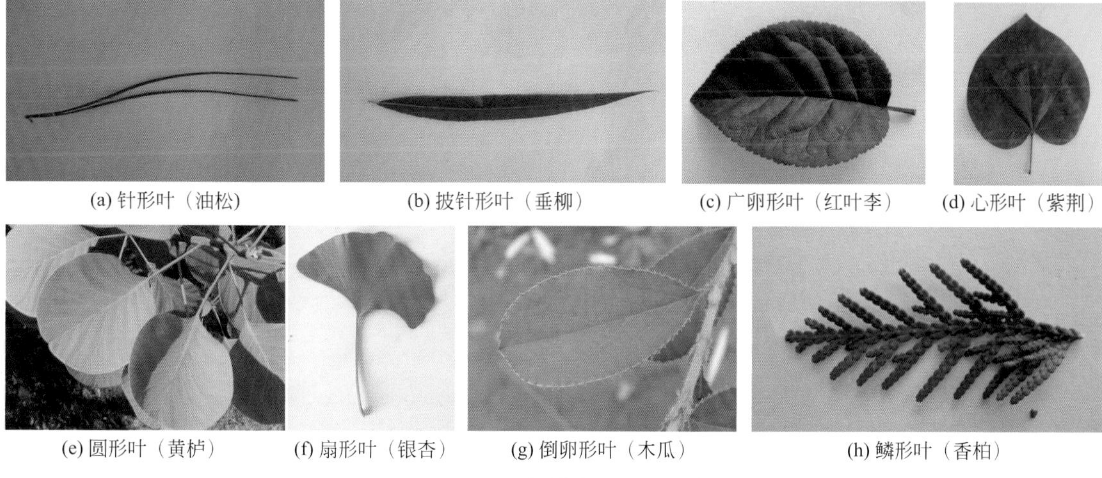

(a) 针形叶（油松）　(b) 披针形叶（垂柳）　(c) 广卵形叶（红叶李）　(d) 心形叶（紫荆）

(e) 圆形叶（黄栌）　(f) 扇形叶（银杏）　(g) 倒卵形叶（木瓜）　(h) 鳞形叶（香柏）

图1–8　园林树木叶片的形状

（1）针形叶　细长，先端尖锐，称为针叶，如各种松类、云杉的叶。

（2）线形叶　叶片细长而扁平，叶缘两侧均平行，上下宽度差异不大者，称为线形叶，也称带形或条形叶，如紫杉和冷杉的叶。

（3）披针形叶　叶身的长为宽的4～5倍，中部以下最宽，上部渐狭，称为披针形叶，如柳、桃的叶。

（4）椭圆形叶　叶身中央最宽，至两端渐转狭，长宽之比约为1.5 ∶ 1，如印度橡皮树叶、樟叶、白鹃梅。

（5）卵形叶　叶片下部圆阔，上部稍狭，称为卵形叶，如榆树、桂花、茶花的叶。卵形叶面较宽的，称为广卵形叶，如红瑞木的叶；卵形叶面先端圆阔而基部稍狭，仿佛卵形倒置的，称为倒卵形叶，如木瓜的叶。

（6）菱形叶　叶片呈等边斜方形，称菱形叶，如菱、乌桕的叶。

（7）心形叶　叶先端尖或渐尖，基部内凹，似心形，称为心形叶，如紫荆、黄槿的叶。

（8）扇形叶　叶顶端宽圆，向下渐狭，如银杏叶。

（9）圆形叶　叶形状如圆盘，叶长、宽近相等，如黄栌叶。

（10）鳞形叶　叶细小呈鳞片状，如侧柏、柽柳、香柏的叶。

2. 叶尖的形状

叶尖是指叶片尖端的形状（见图1-9），常见的形状如下。

（1）渐尖　叶尖较长，或逐渐尖锐，尖头延长而有内弯的边，如小叶朴、桃叶卫矛的叶。

（2）急尖　叶片顶端突然变尖，先端成一锐角，如红瑞木的叶。

（3）尾尖　先端渐狭长呈尾状延长，如棣棠、珍珠梅的叶。

（4）钝形　叶尖钝而不尖，或近圆形，如厚朴、冬青卫矛、黄栌的叶。

（5）截形　叶端平截，几乎成一直线，如鹅掌楸、蚕豆的叶。

（6）具短尖　叶尖具有中脉延伸于外形成突然生出的小尖，小尖钝形，如胡枝子、紫穗槐、白玉兰、锦鸡儿、锥花小檗的叶。

（7）具骤尖　叶尖尖而硬，如虎杖、吴茱萸的叶。

（8）微凹　叶尖先端圆，顶端中间稍凹，如小叶黄杨的叶。

（9）倒心形　叶尖具较深的尖形凹缺，而叶两侧稍内缩，如酢浆草的叶。

(a) 渐尖（桃叶卫矛）　(b) 急尖（红瑞木）　(c) 尾尖（棣棠）

(d) 钝形（黄栌）　(e) 具短尖（白玉兰）　(f) 微凹（小叶黄杨）

图1-9　叶尖的形状

3. 叶基的形状

叶基是叶尖的对应词，即指叶片的基部通过叶柄或直接与茎连接，有如下几种类型。

（1）下延叶基　基部两边的夹角为锐角，两边平直或弯曲，向下渐趋狭窄，且叶片下延至叶柄下端，如枸杞。

（2）渐狭叶基　基部两边的夹角为锐角，两边弯曲，向下渐趋尖狭，但叶片不下延至叶柄，如樟树、山莴苣、绣线菊。

（3）楔形叶基　基部两边的夹角为锐角，两边较平直，叶片不下延至叶柄，如枇杷。

（4）截形叶基　基部近于平截，或略近于平角，如加拿大杨、元宝槭。

（5）圆钝叶基　基部两边的夹角为钝角，叶基呈半圆形，如山杨、腊梅。

（6）耳形叶基　叶基两侧的裂片钝圆，下垂如耳，如白英、滴水观音。

（7）心形叶基　基部两边的夹角明显大于平角，下端略呈心形，两侧叶耳宽大圆钝，如紫荆、牵牛。

（8）偏斜形叶基　叶基两侧不对称，如小叶朴、黑榆、曼陀罗、秋海棠的叶。

（9）盾形叶基　似盾，叶柄着生于叶背部的一点，如荷花。

（10）合生抱基　两个对生无柄叶的基部合生成一体而包围茎，茎贯穿叶中，如盘叶忍冬。

4. 叶缘的形状

叶缘即叶片的周边或叶片的边缘（图1-10），可以分为以下几种类型。

(a) 全缘（白玉兰）　(b) 掌状缺刻（悬铃木）　(c) 羽状深裂（山楂）　(d) 浅裂（银白杨）

(e) 波状（辽东栎）　(f) 锯齿（红叶李）　(g) 重锯齿（棣棠）　(h) 睫状缘（日本樱花）

图1–10　叶缘的形状

（1）全缘　叶缘平整，不具任何锯齿和缺裂，如女贞、白玉兰、金银忍冬、紫丁香、紫荆。

（2）波状　叶缘稍显凸凹而呈波浪状起伏，如蒙古栎、辽东栎。

（3）锯齿　齿尖尖锐且指向上方或前方的，如月季、榆树、红叶李。

（4）重锯齿　指锯齿上又出现小锯齿，如樱草、棣棠、珍珠梅。

（5）睫状缘　周边齿状，齿尖两边相等，有极细锐的叶缘，如樱花。

（6）浅裂　裂片裂至中脉约1/3，如茶条槭。

（7）羽状深裂　羽状分裂，裂片排列成羽状裂片，裂至中脉1/2以上，并具羽状脉，如茑萝、山楂。

（8）掌状缺刻　裂片排列成掌状，如葎草 、悬铃木。

5.叶脉

叶脉就是叶片维管束在叶肉内所形成的脉纹。主脉部分维管束较粗大，侧脉及小脉部分维管束较细小，不同植物主侧脉分布不同，常见的有如下几种。

（1）二歧分支脉　叶脉作二歧分枝，通常从叶柄着生处发出，不呈网状也不平行，如银杏。

（2）网状脉

掌状网状脉：叶脉交织呈网状，主脉数条，通常自近叶柄着生处发出几条近等粗的叶脉，如八角莲、葎草、五角枫等。

羽状网状脉：叶脉交织呈网状，主脉纵长明显，侧脉自主脉的两侧发出，排列成羽状，如马兰等。

（3）平行脉

辐射平行脉：主侧脉全从叶柄着生处分出，而呈辐射走向，如棕榈、蒲公英。

羽状平行脉：叶脉不交织成网状，有中央脉显著，侧脉垂直于主脉，彼此平行，直达叶缘，如香蕉、芭蕉、美人蕉、姜黄。

弧状平行脉：叶脉不交织成网状，主脉一条，纵长明显，各脉自基部平行出发，但彼此逐渐远离，后集中在叶尖汇合，如车前、宝铎草。

直走平行脉：叶脉不交织成网状，主脉一条，纵长明显，侧脉自叶片下部分出，并彼此近于平行，而纵直延伸至先端，如慈竹。

（三）单叶与复叶

植物叶片有单叶和复叶之分，叶片是一个单个的称单叶，单叶叶柄上着生一片叶，叶柄基部具芽。而有两片至多片分离的小叶片，共同着生在一个总叶柄或叶轴上，这种形式的叶称为复叶。复叶中的每一片小叶如具有叶柄，则称为小叶柄。小叶柄基部无芽，而总叶柄基部具芽，如果没有小叶柄，则小叶直接着生在叶轴或总叶柄上，只有总叶柄才着生在枝条上。复叶有下列几种（图1-11）。

(a) 奇数羽状复叶（珍珠梅） (b) 单身复叶（柑橘） (c) 三出复叶（葛藤） (d) 掌状复叶（鹅掌财）

图1-11 复叶种类

1. 羽状复叶

小叶在叶轴的两侧排列成羽毛状称为羽状复叶。在羽状复叶中，如果叶轴顶端只生长一片小叶，称为奇数羽状复叶，如国槐、刺槐、水曲柳、洋白蜡、蔷薇等；当叶轴顶端着生两片小叶时，称为偶数羽状复叶，如山皂荚。在羽状复叶中，如果叶轴两侧各具一列小叶时，称为一回羽状复叶；如叶轴两侧有羽状排列的分枝，在分枝两侧着生羽状排列的小叶，这种称为二回羽状复叶，如合欢；南天竺为三回羽状复叶，甚至有多回羽状复叶。

2. 掌状复叶

在复叶上没有叶轴，几片小叶着生在总叶柄顶端，以手掌的手指状向外展开，称为掌状复叶，如木通、五加、五叶地锦、发财树、大麻、七叶树、牡荆等。

3. 三出复叶

仅有3片小叶着生在总叶柄的顶端。三出复叶又有：羽状三出复叶，顶端的小叶柄较长，如大豆、菜豆、苜蓿等的叶；掌状三出复叶，三片小叶均无小叶柄或有等长的小叶柄，如酢浆草、车轴草的叶。

4. 单身复叶

单身复叶形似单叶，是三出复叶的一个退化类型，由于侧生两小叶退化掉，仅留下一枚顶生的小叶，看起来似单叶，但顶生小叶的基部和叶轴交界处有一关节，叶轴向两侧延展，常成翅，如柑橘、金橘等的叶。

（四）叶序

叶片在茎上着生的排列方式称为叶序（图1-12）。植物体通过一定的叶片排列顺序，使叶均匀地、合理地排列，充分地接受阳光，从而保证树体营养物质的合成。叶序的类型主要如下。

1. 互生叶序

每节只生一叶，上下相邻节上的叶交互而生的叶序，如樟、向日葵、扶桑等。

(a) 互生叶序（扶桑）　(b) 对生叶序（暴马丁香）　(c) 簇生叶序（银杏）
(d) 轮生叶序（夹竹桃）　(e) 丛生（樟子松）

图1-12　叶序

2. 对生叶序

在茎枝的每节着生两叶，相对排列，如红瑞木、金银忍冬、丁香等。有的对生叶序的每节上，两片叶排列于茎的两侧，称为两列对生，如水杉。茎枝上着生的上、下对生叶错开一定的角度而展开，通常交叉排列成直角，称为交互对生，如女贞、锦带、水蜡等。

3. 轮生叶序

每节上生3叶或3叶以上呈辐射状排列的叶序，如百合、夹竹桃、梓树等。

4. 簇生叶序

无论哪种叶序，只要枝的节间短缩密集，使叶在形成的短枝上成簇着生，均为簇生叶序，如银杏、枸杞、落叶松等。

5. 丛生

叶着生的茎或枝的节间部分较短而不显，叶片2或数枚自茎节上一点发出的，如马尾松、油松、华山松等。

（五）叶的变态

由于长期处于某种环境条件下，有些植物叶的形态结构和生理功能在本质上都发生了非常大的变化，叫做叶的变态。例如豌豆复叶顶端几片小叶变为卷须，攀援在其他物体上，补偿了茎秆细弱、支持力不足的弱点。食虫植物的叶能捕食小虫，叫做捕虫叶，这些变态的叶有的呈瓶状，如猪笼草；有的为囊状，如狸藻；有的呈盘状，如茅膏菜。在捕虫叶上有分泌黏液和消化液的腺毛，当捕捉到昆虫后，由腺毛分泌消化液，将昆虫消化并吸收。叶片的这些变态是一种可以稳定遗传的变异。主要类型如下。

1. 苞片和总苞

位于正常叶和花之间的两片或数片变态叶称苞叶，有保护花和果实的作用。一般较小，仍呈绿色，但亦有大型的并呈各种颜色的变异，如叶子花。苞片多数聚生在花序外围的，称为总苞，如菊科的向日葵。

2. 叶刺

由叶或托叶变成的刺状物。如仙人掌类植物肉质茎上全部叶子变为刺状，能减少水分的散失，以适应干旱环境中生活；洋槐、酸枣叶柄两侧的托叶变成坚硬的刺，起着保护作用；叶刺都着生于叶的位置上，叶腋有腋芽，可发育为侧枝。

3. 叶卷须

由叶片或托叶变为纤弱细长的须状物，用于攀援。如豌豆和野豌豆属的卷须由羽状复叶先端的一些小叶片变态而成，又如菝葜属的卷须由托叶变态形成。

4. 叶状柄

有些植物的真叶退化，由叶柄变态为扁平的叶状体，代行叶的功能，如金合欢属植物。

5. 鳞叶

地下茎上着生的叶特化或退化成鳞片状。鳞叶有三种类型：革质鳞叶，通常覆于芽的外侧，又称为芽鳞，如橡皮树、玉兰；肉质鳞叶，如百合；膜质鳞叶，如水仙、洋葱。

（六）叶的质地

（1）革质　叶片的质地坚韧而较厚，表皮明显角质化，叶坚韧、光亮，如构骨、橡皮树、鹅掌柴等。

（2）纸质　叶片质地柔韧而较薄，如红瑞木、梓树、灯台树等。

（3）肉质　叶片的质地柔软、叶片肉质肥厚，含水较多，如马齿苋。

（4）膜质　叶片的质地柔软而极薄，如麻黄。

五、花及花序

（一）花的结构与类型

1. 花的结构

典型的花由外及内可以分为花托、花萼、花冠、雄蕊和雌蕊五部分，花托是花梗或花柄的顶端膨大部分；花萼位于花的最外层，由萼片组成；花冠位于花萼内侧，有合瓣花冠和离瓣花冠两类；雄蕊由顶端的花药及其下方的花丝所组成；雌蕊由最基部的子房及其上方的花柱及柱头组成（图1-13）。

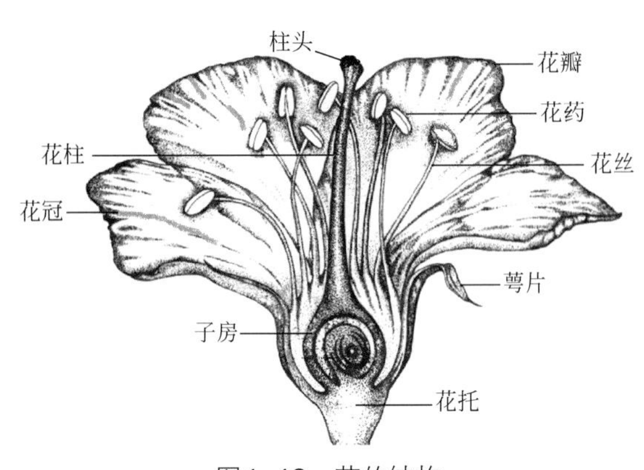

图1-13　花的结构

2. 花冠的类型

由于花瓣的离合、花冠筒的长短、花冠裂片的深浅等不同，形成各种类型的花冠，常见的如下。

（1）蔷薇形花冠　由5个分离的花瓣排成辐射状，每瓣呈广圆形，如桃、梨的花冠。

（2）十字花冠　花瓣四片，分离，相对排成十字形，如二月蓝、菘蓝等的花冠。此种花冠为十字花科植物的特征之一。

（3）蝶形花冠　由5个形状不同的花瓣排成蝶形，最大的一瓣称旗瓣，在最外面；其内方两边各有一瓣，形较小，称翼瓣；翼瓣下方为两龙骨瓣。如紫藤、国槐、胡枝子等的花冠。

（4）筒（管）状花冠　花冠筒大部分呈一圆管状，花冠裂片向上伸展。此种花冠为菊科植物特有。

（5）舌状花冠　基部合生短筒，花冠裂片向上部一侧伸展成扁平舌状。此种花冠也为菊科植物所特有。

（6）唇形花冠　花瓣五片，基部合生成花冠筒，花冠裂片稍成唇形，常上唇有2裂片、下唇有3裂片，如泡桐、芝麻、连钱草的花冠。

（7）漏斗状花冠　花冠筒下部呈筒状，向上逐渐扩大成漏斗状，如牵牛花。

（8）高脚碟状花冠　花冠筒部狭长圆筒形，上部突然水平扩展成碟状，如水仙。

（9）坛状花冠　花冠筒膨大为卵形或球形，上部收缩成短颈，如柿树、滇白珠树。

（10）钟状花冠　花冠筒部阔而稍短，上部扩大成钟形，如南瓜、桔梗、党参等。

（二）花序

花在花序轴上的排列方式叫花序。花序生于枝顶端的叫顶生；生于叶腋的叫腋生。花序分成无限花序和有限花序两大类。下面分别进行介绍。

1. 无限花序

无限花序就是花序上的花由下部或外围先开放，再依次向上或向内绽放，花轴的顶端可以继续生长，此类花序因此又称为上升花序或球心花序（图1-14）。包括以下几类。

(a) 总状花序（刺槐）

(b) 伞房花序（风箱果）

(c) 伞形花序（珍珠绣线菊）

(d) 穗状花序（紫穗槐）

(e) 柔荑花序(枫杨)

(f) 头状花序(悬铃木)

图1-14　无限花序类型

（1）总状花序　每朵小花都有一个花柄与花轴有规律地相连，花梗近等长，在整个花轴上可以看到不同发育程度的花朵，着生在花轴下面的花朵发育较早，而接近花轴顶部的花发育较迟，如刺槐、白鹃梅。

（2）伞房花序　花轴不分枝、较长，其上着生的小花花柄不等长，下部的花花柄长，上部的花花柄短，最终各花基本排列在一个平面上，开花顺序由外向内，如风箱果、山楂等。

（3）伞形花序　花轴缩短，大多数花着生在花轴顶端，每朵小花的花梗近等长，因而小花在花轴顶部排列成伞形，开花的顺序是由外向内，如葱、人参、珍珠绣线菊等。

（4）穗状花序　花轴直立，多数无柄花排列于不分枝的花序轴上，如紫穗槐以及莎草科、苋科和蓼科中许多植物都具有穗状花序。

（5）柔荑花序　花轴上着生许多无柄或是短柄的单性小花（雄花或雌花，以雄花为柔荑花序更多见），花被有或无，有的花轴柔软下垂。开花后（雌花为果实成熟后）整个花序一起脱落，如杨柳科、胡桃科、杨梅科、桦木科、壳斗科、榛科、木麻黄科植物。

（6）头状花序　花轴短缩，膨大成扁形；花序轴的顶部密集着生许多无梗花，聚成头状，外形酷似一朵大花，实为由多花（或一朵）组成的花序，如悬铃木、菊科植物。

（7）隐头花序　花序的分枝肥大并愈合形成肉质的花座，其上着生有花，花座是从四周把与花相对的面包围的形式，而形成隐头状花序，如无花果、榕树。

2. 有限花序

有限花序一般称聚伞花序，其花序轴上顶端先形成花芽，最早开花，并且不再继续生长，后由侧枝枝顶陆续成花。这样所产生的花序，分枝不多，花的数目也较少，它们往往是顶端或中心的花先开，渐次到侧枝开花。包括以下几类。

（1）单歧聚伞花序　主轴顶端先生一花，然后在顶花的下面主轴的一侧形成一侧枝，同样在枝端生花，长度超过主轴，顶端也生一花，依此方式继续分枝就形成了单歧聚伞花序，如委陵菜、唐菖蒲的花序。

（2）二歧聚伞花序　顶花形成后，在其下面两侧同时发育出两个等长的侧枝，每一侧枝顶端各发育一花，所分出侧轴又继续同时向两侧分出两侧轴的花序，如大叶黄杨、卫矛等卫矛科植物的花序，以及石竹、卷耳、繁缕等石竹科植物。

（3）多歧聚伞花序　花序主轴顶端开一花后，顶花下主轴上又分出数个分枝，各分枝再以同样的方式进行分枝，外形似伞形花序，但中心花先开，进而形成聚伞花序，如泽漆等。

（4）轮伞花序　茎上端具对生叶片的各个叶腋处，分别着生有两个细小的聚伞花序，聚伞花序轴及花梗极短，呈轮状排列，即构成了轮伞花序，如茺蔚。

六、果及果序

园林植物果实种类繁多，分类方法也是多种多样。主要分类如下。

（一）单果

由一朵花的单雌蕊或复雌蕊的子房发育而形成的单个果实。单果根据果实结构可分为干果和肉质果。

1. 肉质果

（1）浆果　由合生心皮上位子房形成的一种多汁肉质单果，外果皮薄，中果皮和内果皮肉质多浆，如葡萄、柿子、荔枝、香蕉、番茄、酸果蔓等。

（2）核果　由单心皮的上位子房形成一室一种子的肉质果。外果皮薄，中果皮肉质或纤维质，内果皮骨质，如桃、李、芒果、杏。

（3）柑果　由复雌蕊形成，外果皮呈革质，软而厚，有精油腔；中果皮较疏松；中间隔成瓣的部分是内果皮，向内生有许多肉质多浆的肉囊，由合生心皮的上位子房形成，如柑橘、金橘类的果实。

（4）瓠果　由下位子房的复雌蕊和花托共同发育而成，其中，果皮由子房壁发育而成，果肉由胎座发育而来，种子则由受精后的胚珠发育而成。果实外层（花托和外果皮）坚硬，中、内果皮和胎座肉质化，如南瓜、冬瓜、西瓜、黄瓜等瓜类的果实。

（5）梨果　肉质假果，由下位子房的花萼筒和子房壁发育而成。果皮薄，外果皮、中果皮不易区分，内果皮由木化的厚壁细胞组成，如梨、苹果、枇杷、山楂等。

2. 干果

（1）荚果　由单心皮雌蕊发育而成的果实，成熟时沿腹缝线和背缝线同时开裂或不裂，成熟后，果皮沿背缝和腹缝两面开裂的，如大豆、豌豆、蚕豆等；不开裂的，如合欢、皂荚等；荚果呈分节状，成熟后不开裂，而是节节脱落，每节含种子一粒，如决明子、含羞草等。

（2）蓇葖果　由单心皮雌蕊发育而成的果实，成熟时心皮沿一个缝线（背缝线或腹缝线）开裂，果形多样，皮较厚，单室，内含种子一粒或多粒，如杠柳、珍珠梅。

（3）角果　由两个心皮组成，果实中央有一片由侧膜胎座向内延伸形成的假隔膜，果实成熟后多沿两条腹缝线自下而上地开裂。根据果实长短不同，又有长角果和短角果之分，前者如萝卜、白菜、油菜、甘蓝、桂竹香等，后者如荠菜、独行菜。

（4）蒴果　由合生心皮的复雌蕊发育成的果实，子房1室或多室，每室有多粒种子，成熟时开裂方式多样。

纵裂：裂缝沿心皮纵轴方向分开，又分室间开裂（如秋水仙）、室背开裂（如鸢尾）和室轴开裂（如牵牛）。

孔裂：心皮不分离，子房各室上方裂成小孔，种子由孔口散出，如罂粟、金鱼草、桔梗等。

周裂：合生心皮一室的复雌蕊组成，心皮沿果实的上部或中部横裂，果实成盖状开裂，如马齿苋、车前等（盖果）。

（5）瘦果　仅具一心皮一种子的小干果，不开裂，果皮与种皮分离，如向日葵、白头翁等的果。

（6）坚果　果皮坚硬，由合生心皮形成一室一胚珠的果，如榛子、板栗等的果实。

（7）颖果　2～3心皮组成，一室一粒种子，果实发育成熟后，颖果的果皮不开裂且与种皮高度愈合，难以分离，如禾本科种子。

（8）翅果　瘦果状带翅的干果，由合生心皮的上位子房形成，果干质，核果状，周边具有翅状棱脊，果面有绒毛，如榆属、槭树科。

（9）分果　两个以上心皮发育而成，果实成熟时按心皮数分离成两个以上各含1粒种子的分果瓣，但小果的果皮不开裂，如蜀葵、锦葵等的果实。

（二）聚合果

在一朵花内有多枚离生的雌蕊（心皮），每一离生雌蕊各发育成一个单果，许多小单果聚生在同一花托上所形成的果实。

因小果的不同，可分为聚合蓇葖果（玉兰、金莲花的单果）、聚合核果（如悬钩子、覆盆子、茅莓）、聚生瘦果（如草莓、毛茛）。

（三）复果

由整个花序发育而成的果实。无花果的果实是由花序发育成的聚花果，着生在肥厚肉质化的花轴内壁的每一雌花的子房发育成一个小坚果，包藏在肉质花萼内，食用部分实际是隐头花序的肥厚多汁的主轴。例如凤梨、面包树、无花果、桑科植物。

七、根

根是植物长期适应陆地生活而在进化过程中逐渐形成营养的器官，通常位于地表下面，它具有吸收、固着、输导、合成、储藏和繁殖等功能。

（一）根和根系的类型

1. 主根、侧根和不定根

根是由主根、侧根和不定根组成的，并且按根系的形态，可将植物分为直根系和须根系两大类。主根和侧根位置比较确定，种子萌发时，胚根最先突破种皮向下生长形成的根，称为主根，它是植物体上最早出现的根。主根生长到一定长度时，在一定部位侧向从内部生出许多支根，称为侧根。侧根和主根往往形成一定角度，侧根达到一定长度时，又能生出新的侧根。因此，从主根上生出的侧根，称为一级侧根（或支根），一级侧根上生出的侧根为二级侧根，以此类推。主根和侧根都有一定的发生位置，称为定根，而固定地充当吸收水分、矿物质和固定植株的作用。许多植物除产生定根外，由腋芽的顶端分生组织、茎间居间分生组织、老根或胚轴上生出根，这些根发生的位置不固定，称为不定根。

2. 直根系和须根系

根系是指一株植物地下部分根的总和，包括两种基本类型：直根系和须根系。直根系是指有明显的主根和侧根区别的根系。裸子植物和多数双子叶植物的根系属于直根系，多数在土壤中形成深根性根系，如马尾松主根发达，向下垂直生长，深入土层可达5m以上。须根系是指主根不发达或早期停止生长，由茎的基部形成许多丛生状态的不定根，没有明显的主根与侧根区分，单子叶植物多为须根系，例如禾本科的稻、麦；鳞茎植物如葱、韭、蒜、百合等。

（二）根的变态类型

1. 贮藏根

这类变态根生长在地下，肥厚多汁，常有三生结构，形状多样，常见于两年生或多年生的草本双子叶植物。根内富含薄壁组织，主要是适应贮藏大量营养物质。贮藏根是越冬植物的一种适应，是主要具有贮藏作用的根，其所贮藏的养料可供来年生长发育时需要，使根上能抽出枝来，并开花结果。根据来源，又可分为肉质直根和块根两类。

肉质直根由主根发育形成，包括下胚轴和节间缩短的茎，如萝卜、胡萝卜和甜菜根等。块根是由侧根或不定根膨大形成的具有贮藏作用的根，如大丽花的根。

2. 气生根

凡露出地面，生长在空气中的根均称为气生根。气生根因所担负的生理功能不同分为以下几种类型。

（1）支柱根　是生长在地面以上空气中的根，如甘蔗、榕树等。这些不定根在较近地面茎节上长出并不断延长后，根先端伸入土中，并继续产生侧根，成为增强植物整体支持力量的辅助根系，因此称为支柱根。如红树林最引人注目的特征是密集而发达的支柱根，很多支柱根自树干的基部长出，牢牢扎入淤泥中形成稳固的支架，使红树林可以在海浪的冲击下屹立不动。红树林的支柱根不仅支持着植物本身，也保护了海岸免受风浪的侵蚀。

（2）攀援根　藤本植物的茎多细长柔软，不能直立。攀援根是一种不定根，这些根的先端扁平，常可分泌黏液，它通常从藤本植物的茎藤上长出，易固着在其他树干、山石或墙壁等物体的表面攀缘上升，这类不定根称为攀援根，常见于木质藤本植物，如常春藤、凌霄等。

（3）呼吸根　普通土壤颗粒中都含有大量的空气以满足地下根呼吸的需要，但淤泥中则缺乏根系呼吸所必需的气体。生活在海滩地带的许多植物的根系会产生相当多的向上生长的支根，这些根中常有发达的通气组织，可将空气输送到地下，供给地下根进行呼吸，因此这些根称为呼吸根，如某些落羽松、海茄苳等红树林植物。

3. 寄生根

一些植物的茎上产生不定根，这些不定根不是插入土中，而是伸入寄主体内吸收水分和养料，以维持自身生活，如菟丝子、槲寄生等。

任务1.2 采集与制作标本

任务分析

采集并制作本地区各种园林树木的腊叶标本。通过腊叶标本的采集和制作，掌握标本采集、制作的基本方法；并能掌握一定数量的园林树木形态特征。

任务实施

【场地安排】

校园、植物园、标本园或者周边绿化区。

【材料与工具准备】

标本夹（45cm×30cm方格板两块）、标本纸（吸水性强的草纸）、台纸（30～40cm重磅白板纸）、标本绳、剪枝剪、高枝剪、放大镜、采集袋、采集标签、笔、记录夹、记录表、针、线、胶水、鉴定卡片、号牌若干等。

【实施过程】

1. 现场采集、识别、编号、记录10～20种园林树木。

2. 标本压制

① 新鲜的植物标本携回基地时，要立即压制。

② 要对多余、无用或密叠枝叶进行疏剪。

③ 标本夹板的使用。打开标本夹板，放上5～6张吸湿草纸，将植物标本放在吸湿草纸上，标本上面再放1～2张吸湿草纸，如此将标本逐份与吸湿草纸相互间隔放置，平铺于一块夹板上，在最后一份标本上放5～6张吸湿草纸，再将另一块夹板盖在整叠内容物上，要注意尽量把标本向四周铺展，不能都集中在中央。最后用绳绑紧两块夹板，要保证四角高低一致，反复加压，压紧标本。

④ 标本的整形工作。标本的任何一部分都不得露在吸湿草纸外；把折叠着的花和叶小心地整理好；每份标本必须有1～2片叶子背面朝上；若花、果、叶脱落，必须装在纸袋保存，袋面上写上标本号码。

⑤ 每天换纸两次，一周后改成每天换一次纸。

3. 上台纸

① 上台纸之前，一般要经过消毒过程。

② 台纸标准是8开纸，约39cm×28cm的白卡纸。标本安置应选择最佳位置即以最佳方式来显示这个植物特征。

③ 台纸上一般包括以下标签类型：野外采集记录签（位置在台纸的左上角）、标本馆标签（位置在台纸的右下角）、意见标签和定名标签（位置在台纸的左下角）。

④ 最后还应在台纸的上边或左边贴上一张与台纸大小相同的薄纸（市售拷贝纸即可）以保护标本。有些花果或叶脱落下来，这时不应将其随意扔掉，而应用小纸袋装起来，贴在台纸的右上角或左下角适当的位置，以便以后鉴定时用。

4. 使用工具书，填写鉴定标签。

5. 在腊叶标本的左上角贴上原始采集记录表，在右下角贴上鉴定标签。

【注意事项】

1. 注意有毒性、易过敏种类应慎重采取，如漆树等。

2. 注意爱护资源，尤其是稀有种类。

3. 压制与制作标本须注意保持其特征。

4. 叶易脱落的种，先以少量食盐沸水浸0.5 ~ 1分钟，再以75% 酒精浸泡，待稍风干后再压。

5. 及时更换吸水纸。采集当天应换干纸两次，以后视情况可以相应减少。换纸后放置通风、透光、温暖处。捆绑标本夹时，松紧要适度，过紧易变黑，过松不易干。标本间夹纸以平整为准。如球果、枝刺处可多夹些。换下的潮湿纸及时晾干或烘干，备用。

任务考核

任务考核从职业素养和职业技能两方面进行评价，标准见表1-3。

表1-3 采集与制作标本的考核标准

考核内容		考核标准	考核分值
职业素养	职业道德 职业态度 职业习惯	忠于职守，乐于奉献；实事求是，不弄虚作假；积极主动，操作认真；善始善终，爱护公物	30
职业技能	任务操作	按要求采集并完整压入标本夹； 树木标本制作程序合理，标本压制完整	30 30
	总结创新	标本版面设计合理，标签书写正确	10

理论认知

植物标本是学习园林植物形态特征很好的工具之一。有些植物有区域性和季节性的限制。植物标本能弥补这种限制，使得园林植物爱好者在一年四季中都可以查对采自不同地区的标本，并可借助于这些标本从事描述和鉴定工作。植物标本中最常见的是腊叶标本。

腊叶标本又称压制标本，通常是将新鲜的植物材料用吸水纸压制使之干燥后装订在白色硬纸（台纸）上制成的标本。

一、标本单株选择

同一树种，应选择生长正常、无病虫害、各器官完整、具该种典型特征的植株作为采集对象，力求有花、有果（裸子植物有球花、球果）及种子。草本植物要挖出根，植株高的可以反复折叠或取代表性的上、中、下3段。一次采不全，应记下目标，以备下次再采。如果是供教学、科研用的标本就更要精细一些。即使是同一种植物，也要考虑不同的环境下产生的不同的个体。比如说同一种植物会有的异性叶（比如构树就有缺刻状分裂的和心状卵形两种不同形态的叶片）、雌雄异株等都要做成不同的标本以便于教学示范。

二、采集

剪取具代表性枝条25 ~ 30cm（中部偏上枝条为宜），去掉部分枝、叶，留下分枝及叶柄一部分；挂上标签，填上编号等（一律用铅笔，下同），标准的采集签应包括采集号、采集时间（年月日）、采集者、采集地点；填写野外记录。注意与标签编号一致，标准的野外记录应包括采集号、采集时间（年月日）、采集者、采集地点、海拔高度、树高、胸高直径、树皮、树枝、叶、花、果、习性、生态环境、用途、俗名、正名、学名、科名、备考。填好后暂放塑料采集袋中，待到一定量时，集中压于标本夹中。

采集中应注意同株至少采两份，用相同的采集号标记。如有的植物需要开花结果后再采，应记下所选单株坐标方位，留以标记。同种不同地点的植物应另行编号。散落物（叶、种子、苞片等）装在另备的小纸袋中，并与所属枝条同号记载，影像记录与枝条所属单株同号记载。有些不便压在标本夹中的肉质叶、大型果、树皮等可另放，但注意均应挂签，编号与枝相同。

三、腊叶标本的压制与装帧

压制是标本在短时间内脱水干燥，使其形态与颜色得以固定的操作。标本制作是将压制好的标本装订在台纸上，即为长期保存的腊叶标本。

干燥适度的标本是有弹性的。没有干透的标本，个别部分柔软易弯曲；过于干燥的标本，很脆硬，易折断。

标本压制干燥后即可装订，装订前应消毒和做最后定形修整，然后缝合在台纸上。叶子用毛笔蘸白胶涂在叶子背面粘贴，原则是叶片之间尽量不重合。将野外记录贴左上方，定名签填好贴右下角。照片、散落物小袋等贴在另角。标本布局应注意匀称均衡、自然。装订后的标本再经过消毒，夹纸或装入塑料袋保存于专门的标本柜中。

四、保存

腊叶标本应分门别类放在标本柜或标本箱内，标本之间应放樟脑丸，以防蛀虫。春天和多雨季节应将标本放在通风干燥处，以防标本发霉。如有标本室，最好在初春关好门窗，将福尔马林在酒精灯上加热，用蒸气熏杀虫菌3天，可防虫蛀霉烂。

五、其他标本处理

有些不易上台纸装帧成腊叶标本的种类或器官，如常绿、针叶带球果标本，或云杉、油松等，可待其干燥后托以棉花放入标本盒中；树皮标本可干燥后钉、贴于薄板上，存于塑料袋中；不宜压制的果实、花及含水高的枝叶，可制成液浸标本。

项目测评

为实现本项目目标，要求学生完成表1-4中作业，并为老师提供充分的评价证据。

表1–4　园林树木形态观察项目测评标准

任务	合格标准（P）＝$\sum P_n$		良好标准（M）＝合格标准＋$\sum M_n$		优秀标准（D）＝良好标准＋$\sum D_n$	
任务一	P_1	熟悉理解园林树木形态术语	M_1	根据生长类型，园林树木分为哪几类？请举例	D_1	运用形态术语综合描述园林树木形态
	P_2	观察并绘制各种园林树木叶片、花序、分枝方式等形态示意图	M_2	根据园林应用，园林树木分为哪几类？请举例		

续表

任务	合格标准（P）=$\sum P_n$		良好标准（M）=合格标准+$\sum M_n$		优秀标准（D）=良好标准+$\sum D_n$	
任务二	P_3	采集并制作园林树木腊叶标本	M_3	园林植物芽的类型各异，说出芽的类型及其特点	D_2	通过采集标本识别30种园林树木
	P_4	通过标本制作掌握园林树木器官形态术语	M_4	说出园林树木干皮形态类型及其特点		

注：本项目测评结果采用通过或不通过的评价形式，并给出反馈；如果没通过，学生在教师辅导下进一步完善答案之后再次提交，从而得到最终评价（下同）。

课外研究

标本查询

凡已上台纸的标本，经正式定名后，都应放进标本柜中保存。腊叶标本在标本柜中的排列方式可以是各种各样的。一般是按系统排列（如恩格勒系统或哈钦松系统）；也有的按地区排列，也就是把同一地区采集的标本放在一起，如秦岭植物、黄土高原植物等；也有按拉丁字母顺序排列，即科、属、种的顺序全按拉丁文的字母顺序来排列的。因此，如果我们要去某个标本馆查看某个标本，首先应了解该标本馆标本存放的顺序是按哪一种方式排列的，然后再循序去查，就比较方便了。

腊叶标本中的“腊”字

植物腊叶标本中的“腊”字的读音是念“là”还是念“xī”？应念“xī”。“腊”在字面上具有“晾干”的意思。“腊叶标本”，顾名思义，就是指干燥了的植物枝叶标本，在《辞海》中对“腊叶标本”一词的注释也是如此。实际上我们常说的“腊肉”也应该发这个音，只是我们将错就错，往往读成“là”蜡。读 là，主要是指某些动植物分泌的脂类物质。

项目二　园林树木物候期调查

技能目标

掌握园林树木物候期调查方法；掌握园林树木季相变化规律。

知识目标

了解园林树木生长发育规律；掌握园林树木的各器官生长发育的特性。

任务　调查园林树木物候期

任务分析

选定园林树木调查树种，按树种生长发育特性定期调查其物候期及季相变化。通过调查物候期，学会园林树木物候期的观测方法，了解园林树木的物候期及季相变化，为园林树木栽植、周年养护管理及合理配置等提供理论依据。

任务实施

【材料与工具准备】

围尺、卡尺、记录表、记录夹、记录笔、标签等。

【实施过程】

1. 选定调查目标

选择开花结实超过3年的园林树木，每种3～5株，做好标记，绘制平面位置图存档。

2. 确定调查时间

常年进行，一日、隔日调查，应在气温高的下午调查（冬季停止）。

3. 调查部位

向阳面或上部枝。

4. 调查内容

（1）根系生长周期　利用根窖或根箱，每周调查新根数量和生长长度。

（2）树液流动开始期　以新伤口出现水滴状分泌液为准。

（3）萌芽期

① 芽膨大始期。具鳞芽者，当芽鳞开始分离，侧面显露出浅色的线形或角形时，为芽膨大始期（具裸芽者如枫杨、山核桃等）。不同树种芽膨大特征有所不同，应区别对待。

② 芽开放期或显蕾期（花蕾或花序出现期）。树木之鳞芽，当鳞片裂开，芽顶部出现新鲜颜色的幼叶或花蕾顶部时，为芽开放期。

（4）展叶期

① 展叶开始期。从芽苞中伸出的卷须或按叶脉折叠着的小叶，出现第一批有1～2片平展时，为展叶开始期。针叶树以幼叶从叶鞘中开始出现时为准；具复叶的树木，以其中1～2片小叶平展时为准。

② 展叶盛期。阔叶树以其半数枝条上的小叶完全平展时为准。针叶树类以新针叶长度达老针叶长度1/2时为准。有些树种开始展叶后，很快完全展开，可以不记展叶盛期。

（5）开花期

① 开花始期。一半以上植株，5%花瓣展开。

② 盛花期。在调查树上见有一半以上的花蕾都展开花瓣或一半以上的柔荑花序松散下垂或散粉时，为开花盛期。针叶树可不记开花盛期。

③ 开花末期。在调查树上残留约5%的花瓣时，为开花末期。针叶树类和其他风媒树木以散粉终止时或柔荑花序脱落时为准。

④ 多次开花期。两三次开花期：有些树木有2～3次开花现象的，另行记载。

（6）果实生长发育和落果期

① 幼果出现期。见子房开始膨大（苹果、梨果直径0.8cm左右）时，为幼果出现期。

② 果实成长期。选定幼果，每周测量其纵、横径或体积，直到采收或成熟脱落为止。

③ 果实或种子成熟期。当调查树上有一半的果实或种子变为成熟色时，为果实或种子的成熟期。

④ 脱落期。成熟种子开始散布或连同果实脱落。如松属的种子散布，柏属果落，杨属及柳属飞絮，榆钱飘飞，栎属种脱，豆科有些荚果开裂等。

（7）新梢生长期

① 春梢开始生长期。选定的主枝一年生延长枝上顶部营养芽（叶芽）开放为春梢开始生长期。

② 春梢停止生长期。春梢顶部芽停止生长。

③ 秋梢开始生长期。当年春梢上腋芽开放为秋梢开始生长期。

④ 秋梢停止生长期。当年二次梢（秋梢）上腋芽停止生长。

（8）秋季变色期

① 秋叶开始变色期。全株有5%的叶变色。

② 秋叶全部变色期。全株叶片完全变色。

（9）落叶期

① 落叶初期。约有5%叶片脱落。

② 落叶盛期。全株有30% ~ 50%叶片脱落。

③ 落叶末期。全株叶片脱落达90% ~ 95%。

【注意事项】

1. 物候调查应随看随记，不应事后补记。

2. 物候调查须责任心强的专人负责，不可轮班调查，人员要固定。

3. 环境应有代表性，如土地、地形、植被要基本相似，调查地多年不变。调查地点选定后，将其名称、地形、坡向、坡度、海拔、土壤种类、pH值等项目详细记录在园林树木物候期调查记录表中。

任务考核

任务考核从职业素养和职业技能两方面进行评价，标准见表2-1。

表2-1　园林树木物候期调查的考核标准

考核内容		考核标准	考核分值
职业素养	职业道德 职业态度 职业习惯	忠于职守，乐于奉献；实事求是，不弄虚作假；积极主动，操作认真；善始善终，爱护公物	30
职业技能	任务操作	跟踪调查5个树种物候期； 设计调查时间和内容合理，坚持科学调查和记录	30 30
	总结创新	调查记录完整、表述准确	10

理论认知

植物在同化外界物质的过程中，通过细胞分裂、扩大和分化，导致体积和重量不可逆地增加称为生长，而在此过程中，在植物细胞、组织、器官分化基础上的结构和功能的变化（质变）称为发育。生长是发育的基础，生长永恒，发育伴随生长，密不可分，二者均不可逆。了解和掌握园林树木的结构与功能、器官的生长发育、各器官之间的关系以及个体生长发育规律，是实现对园林树木进行科学土、肥、水管理及整形修剪的基础。

一、园林树木的生命周期

园林树木繁殖成活后经过营养生长、开花结果、衰老更新，直至生命结束的全过程叫做树木的生命周期。在园林树木个体发育的生命周期中，不同时期（生长期、花期、果期等）其形态特征与生理特征变化明显，对外界环境和栽培管理都有一定要求，因此从园林树木栽培养护的实际需要出发，将实生树和营养繁殖树整个生命周期划分为不同的年龄时期。

（一）实生树的生命周期

1. 种子期（胚胎期）

种子期指树木卵细胞受精形成合子，进一步发育形成种子，种子经过休眠（生理休眠、短期休眠）至萌发前的这一过程。胚胎期的长短因植物而异，有些植物种子成熟后，只要有适宜的条件就发芽，有些植物的种子成熟后，给予适宜的条件不能立即发芽，而必须经过一段时间的休眠后才能发芽。

2. 幼年期

从种子萌发时起，到具有开花潜能（具有形成花芽的生理条件，但不一定开花）之前的一段时期，叫做幼年阶段。幼年期是植物地上、地下部分进行旺盛的离心生长时期。植株在高度、冠幅、根系长度、根幅等方面生长很快，体内逐渐积累起大量的营养物质，为营养生长转向生殖生长做好了形态上和内部物质上的准备。该期长短因植物种类而异。如紫薇、月季经过一年，但多数园林树木都要经过一定期限的幼年阶段才能开花，如梅树需要4～5年、银杏树15～20年、松树5～10年等。这一时期的栽培措施是加强土壤管理，充分供应水肥，促进营养器官健康而均衡地生长，轻修剪、多留枝，使其根深叶茂，形成良好的树体结构，制造和积累大量的营养物质，为早见成效打下良好的基础。目前园林绿化中，常用多年生的大规格苗木，所以幼年期多在园林苗圃中度过，要注意应根据不同的园林绿化目的来培养树形。

3. 青年期

从植株第一次开花时始到大量开花时止。此期植株尚未充分表现出该种或品种的标准性状。树冠和根系加速扩大，是离心生长最快的时期，能达到或接近最大营养面积。植株能年年开花结实，数量很少。树木以营养生长为主，逐步转入与生殖生长相平衡的过渡期。这一时期的栽培措施：应给予良好的环境条件，加强肥水管理。对于以看花、观果为目的的树木，轻剪和重肥是主要措施，目标是使树冠尽快达到预定的最大营养面积；同时，要缓和树势，促进树体生长和花芽形成，如生长过旺，可少施氮肥，多施磷肥和钾肥，必要时可使用适量的化学抑制剂。

4. 壮年期

从树木开始大量开花结实时始到结实开始衰退为止。其特点是花芽发育完全，开花结果部位扩大，数量增多，是采种最佳时期。这时结果枝生长和根系生长都达到高峰，树冠扩大，树木对不良环境的抗性增强，这一时期应加强水、肥的管理，分期追肥，要细致地进行更新修剪，使其继续旺盛生长，避免早衰。同时切断部分骨干根，促进根系更新。

5. 衰老期（老年期）

实生树经多年开花结果后，逐渐出现衰老和死亡的现象，这一衰老过程称为老化过程或衰老过程。其特点是骨干枝、骨干根大量死亡，营养枝和结果母枝越来越少，枝条纤细且生长量很小，树体平衡遭到严重破坏，树冠更新复壮能力很弱，抗逆性显著降低，木质腐朽，树皮剥落，对外界不良环境抵抗力差，易生病虫害，最后死亡。这一时期的栽培技术措施应视目的的不同而不同。对于一般花灌木来说，可以萌芽更新，或砍伐重新栽植；而对于古树名木来说则应采取各种复壮措施。

（二）营养繁殖树的生命周期

营养繁殖的树木，其繁殖体已度过了幼年阶段，因此没有性成熟过程，如有成花诱导条件（环剥、施肥、修剪），随时就可成花，经过多年的开花结果，也要进入衰老阶段，直至死亡。所以营养繁殖树与实生树相比，寿命较短，生命力较实生苗弱，其生命周期中除没有种子期外，也可能没有幼年期或幼年阶段相对较短。因此，无性繁殖树木生命周期中的年龄时期，可以划分为幼年期、青年期、壮年期和衰老期四个时期。各个年龄时期的特点及其管理措施与实生树相应的时期基本相同。

二、园林树木的年生长周期

生物在进化过程中，由于长期适应一年四季和昼夜周期变化的环境，形成与之相应的形态和生理机能有规律变化的习性，人们可以通过其生命活动的动态变化来认识气候的变化，所以称为“生物气候学时期”简称为“物候期”。园林树木的生长周期是指树木在一年中随环境周期变化，在形态和生理上与之相适应的生长和发育的规律性变化。研究园林树木的年生长发育规律对于植物造景和防护设计、不同季节的栽培管理具有十分重要的意义。

（一）落叶树的年周期

由于温带地区一年中的四季明显，所以温带落叶树木的季相变化明显，年周期可明显地区分为生长期和休眠期。在生长期和休眠期之间又各有一个过渡期，即生长转入休眠期和休眠转入生长期。

1. 休眠期转入生长期

春天随着气温的逐渐回升，树木开始由休眠状态转入生长状态。当环境温度大于3℃且达到一定的积温，芽膨胀待发，由休眠转入生长，发芽时间的早晚则因树种和品种而不同，桃、梨萌芽的时间早于苹果，苹果又早于葡萄和板栗，枣树发芽最晚；在桃树中，山毛桃发芽最早；芽的类型不同，萌发的早晚也不一致，如花芽早于叶芽、顶芽早于腋芽。所有这些生理活动，都与修剪工作，特别是春季修剪密切相关。

2. 生长期

从春季开始萌芽生长到秋季落叶前的整个生长季节。这一时期在一年中所占的时间较长，树木在此期间随季节变化会发生极为明显的变化。

每种树木在生长期中，都有其固定的物候顺序，如根系生长、萌芽、抽枝、展叶、开花、结果等一系列的生命活动。芽萌发是树木由休眠转入生长的明显标志，一般北方树种芽膨大所需的温度较低，而原产温暖地区的树种芽膨大所需要的温度则较高。实践中观察树木生理活动则出现得更早，当温度和水分条件适合时，树液开始流动，有些树种（如枫杨、火炬树等）会出现明显的“伤流”。

3. 生长转入休眠期

秋季叶片自然脱落是树木开始进入休眠期的重要标志。树木落叶进入休眠期的主要因素是秋季日照缩短、气温降低。树木落叶前，在叶片中会发生一系列的生理生化变化，如光合作用和呼吸作用减弱；叶绿素的分解，部分N、K转移到枝条和树体其他部位等，在叶柄基部也开始形成离层，逐渐切断水分与养料的供应，于是叶片枯黄脱落。

落叶后，随气温降低，树体细胞内脂肪和单宁物质增加；细胞液浓度和原生质黏度增加；原生膜形成拟脂层，透性降低，有利于树木抗寒越冬。

树体的不同器官、不同组织、不同年龄进入休眠早晚不一。一般小枝、细弱短枝、早形成的芽，进入休眠早；长枝下部的芽进入休眠早，顶端的芽仍可能继续生长。皮层和木质部入眠早，形成层最迟，故易受冻；地上部主枝、主干入眠晚，以根颈最晚，所以，主干基部的根颈处，最易遭受冻害，需注意保护。幼龄树比成年树较迟进入休眠期。刚进入休眠的树木处于浅休眠状态，耐寒力还不强，遇初冬间断回暖会使休眠逆转，使越冬芽萌动（如月季），又遇突然降温常遭受冻害。所以这类树木不宜过早修剪，在进入休眠期前也要控制浇水。

4. 相对休眠期

树木秋季正常落叶到第二年春季树体开始生长（通常以萌芽为准）为止是落叶树木的休眠期。在树木的休眠期间，树体内仍进行着微弱和缓慢的各种生命活动，如呼吸、蒸腾、芽的分化、根的吸收、养分合成和转化等。因此说，树木的休眠只是相对概念。落叶休眠是植物抗寒的一种具体表现，是温带树木在进化过程中对冬季低温环境形成的一种适应性。如果没有这种特性，正在生长着的幼嫩组织，就会受早霜的危害，并难以越冬而死亡。根据休眠的状态，可分为自然休眠和被迫休眠。自然休眠又称深休眠或熟休眠，是由于树木遗传性或树木生理变化过程所决定的，落叶树木进入自然休眠后，要在一定的低温条件下经过一段时间后才能结束。不同树种和品种需要的低温条件不同。原产寒温带的落叶树，通过自然休眠期的温度要求0～10℃的一定累积时数；原产暖温带的落叶树木，通过自然休眠期所需的温度在5～15℃条件下一定的累积时数。

（二）常绿树的年生长周期

常绿树并不是树体上全部叶片全年不落，而是叶的寿命相对较长，多在一年以上，没有集中明显的落叶期，每年仅有一部分老叶脱落并能不断增生新叶，这样在全年各个时期都有大量新叶保持在树冠上，使树木保持常绿。不同树种叶的寿命不定，常绿阔叶如香樟、石楠叶龄为1年；松属的针叶可存活2～5年，如雪松2年；冷杉叶可存活3～10年，紫杉叶甚至可存活6～10年。

生长在北方的常绿针叶树中，每年发枝一次或几次。它们的老叶多在冬春季间脱落。

热带、亚热带的园林树木一般为常绿阔叶树，其各器官的物候动态表现极为复杂，各种树木的物候差别很大。在年生长周期中没有明显的休眠期，只是在干旱或低温时期暂时停止生长，一旦温度水分条件适宜即能萌发新梢，有些树木在一年中多次抽梢。

在赤道附近的树木，全年可生长而无休眠期，但也有生长节奏表现。在离赤道稍远的季雨林地区有雨季和干季之分，很多树木在雨季生长和开花，在干季被迫休眠。

三、园林树木各器官的生长发育

正常的园林树木主要由树根、枝干、树叶所组成。通常把枝干及其分支形成的树冠称为地上部；树根为地下部；地上部与地下部的交界处，称为根颈。下面以乔木为例说明树体组成。

（一）根的生长

根是植物长期适应陆地生活而在进化过程中逐渐形成营养的器官，通常位于地表下面，它具有吸收、固着、输导、合成、储藏和繁殖等功能。

1. 根系的年生长动态

根系的伸长生长在一年中是有周期性的。根的生长周期与地上部往往交错，情况比较复杂。春季根开始生长比地上部早的原因是一般根系生长要求温度比萌芽低。一般春季根开始生长后，即出现第一个生长高峰。此次根的生长主要取决于树体储藏的营养水平。然后是地上部开始迅速生长，此时根系生长趋于缓慢。但当地上部生长趋于停止时，根系生长出现一个大高峰，其强度大，发根多。落叶前根系生长还可能有小高峰。在一年中，树根生长出现高峰的次数和强度与树种、年龄等有关。

据研究，在华北地区，松属树木（据对油松观察），根系生长差不多与地上部同时开始；在雨季前土壤干热期则有停顿。由于先长枝，后生长针叶，其营养积累主要集中在生长季的后半期。雨季开始后（8月份）根生长特别旺，一直可延续至11月内尚未停止。也有些树种，根系一年内可能有几个生长高峰。据报道侧柏幼苗的根一年内也可见有多次生长。根在年周期中的生长动态，取决于树木种类，砧穗组合，当年地上部生长、结实状况，同时还与土壤的综合条件等密切相关。因此，树木根系生长高低峰的出现，是上述因素综合作用的结果。如扁桃根系分布的深度、广度与砧木种类及土壤状况密切相关，扁桃和桃与扁桃的杂交种砧木的根系最深，桃砧居中，李砧最浅。根系在黏质土壤中可深达4m，在质地好的土壤中，常常较浅，但水平分布更广，可以由树干延伸到15m或者更长。多数情况下，75%以上的根分布在土壤70～100cm的深度，其旺盛生长可保持12～15年。

2. 根系的生命周期

不同类别树木以一定的发根方式（侧生式或二叉式）进行生长。幼树期根系生长很快，一般都超过地上部分的生长速度。树木幼年期根系领先生长的年限因树种而异。随着树龄增加，根系生长速度趋于缓慢，并逐年与地上部分的生长速度保持着一定的比例关系。在整个生命过程中，根系始终发生局部的自疏与更新。吸收根的死亡现象从根系开始生长一段时间后就发生，逐渐木栓化，外表变为褐色，逐渐失去吸收功能；有的轴根演变成起输导作用的输导根，有的则死亡。至于须根，自身也有一个小周期，从形成到壮大直至衰亡有一定规律，一般只有数年的寿命。须根的死亡，起初发生在低级次的骨干根上，其后发生在高级次的骨干根上，以致较粗骨干根的后部出现光秃现象。

各树种、品种根系生长的深度和广度是有限的，受地上部生长状况和土壤环境条件影响。待根系生长，达到最大幅度后，也发生向心更新。由于受土壤环境影响，更新不那么规则，常出现大根季节性间歇死亡现象。更新所发生之新根，仍按上述规律生长和更新，随树体衰老而逐渐缩小。有些树种，进入老年后常发生水平根基部的隆起。当树木衰老，地上部濒于死亡时，根系仍能保持一段时期的寿命。

（二）树木枝芽生长

芽是处于幼态而未展开的枝条、花或花序，其实质是枝条、花或花序尚未发育前的雏体。树体枝干系统及所形成的树形，由枝芽特性决定，了解园林树木的枝芽特性，对园林树木的栽培养护有重要意义。

1. 芽序

芽在枝条上按一定规律排列的顺序称为芽序。因为芽大多都着生在叶腋处，所以芽序与叶序一致。不同树种的芽序不同，多数树木的互生芽序为2/5式，即相邻芽在茎或枝条上沿圆周着生部位相位差为144°，如紫荆、国槐、垂柳等；榆树和板栗的芽序为1/2式，即着生部位相位差为180°；另外，有对生芽序，如丁香、水蜡、女贞、锦带等，即每节芽相对而生，相邻两对芽交互垂直；轮生芽序，如夹竹桃、梓树、八仙花等，芽在枝上呈轮生状排列。由于枝条也是由芽发育生长而成的，芽序对枝条的排列乃至树冠形态都有重要的决定性作用。

2. 芽的异质性

在芽的形成过程中，由于形成的早晚、着生的位置和营养条件的不同，芽体大小和饱满程度以及发芽能力都会有较大差异，这种现象称为芽的异质性。枝条下部的芽由于是在新抽梢时生长快，芽发育时间短，叶面积小、气温低，制造养分少，因而芽一般比较瘦小，且常成为隐芽。此后，随着气温增高，枝条叶面积增大，同化物质增多，生长缓和，树体内营养状况好转，就可形成充实饱满的芽。同时，由于气温过高，使发育期缩短，芽的质量又渐次变差。如果形成秋梢，则秋梢上的芽因分化时间短，而不及春梢上的芽充实，在冬季寒冷地区易受冻害。许多树木达到一定树龄后，长势衰弱，所发新梢顶端会自然枯死，或顶芽自动脱落。

3. 芽的萌发和生长

一些树木的芽当年形成而且能够萌发成枝，这就是"芽的早熟性"。生长枝上的芽能萌发枝叶的能力叫萌芽力，例如桃、李树的芽，当年抽枝成芽，当年芽就能萌发。

许多暖温带和温带树木的芽为晚熟性芽，需经过一定的低温时期解除休眠，到第二年春季才能萌发。不同的树木种类与品种其叶芽的萌发能力不同。生长枝上的芽，能抽成长枝的能力叫成枝力。有些树木的萌芽力和成枝力强，如多数的柳树、白蜡、国槐、水蜡、雪柳、珍珠绣线菊等，这类树木容易形成枝条密集的树冠，耐修剪，易成型。有些树木的萌芽力和成枝力较弱，如松类和杉类的多数树种、核桃、白玉兰、梓树、银杏等，枝条受损后恢复困难，树型不容易塑造，因此要特别注意保护苗木的枝条和芽。

4. 芽的潜伏力

温带的多年生木本植物，其枝条上近下部的许多腋芽在生长季节里往往是不活动的，暂时保持休眠状态，这种芽称为休眠芽或潜伏芽。休眠芽可能伸展开放，例如当受到创伤和刺激时，往往可以打破休眠，开始萌发；也可能在植物的一生中，始终处于休眠状态不会形成活动芽。休眠芽的形成，可使植株调节养料，控制侧枝发生，使枝叶在空间合理安排，并保持充足的后备力量，有利于树冠的更新和复壮。

（三）枝茎的习性

1. 干性与层性

干性是指树木自身形成中心干和维持中心干生长势强弱的能力。顶端优势（顶部分生组织或茎尖对其下芽萌发力的抑制作用）明显的树种，中心干生长优势容易维持的，称为"干性较强"；反之，自身形成中心干能力弱，中心干生长优势又不易维持的，则称为"干性较弱"。干性的强弱因树种类和品种不同而异，例如银杏、云杉、毛白杨等，干性较强；海棠和红叶李的干性较弱。对干性较强的树种、品种，应采用具有中心干的树形；而对那些干性较弱的树种、品种多采用开心树形。

层性是主枝在中心干上的分布或二级枝在主枝上的分布，形成明显的层称为"层性强"，分层不明显的称为"层性弱"。层性与树种、品种成枝力有关，如雪松、灯台树、银杏、枇杷、核桃、华山松等层性最为明显，而柑橘、桃等由于顶端优势弱，层性与干性均不明显。

2. 树冠的形成

多数园林树木树冠的形成过程就是树木主梢不断延长，新枝条不断从老枝条上分生出来并延长和增粗的过程。树冠的形成主要经历过程：乔木是以地上芽分枝生长和更新的，自一年生苗或前一季节所形成的芽，抽枝离心生长。由于枝中上部芽较饱满并具有顶端优势，且由根系供应的养分比较充足，抽生的枝条长势好，多垂直向上生长成为主干的延长枝。几个侧芽斜生为主枝。翌春又由中干上的芽抽生延长枝和第二层主枝；第一层主枝先端芽，抽生形成主枝延长枝和若干长势不等的侧生枝。以一定的分枝方式在一定树龄内逐年抽枝。随主枝上较粗壮的侧生枝枝龄的增长，进一步发展为次一级的骨干枝。而枝条中部芽所抽生的短弱枝条，长势不良，易成花或衰老枯落。随着树龄的增长，中心干和主枝延长枝的优势转弱，树冠上部变得圆钝而宽广，逐渐表现出壮龄期的冠形。藤本类园林树木的主蔓生长势很强，幼时很少分枝，壮年后才会出现较多分枝，但大多不能形成自己的冠形，而是随攀援或附着物的形态而变化，这也是利用藤本植物进行园林植物造型的缘故。

（四）枝的生长

树木每年都通过新梢生长来不断扩大树冠，新梢生长包括延长生长和加粗生长两个方面。枝条在一年内增加的粗度与长度，称为年生长量。在一定时间内，枝条加长和加粗生长的快慢称为生长势。衡量树木生长状况的常用指标便是生长量和生长势。

1. 枝条的加长生长

新梢的延长生长并不是匀速的，一般都会表现出一定的生长规律，即“慢—快—慢”，可划分为以下3个时期。

（1）开始生长期　叶芽幼叶伸出芽外，随着节间伸长，幼叶分离。这个时期新梢生长的养分来源主要是树体在上一生长季节储藏的营养物质，新梢长速慢，节间伸长慢，叶片由前期形成的芽内幼叶原始体发育而成，其叶面积较小，叶形与后期叶有一定的差别，叶的寿命也较短。

（2）旺盛生长期　随着叶片数量增多和叶面积的增大，叶绿素含量增大、光合效能增强，枝条生长由利用储藏物质转为利用当年的同化物质，枝条很快进入旺盛生长期。此期形成的枝条，节间逐渐变长，叶片的形态也具有了该树种的典型特征，叶片较大，寿命长，侧芽较饱满。

（3）停止生长期　枝条旺盛生长结束后，新梢生长量减小，生长速度变缓，节间缩短，新生叶片变小。新梢从基部开始逐渐木质化，最后形成顶芽或顶端枯死而停止生长。枝条停止生长的早晚与树种、枝条部位及环境条件关系密切。一般来说，温带树种和热带树种，成年树木早于幼年树木，树冠内枝条早于树冠外围枝，甚至有些徒长枝生长时间持续到很晚。土壤贫瘠、干旱、通气性差等不利环境条件都能使枝条提前1～2个月结束生长，而氮肥施用量过大、湿度过大均能延长枝条的生长期。在栽培中应根据目的合理调节光、温、肥、水，来控制新梢的生长时期和生长量，再加以合理的修剪，进行园林树木合理培育。如在北京，桃树约8月中下旬为新梢停止伸长生长期，是花芽分化盛期，其间主要任务是控制生长，促进枝条充实，提高枝芽的越冬能力。对未停止生长的新梢，全部进行摘心，抑制伸长生长以促进增粗生长和芽的分化。

2. 枝的加粗生长

在新梢伸长生长的同时，也进行加粗生长，树木维管束内都有维管束形成层，形成层的细胞具有分生能力，每年可向内产生新的木质部、向外产生新的韧皮部，使茎逐年加粗。但加粗生长高峰稍晚于加长生长，停止也较晚。新梢加粗生长的次序也是由基部到梢部。形成层活动的时期和强度，依枝的生长周期、树龄、生理状况、枝条部位、外界环境条件、修剪方法等不同而异。落叶树种形成层的活动稍晚于萌芽；春季萌芽开始时，在最接近萌芽处的母枝形成层活动最早，并由上而下开始微弱增粗，此后随着新梢的不断生长，形成层的活动也逐步加强，粗生长量增加，新梢生长越旺盛形成层活动也越强烈，持续时间也越长。秋季由于叶片积累大量光合产物，因而枝干明显加粗。级次越低的枝条加粗生长高峰期越晚，加粗生长量越大。一般幼树加粗生长持续时间比老树长，同一树体上新梢加粗生长的开始期和结束期都比老枝早，而大枝和主干的加粗生长从上到下逐渐停止，而以根颈结束最晚。

3. 影响新梢生长的因素

新梢的生长除由树种和品种特性决定外，还受砧木、有机养分、内源激素、环境与栽培技术条件等的影响。

（1）砧木嫁接　植株新梢的生长受砧木根系的影响，同一树种和品种嫁接在不同砧木上，其生长势有明显差异，并使整体上呈乔化或矮化。

（2）储藏养分　树木储藏养分的多少对新梢生长有明显影响，储藏养分少，发梢纤细；春季先花后叶类树木，开花结实过多，消耗大量储藏营养，新梢生长就差。

（3）内源激素　叶片除合成有机养分外，还产生激素。新梢加长生长受到成熟叶和幼嫩叶所产生的不同激素的综合影响。幼嫩叶内产生类似赤霉素的物质，能促节间伸长；成熟叶产生的有机营养（碳水化合物和蛋白质）与生长素类配合引起叶和节的分化；成熟叶内产生休眠素可抑制赤霉素。摘去成熟叶可促新梢加长，但并不增加节数和叶数。摘除幼嫩叶，仍能增加节数和叶数，但节间变短而减少新梢长度。

（4）母枝所处部位与状况　树冠外围新梢较直立，光照好，生长旺盛；树冠下部和内膛枝因芽质差、有机养分少、光照差，所发新梢较细弱。但潜伏芽所发的新梢常为徒长枝。以上新梢姿势不同，其生长势不同，与新梢顶端生长素含量高低有关。

母枝强弱和生长状态对新梢生长影响很大。新梢随母枝直立至斜生，顶端优势减弱；随母枝弯曲下垂而发生优势转位，于弯曲处或最高部位发生旺长枝，这种现象叫“背上优势”。

（5）环境与栽培条件　温度高低与变化幅度、生长季长短、光照强度与光周期、养分水分供应等环境因素对新梢生长都有影响。气温高、生长季长的地区，新梢年生长量大；低温、生长季热量不足，新梢年生长量则短。光照不足时，新梢细长而不充实。

施氮肥和浇水过多或修剪过重，都会引起过旺生长。一切能影响根系生长的措施，都会间接影响到新梢的生长。应用人工合成的各类激素物质都能促进或抑制新梢的生长。

（五）叶片与叶幕形成

1. 叶片的形成

叶芽中前一年形成的叶原基发展而形成叶片，其大小与前一年或前一生长时期形成叶原基时的树体营养状况和当年叶片生长时期长短有关。不同树种和品种的树木，同一树体上不同部位其叶片形态和大小有明显差别。梨和苹果外围的长梢上，春梢段基部叶和秋梢叶生长期都较短，叶均小。而旺盛生长期形成的叶片生长时间较长，则叶大。不同叶龄的叶片在形态和功能上也有明显差别，幼嫩叶片的叶肉组织量少，叶绿素浓度低，光合产量低，随着叶龄的增大单叶面积逐渐增大，生理上处于活跃状态，光合效能大大提高，达到高峰并平稳相当时间后，然后随叶片的衰老各种功能也会逐步衰退。由于同一树上的叶片萌发的时间有差别，各种不同叶龄或不同发育时期的叶片的功能也在新老更替。

2. 叶幕的形成

叶幕是指树冠内叶片集中分布的区域，它反映出树冠叶面积的总量，其形态和体积随树龄、整形、栽培的目的与方式不同而有所变化。由于幼树分枝少，树冠内部的小枝多，树冠内外都能见光，叶片充满树冠，树冠形状和体积与叶幕的形状和体积基本一致。而到成年树时期，如是无中心主干的成年树，其叶幕与树冠体积不一致，小枝和叶多集中分布在树冠表面，叶幕往往仅限于树冠表面较薄的一层，多呈弯月形叶幕。具中心干的成年树，多呈圆头形叶幕，到老年叶幕多呈钟形。成片栽植的树木，其叶幕顶部呈平面形或立体波浪形。观花观果类园林树木为了结合花、果生产，经人工修剪成一定的冠型，有些行道树为了避开高架线，人工修剪成杯状叶幕，如桃树和悬铃木。藤本树木的叶幕随攀附物体的形状变化。

落叶树木叶幕在年周期中有明显的季节变化规律，即“慢—快—慢”这种生长过程。叶幕形成的速度与树种和品种、环境条件和栽培技术有关。一般来说，幼龄树、长势强的树或以抽生长枝为主的树种或品种，其叶幕形成时期较长，出现高峰晚；而树龄大、长势弱、短枝型树种，其叶幕形成和高峰期来得早，如梨和苹果的成年树以短枝为主，故其叶幕形成早，高峰出现也早。

落叶树木的叶幕，从春天发叶到秋季落叶，多数能保持5～8个月的生活期；而常绿树木，由于叶片的生存期长，多半可达一年以上，而且新叶形成之后老叶才逐渐脱落，因此叶幕比较稳定。

（六）树木花芽分化和开花结实

1. 花芽分化的概念

植物的生长点可以分化为叶芽和花芽。生长点由叶芽状态开始向花芽状态转变的过程，称为花芽分化。一般将从生长点顶端变得平坦、四周下陷开始，到逐渐分化为萼片、花瓣、雄蕊、雌蕊以及整个花蕾或花序原始体的全过程，称为花芽形成。生长点内部由叶芽的生理状态（代谢方式）转向形成花芽的生理状态（用解剖方法还观察不到）的过程称为“生理分化”。由叶芽生长点的细胞组织形态转为花芽生长点的组织形态过程，称为“形态分化”。狭义的花芽分化是指形态分化，广义的花芽分化，包括生理分化、形态分化、花器的形成与完善直至性细胞的形成。

2. 花芽分化期

根据花芽分化的指标，花芽的分化一般可分为生理分化期、形态分化期和性细胞形成期三个时期，但不同树种的花芽分化过程和形态特点有很大差异。

（1）生理分化期　是指芽的生长点内转向分化花芽而发生生理代谢变化的时期。一般发生在形态分化期前4周左右甚至长达7周。它是控制花芽分化的关键时期，因此也称“花芽分化临界期”。

（2）形态分化期　形态分化期是指花或花序的各个花器原始体发育过程所经历的时期。一般又可分为5个时期，分别是分化初期、萼片原基形成期、花瓣原基形成期、雄蕊原基形成期、雌蕊原基形成期等。有些树种的雄蕊原基形成期和雌蕊原基形成期延续时间较长，要到第二年春季开花前才能完成。

（3）性细胞形成期　当年进行一次或多次花芽分化并开花的树木，其花芽性细胞都在年内较高温度的时期形成。而于夏秋分化，在次年春季开花的树木，其花芽在当年形态分化后要经过冬春一定时期的低温条件（暖温带树木5～15℃，温带树木0～10℃）累积，才能形成和进一步分化完善花器，花器完成要在第二年春季开花前的较高温度下进行。因此，早春树体营养状况对此类树的花芽分化很重要。

3. 花芽分化的类型

根据花芽开始分化的时间及完成分化全过程所需时间的长短不同（随树种、品种、地区、树龄及外界环境条件而异），可分为以下几个类型。

（1）夏秋分化类型　花芽分化一年一次，于6～8月高温季节进行，并延续至9～10月间才完成花器分化的主要部分，还需经过一段低温，直到第二年春天才能进一步完成性器官的分化。第二年早春或春夏开花。如牡丹、丁香、梅花、榆叶梅、樱花、连翘、白玉兰、二乔玉兰等。

（2）冬春分化类型　原产温暖地区的一些园林树种，一般秋梢停长后至第二年春季萌芽前，即于11月至次年4月间这段时期完成花芽分化。如柑橘类的柑和橘从12月开始至次春完成，特点是分化时间短并连续进行。此类型中有些延迟到第二年初才分化，而在冬季较寒冷的地区，有提前分化的趋势。

（3）当年分化的开花类型　许多夏秋开花的树木，在当年枝的新梢上或花茎顶端形成花芽，如紫薇、木槿、合欢、栾树、珍珠梅、槐等基本属此类型，不需要经过低温阶段即可完成花芽分化。

（4）多次分化类型　一年中多次发枝，每抽一次梢就分化一次花芽并开花的树木属于多次分化型。如茉莉、月季、葡萄、无花果、柠檬等四季性开花的花木，在一年中都可继续分化花芽，春季第一次开花的花芽有些可能是去年形成的，花芽分化交错发生，没有明显的分化停止期，在顶部花芽形成过程中，其他花芽又继续在基部生出的侧枝上形成，花芽分化节律不明显，如此在四季中可以开花不绝。

此外，还存在不定期分化类型，每年只分化一次花芽，但无一定时期，只要达到一定的叶面积就能开花，主要视植物体自身养分的积累程度而异，如凤梨科和芭蕉科的某些种类。

4. 开花顺序

（1）不同树种的开花顺序　树木的花期早晚与花芽萌动先后相关，相同地区的不同树种花芽萌动早晚不同，因此在一年中的开花时间也不相同，除特殊小气候环境外，各种树木每年的开花先后有一定顺序。园林绿化中进行合理配置园林树木，需要了解当地树木开花时间。如辽宁南部地区常见花灌木的开花顺序是：连翘、榆叶梅、毛樱桃、珍珠绣线菊、紫丁香、紫荆、牡丹、锦带、珍珠梅、木槿等。

（2）不同品种的园林树木开花早晚不同　同一地区同种树木的不同品种之间，开花时间也是有一定的顺序性的。如在北京地区，碧桃的“早花白碧桃”于3月上旬开花，而“亮碧桃”则要到3月下旬开花。

（3）同株树木上的开花顺序　有些园林树木属于雌雄同株异花的树木，雌雄花的开放时间有的相同，有的不同，如五角枫。同一树体上不同部位的开花早晚也不同，一般短花枝先开，长花枝和腋芽后开，如栀子花。同一花序开花早晚也不同，如总状花序的紫藤开花顺序是由下而上。

5. 开花类型

树木在开花与展叶的时间顺序上也常常表现出不同的特点，常分为先花后叶型、花叶同放型和先叶后花型三种类型。在园林树木配置和应用中也应了解树木的开花类型，通过合理配置，提高总体的绿化美化效果。

（1）先花后叶型　先花后叶也叫叶前开放，此类树木在春季萌动前已完成花器分化，植物在生长期中，先开花，然后再开始长叶，如紫玉兰、迎春花、连翘、山桃、白玉兰、紫荆等。

（2）花叶同放型　开花和展叶几乎同时，此类树木花器也是在萌芽前已完成分化，开花时间比先花后叶型稍晚，多数能在短枝上形成混合芽的树种属此类，如桃、紫藤、榆叶梅、红叶李等。

（3）先叶后花型　此类树木多数是在当年生长的新梢上形成花器并完成分化，因此一般在夏秋开花，如木槿、栾树、合欢、国槐、珍珠梅、荆条等。也有部分树木是由上一年的混合芽抽生相当长的新梢，在新梢上开花，由于萌芽要求的气温高，开花较晚，如葡萄、柿子、枣等。

6. 花期

花期即植物开花的延续时间，花期的长短与树种、品种、外界环境（温度、水分等）以及树体自身营养状况等有关。

（1）不同树种和类型的花期　由于园林树木种类繁多，几乎包括各种花器分化类型的树木，因此树木花期差别很大，从1周到数月不等。如在辽宁南部地区山桃、樱花开花时间较短，一般为6 ～ 7天，而合欢花期为60 ～ 80天。

（2）树体营养状况和环境条件影响花期　一般树体营养状况好花期长，同种树木，青壮年树比衰老树的花期长而整齐。

花期也与小气候有关，如大楼背面、靠树体下方的花开花时间相对要长。另外花期因环境而异，如广西南宁花花大世界景区每年有大量的桃花盛开，景区属于野外，气温比市内低2 ～ 3℃，有山有水，形成一个小盆地，水土不容易流失，保湿度比较好，从而使桃花的花期可达到4月份，比南宁其他地方相对要长一些。每年开花次数因树种与品种而异，多数每年只开一次花。

7. 再（二）度开花

原产温带和亚热带地区的绝大多数树种，一年只开一次花，如珍珠绣线菊、锦带、栾树、合欢、樱花等，但也有些树种或栽培品种一年内有多次开花的习性，如桃、杏、连翘、茉莉花、月季、柽柳、杜鹃、枳壳树、玉兰、紫藤等。一般导致树木再次开花的原因有两个：一种是树体养分不足或花芽发育不完全，如梨或苹果某些品种的老树上会出现一部分花芽春季开放，而还有部分花芽延迟到春末夏初才开，因此会看到再度开花；另一种是秋季发生再次开花现象。这种一年再（二）度开花现象，既可以由“不良条件”引起，也可以由于“条件的改善”而引起，还可以由这两种条件的交替变化引起。例如凤凰花通常在每年六月盛开，但2009年在我国台东市却二度花开，迈入十月之际却又见凤凰花开。二度开花很可能是气候异常所致。在莫拉克台风前与后，各有长达约一个月的干旱，这样的异常使植物发挥潜能，让自己再开花、再结果，让下一代来延续生命。

8. 园林树木果实的生长发育

果实的生长发育是指从花谢后至果实达到生理成熟时的过程，需经过细胞分裂、组织分化、种胚发育、细胞膨大和细胞内营养物质的积累和转化等过程，这一过程称为果实的生长发育。

（1）果实生长发育时间　树木各类果实成熟时在外表上表现出成熟颜色的特征为“形态成熟期”。果熟期与种熟期有的相一致，有的不一致；有些种子要后熟，如银杏、天女木兰、山楂、红松等。果熟期的长短因树种和品种而不同，榆树和垂柳等树种的果熟期最短，桑、杏次之，松属植物种子发育成熟期较长，一般需要第一年春季传粉，第二年春才能受精，因此球果成熟期要跨年度。外表受伤的果实或被虫蛀食后成熟期会提早，除此之外果熟期的长短还受自然条件的影响，如低温潮湿，果熟期延长，反之则缩短，立地条件好的地方果实成熟早些。

（2）果实的生长过程　果实体积增长不是直线上升的，一般都表现为“慢—快—慢”的曲线生长过程。还有些树木的果实呈双“S”形两个速生期的生长过程，但其机制还不十分清楚。果实生长发育要经过生长期和成熟期，生长期果实生长没有形成层活动，而是靠果实细胞的分裂与增大而进行；成熟期就是果实内含物的变化，其中肉质果的变化较显著。

（3）果实的着色　果实的着色是由于叶绿素的分解，果实细胞内已有的类胡萝卜素和黄酮等色素物质增加，使果实呈现出黄色、橙色，由叶中输送的色素原，在阳光（特别是短波光）、较高温度和充足氧气的共同作用下，经氧化酶的作用而产生青素苷，使果实呈现出红色、紫色。

四、园林植物生长发育的整体性

植物体各部分器官之间，在生长发育过程中存在着相互依存和相互制约的关系。园林树木树体某一部位或器官的生长发育，常能影响另一部位或器官的形成和生长发育。这种表现为植物体各部分器官之间在生长发育方面的相互促进或抑制的关系，植物生理学上称之为植物生长发育的相关性。植物各器官生长发育上这种既相互依赖又相互制约的辩证关系，是植物有机体整体性的表现，也是园林生产实践中调整和控制园林树木生长的重要依据之一。

（一）地上部与地下部根系之间的关系

“本固则枝荣”，根系能合成二十多种氨基酸、三磷酸腺苷、磷脂、核苷酸、核蛋白以及激素等多种物质，有些是促进枝条生长的物质。枝叶是树木制造有机营养物质，为树体各部分的生长发育提供能源的主要器官。繁茂的枝叶可以促进根系的生长发育，它必须依靠叶片光合作用提供有机营养与能源，才能实现生长发育并完成其生理功能，提高根系的吸收功能。枝叶在其生长发育过程中，需要大量的水分和营养元素，这需要借助于根系的强大吸收功能。根系发达可以有效地促进地上部分枝叶的生长发育。

总之，树木地上部分和地下部分的生长是相互联系、相互依存的，既有相互促进，也有相互制约，呈现出交替生长反馈控制的作用过程。树的冠幅与根系的分布范围有密切关系，在青壮龄期，一般根的水平分布都超过冠幅，根的深度小于树高。根系和树冠在生长量上常持一定的比例，地上部或地下部任何一方过多地受损，都会削弱另一方，从而影响整体。在园林树木栽培中，可以通过各种栽培措施调整园林树木根系与树冠的结构比例，使园林树木保持良好的结构，进而调整其营养关系和生长速度，促进树木整体的协调、健康生长。

（二）各器官的相关性

1. 顶芽与侧芽的相关性

幼、青年树通常顶芽生长较旺、侧芽生长较弱，具有明显的顶端优势。去除顶芽，可促使侧芽萌发。修剪时用短截或摘心来削弱顶端优势，以促进多分枝。

2. 根端与侧根

主根对侧根的生长有一定的抑制作用，特别在根端附近更为明显。假若将主根的根端切除，则可促进侧根的萌发。园林苗圃进行大苗的培育，可对实生苗进行多次移植，将伸展到耕作层以下的主根切断，促使大量侧根发生，以便在土壤表层吸收更多的水分和养料，有利出圃栽植成活；对壮老龄树，切断一些一定粗度的根（因树而异），有利于促发吸收根，使树木更新复壮。

3. 营养器官和生殖器官

树木的根、枝干、叶和叶芽为营养器官，花芽、花、果实和种子为生殖器官，营养器官和生殖器官的生长发育都需要光合产物的供应。营养器官的健壮生长是生殖生长的前提。但如果结实过多，对营养枝的生长、花芽分化有抑制作用，因此营养生长与生殖生长之间需要形成一个合理的动态平衡。在园林树木栽培和管理中，通过合理的栽培和修剪措施，调节两者之间的关系，使不同树木或树木的不同时期偏向于营养生长或生殖生长，以达到更好的美化和绿化效果。

项目测评

为实现本项目目标，要求学生完成表2-2中的作业，并为老师提供充分的评价证据。

表2–2　园林树木物候期调查项目测评标准

任务	合格标准=$\sum P_n$		良好标准=合格标准+$\sum M_n$		优秀标准=良好标准+$\sum D_n$	
任务一	P_1	观察并记录5种园林观花树木萌芽开花物候期	M_1	调查新梢生长物候期并绘制随时间变化的生长曲线图	D_1	整理数据，按照毕业论文格式完成园林树木物候期调查报告
	P_2	用图片记录园林树木最佳观赏时期及观赏特色	M_2	园林树木花芽分化主要分几个时期？有哪些花芽分化的类型？		

课外研究

点点滴滴小知识

一、叶

从广义讲，凡是适应于进行光合作用的结构都可以叫做叶，例如某些藻类，或是藓类植物体上的“叶”都可称为叶；从狭义讲，只有维管植物才具有真正的叶。在植物学中，植物的叶如果具有叶片、叶柄和托叶的叫做完全叶，如果没有托叶，或者没有托叶和叶柄，叫做不完全叶。无托叶的最为普遍，如女贞、丁香、连翘、茶、白菜、甘薯等的叶；同时无托叶和叶柄的如莴苣、苦苣菜、石竹、烟草等的叶（又称无柄叶），禾本科和兰科的叶也是没有叶柄和托叶而只有叶鞘；无叶片的叶较少，如我国台湾的相思树，叶片完全退化，叶柄扁平状，可进行光合作用，称为叶柄状。

二、鳞片的作用

鳞芽的鳞片上有角质和毛茸，有的甚至还分泌有树脂，可以使芽内蒸腾减少至最低限度，对过冬可起保护作用。生长在湿润的热带地区的木本植物及温带地区的草本植物，它们芽的外面无鳞片，仅为幼叶所包裹。

三、芽的构成

芽由芽轴、生长点、芽原基、叶原基及幼叶构成。芽轴发育成茎；生长点使芽轴不断伸长；

芽原基发育成侧芽；叶原基发育成幼叶；幼叶发育成叶。

四、园林树木的生长速度

在园林绿化中，常根据早期生长速度的差异，把园林树木划分为快长树（速生树）、中速树、慢长树（缓生树）3类。新建城市的绿地，自然应选快长树为主，但也应搭配些慢长珍贵树，以便更替。

不同树木在一生中生长高峰出现的早晚及延续期限不同。一般喜光树种，如油松、马尾松、落叶松、杉木、加拿大杨、毛白杨、旱柳、垂柳等，其生长最快的时期多在15年前后出现，以后则逐渐减慢；而耐阴树种，如红松、华山松、云杉、紫杉等，其生长高峰出现较晚，多在50年以后，且延续期较长。

模块二 园林树木栽培与养护

项目三　园林树木栽植与成活期养护

技能目标

掌握一般园林树木栽植和大树移植程序与技术操作，并掌握成活期的养护管理措施。

知识目标

了解园林树木栽植的成活原理、栽植季节和栽植前的准备，掌握园林树木栽植及大树移植程序与技术理论。

任务3.1 栽植园林树木

任务分析

结合春季植树任务，选择胸径8～10cm的裸根移植树种，进行树木栽植程序与技术的技能训练。

任务实施

【材料与工具准备】

修枝剪、手锯、铁锹、镐、草绳、标牌、白灰、标杆、水管等。

【实施过程】

1. 放线定点

应定出单株种植位置，并用白灰点明并钉上木桩，写明树种、挖穴规格。

2. 挖穴（刨坑）

一般应比规定根幅范围或土球大，应加宽放大40～100cm、加深20～40cm。把表土与底土按统一规定分别放置（放在株与株之间），使穴保持上口沿与底边垂直，大小一致。

3. 起掘苗木

以树干为圆心，按60cm为半径画圆，于圆外绕树起苗，垂直挖下至一定深度，切断侧根；

再于一侧向内深挖，先切断粗根，待根系全部切断后，放倒苗木，去掉附土。

4. 运苗与施工地假植

装车时，苗木放置时根向前、树梢向后。裸根苗木可层叠码放，带土球苗直立或倾斜摆放。运输途中，注意防风、降温，及时喷水。

临时放置可用苫布或草袋盖好。如需较长时间假植，可在施工地附近挖一宽1.5 ~ 2m、深30 ~ 50cm的假植沟。

5. 栽植前修剪

根系剪至新鲜组织，地上部分在不影响树形美观的前提下适当重剪。

6. 种植

栽前应再进一步按大小进行分级，以使相邻近的苗木大小趋近一致，行道树与车行道边缘的距离不应少于0.7m，以1 ~ 1.5m为宜，树距房屋的距离不小于5m，株距8 ~ 12m为宜，树池1.5m见方。相邻同种苗高差＜50cm，干径差＜1cm。最好保持原来的阴阳面。为保证行直，可先间隔10株栽标杆树，遇弯干之苗应弯向行内。两人一组。先填些表土于穴底，堆成小丘状，放苗入穴，扶正苗木，按“三埋两踩一提”苗操作。

7. 栽后管理

栽后需要立支柱并立即灌透水。在少雨季节植树，应间隔3 ~ 5天连浇三遍水。防止冲垮水堰，每次浇水渗入后，应将歪斜树苗扶直，并对塌陷处填实土壤。为保墒，最好覆一层细干土或塑料薄膜。第三遍水后，可将水堰铲去，将土堆于干基，稍高出原地面。注意树形完美，及时修剪萌蘖、病枯枝、杂乱枝。注意枝条与电线的安全距离，以及适时的水肥管理、越冬前管理等。

任务考核

任务考核从职业素养和职业技能两方面进行评价，标准见表3-1。

表3-1 栽植园林树木任务的考核标准

考核内容		考核标准	考核分值
职业素养	职业道德 职业态度 职业习惯	忠于职守，乐于奉献；实事求是，不弄虚作假；积极主动，操作认真；善始善终，爱护公物	30
职业技能	任务操作	栽植操作规范，程序合理； 栽植后管理得当，栽植树木成活	30 30
	总结创新	栽植前方案合理，栽植后总结得当	10

理论认知

栽植是园林栽种植株的一种作业。它一般包括狭义和广义两个范畴，狭义的栽植为种植，广义的栽植包括起苗、搬运、种植三个基本环节。其中种植是指把植物的种子或苗木按要求栽于新植地的操作。而种植又包括播种、假植、移植和定植四种情况。播种是以园林植物的种子为繁殖材料来培育园林苗木；假植是由于特殊需要，临时将苗木埋于土中，是临时性的种植，如为使苗木安全越冬的密植或栽植前的短时间培土保护都是假植；园林所用的苗木规格较大，为使栽植时土坨范围内有较多的吸收根，以利于成活和恢复，根据树种特性，在苗圃中往往需要间隔一年至数年重新栽植一次，这种栽植称为移植；苗木在应用地永久地生长，直至砍伐或死亡，这种栽植称为定植。

一、栽植成活的原理

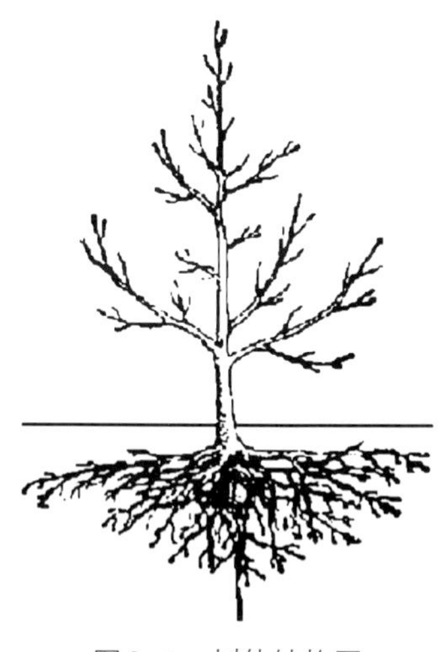

图3–1　树体结构图

园林树木移植成活的基本原理包括水分和养分代谢平衡原理、近似生境原理和保持阴阳面原理。

1. 水分和养分代谢平衡原理

在未移植之前，一株正常生长的树木（图3-1）在一定的环境条件下，其地上与地下部分存在着多种平衡关系，尤其是地上与地下部分之间的养分和水分代谢平衡关系最为重要。植株一经挖起，大量的吸收根常因此而损失，加之风吹日晒和机械损伤，大量的水分散失而得不到补充，根系与地上部分的水分平衡遭到了破坏，栽植成活受到影响。可见，如何使苗木在栽植过程中少伤根、减少水分蒸发、少受风干失水、促使植物迅速发生新根、与新的环境建立良好的联系是最为重要的。总之，在栽植过程中，如何维持和恢复树体以水分代谢为主的平衡是栽植成活的关键。而这种平衡关系的维持与恢复，除了与“起掘、搬运、种植、栽后管理”这四个主要环节的技术直接有关外，还与影响生根和蒸腾的内外因素有关。具体与树种根系的再生能力、苗木质量、树龄、栽植季节有密切关系。

2. 近似生境原理

树木的生态环境是一个比较综合的整体，主要指光、气、热等小气候条件和土壤条件（土壤酸碱度、养分状况、土壤类型、干湿度、透气性等）。近似生境原理一定程度上要求树木移植宜近不宜远，移植后的生境优于原生生境，移植成活率较高。如果把生长在酸性土壤中的大树移植到碱性土壤，把生长在寒冷高山上的大树移入气候温和的平地，其生态环境差异大，影响移植成活率。因此，移植地生境条件最好与原生长地生境条件近似。移植前，如果移植地和原生地太远，海拔差大时应对大树原植地和定植地的土壤气候条件进行测定，根据测定结果，尽量使定植地满足原生地的生境条件以提高大树移植成活率。

3. 保持阴阳面原理

树木的向阳面受阳光照射较多，温度较高，湿度较小，叶面角质层和枝干组织发达，气孔数目也较多，光合与蒸腾作用较强；而阴面的情况正好相反。各种激素在阴阳面的分布也有差异。如果移植树木时颠倒了原来的阴阳面，植株的生理机能不适应光、热、湿及蒸腾等生态条件的变化，使其体内生理活动发生紊乱，导致再生能力下降，影响成活。同时，树木生长也受地球磁场的作用，植物细胞等可能形成了一定的磁极性方位，维持树木原有方位有利于保持植物细胞的正常生理活动。因此，园林树木尤其是大树移植时，要标明树木阴阳面，在胸径处做好标记，使其在移植时仍能按原方位栽植，以确保移植成活。

二、栽植季节

树木栽植的季节应选在适合根系再生和枝叶蒸腾量最小的时期。在四季分明的温带地区，一般以秋冬落叶后至春季萌芽前的休眠期最为适宜。而多数地区和大部分树种，则以晚秋和早春为最好。此时树体贮藏营养丰富，地温适合根系生长，地上部蒸发量小，容易保持和恢复以水分代谢为主的平衡。冬季不易安全越冬的树种早春栽较好，而冬季可以安全越冬的树种秋栽较好。

1. 春季移植

当气温回升，土壤开始解冻但树液尚未开始流动时可开始移植。春季移植适期较短，应根据苗木发芽的早晚，合理安排移植顺序。一般在萌芽前或萌芽时必须完成移植工作。

2. 秋季移植

在树木地上部生长缓慢或停止生长进入休眠后，即落叶树开始落叶，常绿树生长高峰过后进行。一般在秋季温暖湿润、冬季气温较高的地区进行。北方冬季寒冷的地区，秋季移植应早，而冬季寒冷且易发生冻害的地区不宜秋植。

3. 雨季移植

夏季由于气温高，植株生命活动旺盛，一般不适合树木栽植，但有特殊需要时也可以栽植。必须选择春梢停止生长的树木，抓紧连阴雨时期，并配合修剪枝叶、遮阴等措施才能保证成活。

4. 冬季移植

南方冬季较温暖，可进行冬季移植。在土壤结冻较深的地区，对当地耐寒力极强的树种可用“冻土球移植法”。

至于具体到一个地区的植树季节，应根据当地的气候特点、树种特性和工作任务大小及技术力量而定。从移植天气来看，以阴天无雨、晴天无风的天气为佳。

三、栽植过程各环节的关系

绝大多数树木栽植，在掘（起）苗、运输、栽植、栽后管理四大环节中，必须进行周密的保护和及时处理，才能保证树木栽植成活。栽植过程除长距离运输苗木外，一般时间也不会很长，与树木的一生相比是短暂的，但栽植的苗木完全暴露于空气中，没有土壤的支持，失去了抵抗力，一时的疏忽就会影响树木的恢复生长，甚至造成死亡。因此，操作人员必须对栽植环节有正确的认识，增强责任心，细致操作。

栽植的四个环节应密切配合，尽量缩短时间，最好是随掘、随运、随栽和及时管理，形成流水作业。应按操作规程所规定的范围起苗，不使伤根过多；大根尽量减少劈裂，对已劈裂的，应进行适当修剪补救。除肉质根树木（如牡丹等含水多、易断、不易愈合）应适当晾晒外，对绝大多数树种来说，起出后至栽植前，最重要的是保持根部湿润，不受风吹日晒。对长途运输的，应采取根部保湿措施（如用薄膜套袋、沾泥浆并填加湿草包装保湿，以免泥浆干后影响根的呼吸，栽前还应浸水等）。对常绿树为防枝叶蒸腾水分，可喷蒸腾抑制剂和适当疏剪枝叶。

四、栽植施工技术的采用

多数落叶树种比常绿树种较容易栽植成活，但是不同树种对栽植的反应有所不同。有些树木根系受伤后的再生能力强，很容易栽植成活，如杨、柳、榆、槐、银杏、椴树、槭树类、紫薇、紫穗槐等；比较难成活的树种如苹果、七叶树、山茱萸、云杉、铁杉等；最难成活的树种如木兰类、山毛榉、白桦、山楂和某些桉树类、栎类等。

同种不同树龄时期的树木，栽植成活的难易程度也不同，幼青年期容易成活，壮老年期不易成活。因此绿化施工时，应根据不同类别和具体树种、年龄采取不同的技术措施。容易栽植的，施工可适当简单，一般都用裸根栽植，包装运输也比较简便。而多数常绿树种、壮老年期树木及某些难成活的落叶树种，必须采用带土球移植法。对有些多年未移植过的大苗、大树、野生树和山野桩景树，为提高成活率，还须提前2～3年于春季萌芽前进行“断根缩坨”处理（参见大树移植）。

五、栽植前的准备

植树的工作量因计划完成的任务大小而异。较大的植树任务常按完成一项工程来对待。在进行栽植工程之前，必须做好一切准备工作。

（一）了解设计意图与工程概况

首先应了解设计意图，向设计人员了解设计思想、所达预想目的或意境，以及施工完成后近期所要达到的效果。通过设计单位和工程主管部门了解工程概况，包括以下内容：

① 树木栽植与其他有关工程（铺草坪、建花坛以及土方、道路、给排水、山石、园林设施等）的范围和工程量。

② 施工期限（始、竣工日期，其中栽植工程必须保证不同类别的树木在当地最适栽植期间内进行栽植）。

③ 工程投资（设计预算、工程主管部门批准投资数）。

④ 施工现场的地上（地物及处理要求）与地下（管线和电缆分布与走向）情况。

⑤ 定点放线的依据（以测定标高的水位基点和测定平面位置的导线点或和设计单位研究确定地上固定物作依据）。

⑥ 工程材料来源和运输条件，尤其是苗木出圃地点、时间、质量和规格要求。

（二）现场踏勘与调查

在了解设计意图和工程概况之后，施工的主要人员（施工队、生产业务、计划统计、技术质量、后勤供应、财务会计、劳动人事等）必须亲自到现场进行细致的踏勘与调查，应了解以下内容。

① 各种地上物（如房屋、原有树木、市政或农田设施等）的去留及须保护的地物（如古树名木等）。要拆迁的则应知道如何办理有关手续与处理办法。

② 现场内外交通、水源、电源情况，如能否使用机械车辆，无条件的如何开辟新线路。

③ 施工期间生活设施（如食堂、厕所、宿舍等）的安排。

④ 施工地段的土壤调查，以确定是否换土，估算客土量及其来源等。

（三）编制施工方案

园林工程属于综合性工程，为保证各项施工项目的合理衔接、互不干扰，做到多、快、好、省地完成施工任务，实现设计意图和日后维修与养护，在施工前都必须制定好施工方案。大型的园林施工方案比较复杂，需精心安排，因而也叫“施工组织设计”，由经验丰富的人员负责编写，其内容包括以下方面。

① 工程概况（名称、地点、参加施工单位、设计意图与工程意义、工程内容与特点、有利和不利条件）。

② 施工进度（分单项与总进度，规定起、止日期）。

③ 施工方法（机械、人工、主要环节）。

④ 施工现场平面布置（交通线路、材料存放、囤苗处、水、电源、放线基点、生活区等位置）。

⑤ 施工组织机构（单位、负责人、设立生产、技术指挥、劳动工资、后勤供应、政工、安全、质量检验等职能部门以及制定完成任务的措施、思想动员、技术培训等，对进度、机械车辆、工具材料、苗木计划常绘图表示）。

⑥ 依据设计预算，结合工程实际质量要求和当时市场价格，制定施工预算。方案制定后经广泛征求意见，反复修改，报批后执行。

合理的园林施工程序应是：征收土地→拆迁→整理地形→安装给排水管线→修建园林建筑→广场、铺装道路→大树移植→种植树木→铺装草坪→布置花坛。其中栽植工程与土建、市政等工程相比，有更强的季节性。应首先保证不同树木栽植的最适期，以此方案为重点来安排总进度和其他各项计划。对栽植工程的主要技术项目，要规定技术措施和质量要求。

（四）施工现场清理

对栽植工程的现场，拆迁和清理有碍施工的障碍物，然后按设计图纸进行地形整理。

（五）选苗

关于栽植树种及苗龄与规格，应根据设计图纸和说明书的要求进行选定，并加以编号。由于苗木的质量好坏直接影响栽植成活率和以后的绿化效果，所以植树施工前必须对可提供的苗木质量状况进行调查了解。

1. 苗木质量

园林绿化苗木根据栽植前是否经过移植分为原生苗（实生苗）和移植苗。播后多年未移植过的苗木（或野生苗）大部分吸收根分布在所掘根系范围之外，移栽后难以成活。经过多次适当移植的苗，土球范围内吸收根分布较多，栽植后成活率高，恢复快，绿化效果好。

高质量的园林苗木应具备以下条件：

① 根系发达而完整，主根短直，接近根颈一定范围内要有较多的侧根和须根，起苗后大根系应无劈裂。

② 苗干粗壮通直（藤木除外），有一定的适合高度，不徒长。

③ 主侧枝分布均匀，能构成完美树冠，要求丰满。其中常绿针叶树，下部枝叶不枯落成裸干状。干性强并无潜伏芽的某些针叶树（如某些松类、冷杉等），中央领导枝要有较强优势，侧芽发育饱满，顶芽占有优势。

④ 无病虫害和机械损伤。

2. 苗（树）龄与规格

树木的年龄对移植成活率的高低有很大影响，并对成活后在新栽植地的适应性和抗逆能力有影响。幼龄苗，株体较小，根系分布范围小，起掘时根系损伤率低，移植过程（起掘、运输和栽植）也较简便，并可节约施工费用。由于保留须根较多，起掘过程对树体地下部与地上部的平衡破坏较小，栽后受伤根系再生力强，恢复期短，故成活率高。地上部枝干经修剪留下的枝芽也容易恢复生长。幼龄苗整体上营养生长旺盛，对栽植地环境的适应能力较强。但由于株体矮小，较容易遭受人畜的损伤，甚至造成死亡而缺株，影响日后的景观。幼龄苗如果植株规格较小，短时间内不能形成绿化效果。

壮老龄树木，根系分布深广，吸收根远离树干，起掘伤根率高，故移栽成活率低。为提高移栽成活率，对起、运、栽及养护技术要求较高，必须带土球移植，施工养护费用高。但壮老龄树木，树体高大，姿形优美，移植成活后能很快发挥绿化效果，对重点工程在有特殊需要时，可以适当选用，但必须采取大树移植的特殊措施。

根据城市绿化的需要和环境条件特点，一般绿化工程多需用较大规格的幼青年苗木，移栽较易成活，绿化效果发挥也较快。为提高成活率，尤宜选用在苗圃经多次移植的大苗。

园林植树工程选用的苗木规格：落叶乔木最小选用胸径3cm以上的苗木，行道树和人流活动频繁之处还宜更大些；常绿乔木最小应选树高1.5m以上的苗木。

六、栽植程序与技术

（一）放线定点

根据图纸上的种植设计，按比例放样于地面，确定各树木的种植点。种植设计有规则式和自然式之分。规则式种植的定点放线比较简单，可以地面固定设施为准来定点放线，要求做到横平竖直，整齐美观。其中行道树可按道路设计断面图和中心线定点放线；道路已铺成的可依据路牙距离定出行位，再按设计确定株距，用白灰点标出来。为有利于栽植行保持笔直，可每隔10株于株距间钉一木桩作为行位控制标记。如遇与设计不符（有地下管线、地上物障碍等）时，应找设计人员和有关部门协商解决。定点后应由设计人员验点。

自然式的种植设计（多见于公园绿地），如果范围较小，场内有与设计图上相符、位置固定的地物（如建筑物等），可用“交会法”定出种植点。即由两个地物或建筑平面边上的两个点的位置，各到种植点的距离，以直线相交会来定出种植点。如果在地势平坦的较大范围内定点，可用网格法。即按比例在设计图上绘出网格，并在场地上丈量画出等距之方格。从设计图上量出种植点到方格纵横坐标距离，按比例放大到地面，即可定出。对测量基点准确的较大范围的绿地，可用“平板仪定点”。

定点要求：对孤赏树、列植树应定出单株种植位置，并用白灰点明或钉上木柱，写明树种、挖穴规格。对树丛和自然式片林定点时，依设计图按比例先测出其范围，并用白灰标画出范围线圈。其画线范围内，除主景树需精确定点并标明外，其他次要树种可用目测定点，但要注意自然，切忌呆板、平直。可统一写明树种、株数、挖穴规格等。

（二）挖穴

栽植穴位置确定之后，即可根据树种根系特点、土球大小、土壤情况来决定挖穴（或绿篱沟）的规格。一般应比规定根幅范围或土球大，应加宽放大40 ～ 100cm、加深20 ～ 40cm。穴挖得好坏对栽植质量和日后的生长发育有很大影响，因此对挖穴规格必须严格要求。以规定的穴径画圆，沿圆边向下挖掘，把表土与底土按统一规定分别放置（挖行道树树穴时，土不要堆在行中），并不断修直穴壁达规定深度。使穴保持上口沿与底边垂直，大小一致。切忌挖成上大下小的锥形或锅底形，否则会改变穴的规格，影响根系舒展和生长。

遇坚实的土壤或建筑垃圾土时，应加大穴径，并挖松穴底；土质不好的应过筛或全部换土。在黏重土上和建筑道路附近挖穴，可挖成下部略宽大的梯形穴；在未经自然沉降的新填平和新堆土山上挖穴，应先在穴点附近适当夯实，挖好后穴底也应适当踩实，以防栽后土壤塌陷、苗木歪斜（最好应经自然沉降后再种）；在斜坡上挖穴，深度以坡的下沿一边为准。施工人员挖穴时，如发现电缆、管道时，应停止操作，及时找设计人员与有关部门配合商讨解决。栽植穴挖好后，要有专人按规格验收，不合格的应返工。

（三）起掘苗木

起出的苗木质量与原有苗木状况、操作技术、操作质量、土壤干湿度、工具锋利与否等有直接关系，拙劣的技术和马虎的态度会严重降低原有苗木的质量，甚至需继续留圃培养或报废。因此，在起掘前应做好有关准备工作，起掘时按操作规程认真进行，起掘后作适当处理和保护。

1. 掘前准备

按设计要求到苗圃选择适宜的苗木，并作出标记，习称“号苗”。所选数量应略多，以便补充损坏淘汰的苗木。对枝条分布较低的常绿针叶树或冠丛较大的灌木、带刺灌木等，应先用草绳将树冠适度捆拢，以便操作。为有利挖掘操作和少伤根系，苗地过湿的应提前开沟排水；过于干燥的应提前数天灌水。对生长地情况不明的苗木，应选几株进行试掘，以便决定采取相应措施。起苗还应准备好锋利的起苗工具和包装运输所需的材料。

2. 起苗方法与质量要求

按所起苗木带土与否，分为裸根起苗和带土球起苗。其方法与质量要求各有不同。

（1）裸根苗的挖掘　多用于耐移植的落叶树种。落叶乔木以干为圆心，按胸径的 4 ～ 6倍为半径（灌木按株高的1/3为半径）定根幅画圆，于圆外绕树起苗，垂直挖下至一定深度，切断侧根。然后于一侧向内深挖，适当摇动树干，探找深层粗根的方位，并将其切断。如遇难以切断之粗根，应把四周土掏空后，用手锯锯断。切忌强按树干和硬切粗根，造成根系劈裂。根系全部切断后，放倒苗木，轻轻拍打外围土块，对已劈裂之根应进行修剪。如不能及时运走，应在原穴用湿土将根覆盖好，行短期假植；如较长时间不能运走，应集中假植；干旱季节还应设法保持覆土的湿度。

（2）带土球起苗　多用于常绿树和不耐移植树种，以干为圆心，以干的周长为半径画圆，确定土球大小（起掘与包装方法见大树移植）。土球直径在50cm以下，土质不松散的苗，可抱出穴外，放入蒲包等物中，于苗干处收紧，用草绳呈纵向捆绕扎紧即可。

（四）运苗与假植

运苗过程常易引起苗木根系吹干和枝干磨损。因此应注意保护，尤其长途运苗时更应注意保护。

1. 运苗

同时有大量苗木出圃时，在装运前，应核对苗木的种类与规格。此外还需仔细检查起掘后的苗木质量，对已损伤不合要求的苗木应淘汰，并补足苗数。车厢内应先垫上草袋等物，以防车板磨损苗木。乔木苗装车应根系向前、树梢向后，顺序安放，不要压得太紧，做到上不超高（以地面车轮到苗最高处不超过4m）、梢不拖地（必要时可垫蒲包用绳吊拢），根部应用苫布盖严并用绳捆好。

带土球苗装运时，苗高不足2m者可立放；苗高2m以上的应使土球在前、梢在后，呈斜放或平放，并用木架将树冠架稳。土球直径小于20cm的，可装2～3层，并应装紧，防止开车时晃动；土球直径大于20cm者，只许放一层。运苗时，土球上不许站人和压放重物。

树苗应有专人跟车押运，要注意苫布是否被风吹开。短途运苗，中途最好不停留；长途运苗，裸露根系易吹干，应注意洒水。休息时车应停在荫凉处。苗木运到应及时卸车，要求轻拿轻放，对裸根苗不应抽取，更不许整车推下。经长途运输的裸根苗木，根系较干者，应浸水1～2天。带土球小苗应抱球轻放，不应提拉树干。较大土球苗，可用长而厚的木板斜搭于车厢，将土球移到板上，顺势慢滑卸下，不能滚卸以免散球。

2. 假植

苗木运到现场后，未能及时栽种或未栽完的，应视离栽种时间长短分别采取“假植”措施。

对裸根苗，临时放置时可用苫布或草袋盖好。干旱多风地区应在栽植地附近挖浅沟，将苗呈稍斜放置，挖土埋根，依次一排排假植好。如需较长时间假植，应选不影响施工的附近地点挖一宽1.5～2m、深30～50cm、长度视需要而定的假植沟。按树种或品种分别集中假植，并做好标记，树梢须顺应当地风向，斜放一排苗木于沟中，然后覆细土于根部，依次一层层假植好。在此期间，土壤过干应适量浇水，但也不可过湿以免影响日后的操作。

带土球苗1～2天内能栽完的不必假植；1～2天内栽不完的，应集中放好，四周培土，树冠用绳拢好。如囤放时间较长，土球间隙中也应加细土培好。假植期间对常绿树应行叶面喷水。

（五）栽植修剪

园林树木栽植修剪的目的，主要是为了减少水分蒸发、促进伤口愈合，从而提高成活率，同时注意培养树形。因此应对树冠在不影响树形美观的前提下进行适当重剪。

经运输和假植后，苗木多少有些损伤，所以无论出圃时对苗木是否进行过修剪，栽植时都必须修剪。如果起、运时根系损伤过多，很难保证树形和绿化效果则应予以淘汰。

干性强又必须保留主干优势的树种，采用削枝保干的修剪法。领导枝截于饱满芽处，可适当长留，要控制竞争枝；主枝截至饱满芽处（约剪短1/3 ～ 1/2）；侧生枝可重截（约剪短1/2 ～ 2/3）或疏除。这样既可做到保证成活，又可保证日后形成具明显主干的树形。干性弱的树种，以保持数个优势主枝为主，适当保留二级枝，重截或疏去小侧枝（图3-2）。对萌芽力强的可重截，反之宜轻截。灌木类修剪可较重，尤其是丛木类，做到中高外低、内疏外密。带土球苗可轻剪。常绿树可用疏枝、剪半叶或疏去部分叶片的办法来减少蒸腾；对其中具潜伏芽的，也可适当短截；对无潜伏芽的（如某些松树），只能用疏枝、叶的办法。行道树的修剪还应注意分枝点，应保持在2m以上，相邻树的分枝点要相近。树冠较高的树种应于种植前修剪，低矮树可栽后修剪。

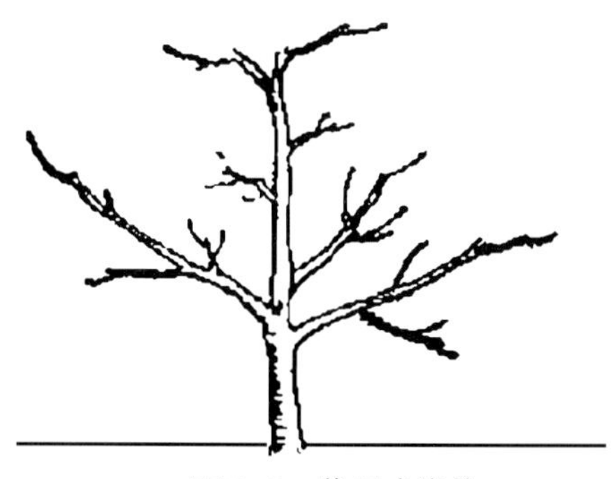

图3-2　截干式修剪

（六）种植

栽植树木，以阴而无风天最佳，晴天宜上午11时前或下午3时以后进行为好。先检查树穴，土有塌落的坑穴应适当清理。

1. 配苗或散苗

对行道树和绿篱苗，栽前应再进一步按大小进行分级，以使所配相邻近的苗木保持栽后大小趋近一致。尤其是行道树，相邻同种苗的高度要求相差不超过50cm，干径差不超过1cm。按穴边木桩写明的树种配苗，做到“对号入座”。应边散边栽，对常绿树应把树形最好的一面朝向主要观赏面。树皮薄、干外露的孤植树，最好保持原来的阴阳面，以免引起日灼。配苗后还应及时按图核对，检查调整。

2. 栽种

栽种因裸根苗和带土球苗而不同。

（1）裸根苗的栽种　一般2人为一组，先填些表土于穴底，堆成小丘状，放苗入穴，比试根幅与穴的大小和深浅是否合适，并进行适当调整。行列式栽植，应每隔10 ～ 20株先栽好“标杆树”，以保证整齐。如有弯干的苗木，应弯向行内，并与“标杆树”对齐，左右相差不超过树干的一半。具体栽植时，一人扶正苗木，一人先填入细碎的湿润表层土，约达穴的1/2时，轻提苗，使根呈自然向下舒展状。然后踏实（黏土不可重踩），继续填满穴后，再踏实一次，最后填上一层土与地相平，使填入的土与原根颈痕相平或略高3 ～ 5cm；灌木应与原根颈痕相平。然后在穴外缘修灌水堰。对密度较大的丛植地，可按片修堰（图3-3）。

（2）带土球苗的栽种　先量好已挖坑穴的深度与土球高度是否一致，对坑穴作适当填挖调整后，再放苗入穴。在土球四周下部垫入少量的土，使树直立稳定，然后剪开不易腐烂的包装材料，将其取出（用草绳等容易腐烂的材料包装时可不必解开）。为防栽后灌水土塌树斜，填入表土至一半时，应用木棍将填入土砸实，再填至满穴并砸实（注意不要弄碎土球），作好灌水堰，最后把捆拢树冠的草绳等解开取下（图3-4）。

3. 立支柱

对大规格苗（如行道树苗）为防灌水后土塌树歪，尤其在多风地区，会因树根被摇动而影响成活，故应立支柱。常用通直的木棍、竹竿作支柱，长度视苗高而定，以能支撑树的1/3 ～ 1/2处即可。一般用长1.7 ～ 2m、粗5 ～ 6cm的支柱。支柱应于种植时埋入。也可栽后打入（入土20 ～ 30cm），但应注意不要打在根上或损坏土球。立支柱的方式大致有单支式、双支式、三支式三种（图3-5）。支法有立支和斜支，也有用10 ～ 14号铁丝缚于树干（外垫裹竹片等以防缢伤树

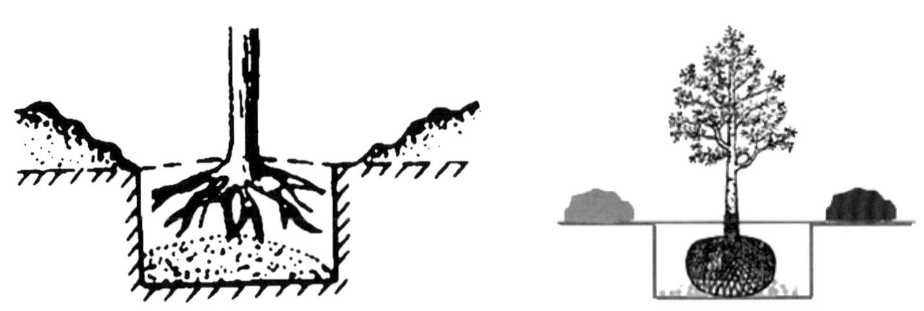
图3-3　裸根苗的栽种　　图3-4　带土球苗的栽种

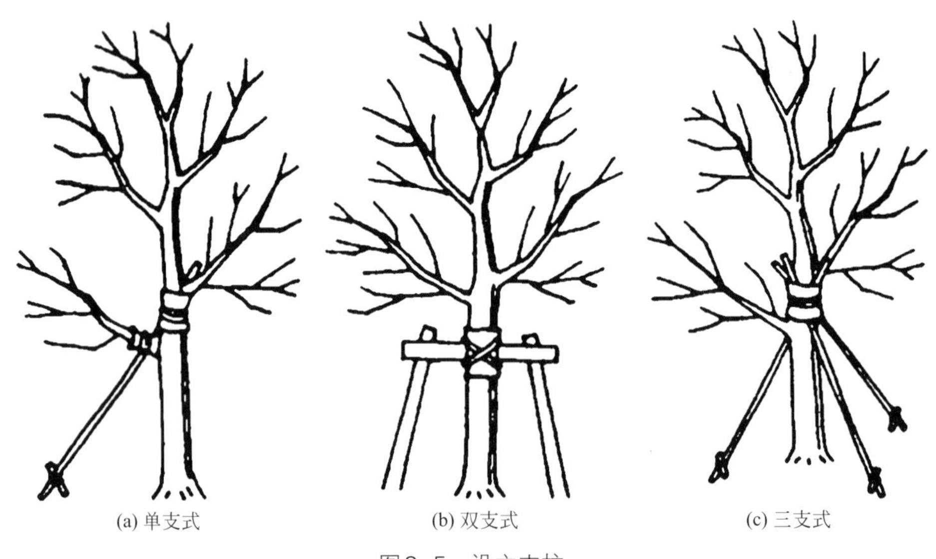

图3-5　设立支柱

皮）、拉向三面钉桩的支法。

单柱斜支，应支于下风方向。斜支占地面积大，多用于人流稀少处。行道树多用立支法，支柱与树相捆缚处，既要捆紧又要防止日后摇动擦伤干皮。捆缚时树干与支柱间应用草绳隔开或用草绳卷干后再捆。用较小的苗木作行道树时（如昆明用盆栽银华苗）应围以笼栅等保护。

（七）栽后管理

树木栽后管理包括灌水、封堰及其他。

栽后应立即灌水。无雨天不要超过一昼夜就应浇头遍水；干旱或多风地区应加紧连夜浇水。水一定要浇透，使土壤吸足水分，有助根系与土壤密接。北方干旱地区，在少雨季节植树，应间隔数日（3～5日）连浇三遍水才行。浇水时应防止冲垮水堰，每次浇水渗入后，应将歪斜树苗扶直，并对塌陷处填实土壤。第三遍水过后，可将水堰铲去。将土堆于干基，稍高出原地面。为保墒，可在土表覆一层细干土，或待表土稍干后行中耕，或地膜覆盖。北方干旱多风地区，秋植树木干基还应堆成30cm高的土堆，以利防风、保墒和保护根系。

在土壤干燥、灌水困难的地区，为节省水分，可用“水植法”。即在树木入穴填土达一半时，先灌足水，然后填满土，并进行覆盖保墒。

树木封堰后应清理现场，做到整洁美观。设专人巡查，防止人畜破坏。对受伤枝条或原修剪不理想的进行复剪。

任务3.2 大树移植

任务分析

结合园林绿化，完成胸径10～15cm、土球不超过1.3m的大树的移植任务。根据待移植大树的特性与规格，合理确定大树移植方案，并能完成各关键技术环节的操作。

任务实施

【材料与工具准备】

修枝剪、手锯、铁锹、镐、草绳、标牌、白灰、标杆、水管等。

【实施过程】

1. 挖穴

一般树穴比土球大40～50cm，比土球高度深20～30cm。

2. 起挖大树

起挖前对大树进行拉绳或吊缚；以树干为中心，确定土球大小和开沟位置，土球半径一般为胸径的4～6倍，开沟大小一般大于土球半径3～5cm，以此尺寸为半径画圆；去除表层浮土后在圆外开沟挖土，沟宽60～80cm；土球高度一般为土球直径的60%～80%；用铁锹铲断细根，用手锯锯断粗大根。

3. 土球修整及根部处理

保持土球的完整性、不松散；土球一半高度时，向里收底至直径的1/3，底部修平；削平土球边缘，使之平滑；用生根液和消毒液喷施土球和根部，以促进生根及防根腐烂。

4. 捆扎土球

在大树基部捆扎60～80cm高的草绳，在扎好的草绳上钉护板以保护树干；打腰箍，扎8～10圈草绳；捆扎土球，采用橘子式包扎，捆扎力度均匀，用力拉紧，土球肩部草绳陷入土中。

5. 起吊大树

吊车扶定大树，粗大根切断；确定起吊部位，使大树重心在起吊部位下方；起吊部位防破损处理：起吊部位绑60～70cm草绳，草绳上钉同样高度均匀分布的木板保护树干；将钢绳的挂钩或软带紧紧套牢在木板上，进行起吊。

6. 定植及处理

将大树吊移至预定栽植地，选定朝向放树，将树摆直；除去草绳等土球包裹物，防积水沤根腐烂；分层填土夯实，下层土颗粒细、上层土粗；支撑与拉杆稳固树体；开水堰，水堰内径与穴径相同，堰高20～30cm，堰土拍实；浇定根水，浇透，水流要缓慢。

【注意事项】

安全、管理规范、分工明确、规定时间内完成。

任务考核

任务考核从职业素养和职业技能两方面进行评价，标准见表3-2。

表3-2 大树移植任务的考核标准

考核内容		考核标准	考核分值
职业素养	职业道德 职业态度 职业习惯	忠于职守，乐于奉献；实事求是，不弄虚作假；积极主动，操作认真；善始善终，爱护公物	30
职业技能	任务操作	移植前准备充分； 移植过程和养护管理操作细节安排合理	30 30
	总结创新	对移植过程总结得当	10

理论认知

一般认为大树移植工程是指移植干径在10cm以上大型树木的工程。随着农村城镇化的快速发展和城市生态园林不断推进，大树移植技术应用越来越普遍，但由于大树树龄长、主根发达、原生长地与移植地立地条件的差异、在采挖过程中根系受伤、树体失水、养护管理水平不到位等原因，致使大树移植成活率受到限制，因此掌握大树移植技术就显得非常重要。

就大树本身来说，地上与地下的离心生长趋于稳定，甚至部分开始向心生长。根系的分布范围较广，大部分吸收根主要分布在树冠投影附近，而移植所带土球范围内不会有太多的吸收根；大树树龄较大，伤愈能力较幼青年期差，移植伤根后很难恢复；对于树冠，为使其尽早发挥绿化效果和保持原有优美姿态，也多不行过重修剪，这就会使移植的大树严重失去以水分代谢为主的平衡而移栽失败。为解决这一矛盾，只能在所带土球范围内，用预先促发大量新根的办法为代谢平衡打基础，并配合其他移栽措施来确保成活。

另外，大树移植与一般树苗相比，主要表现在被移的对象具有庞大的树体和相当大的重量，故往往需借助于一定的机械力量才能完成。

一、大树的准备和处理

（一）做好规划与计划

为使大树能移栽成活，就要提前一年至数年采取措施，蓄根养根。这就需要根据绿化的要求提前做好规划和计划。事实上许多大树移植失败的原因，是由于事先没有准备好采取过促根措施的大树，而是临时应急任务，直接从郊区、山野移植而造成的。可见做好规划与计划对大树移植极为重要。根据所移植树木的品种和施工的条件，制定具体移植的技术和安全措施。

（二）选树

对需要移植的树木进行实地调查，包括树种、树龄、干高、干径、树高、冠径、树形等，进行测量记录，注明最佳观赏面的方位并摄影。调查记录土壤条件，地上障碍物，地下设施，交通路线等周围情况；判断是否适合挖掘、包装、吊运；分析存在的问题和解决措施，此外，还应了解树的所有权等。选中的树木，应立卡编号，为设计提供资料。

（三）断根缩坨

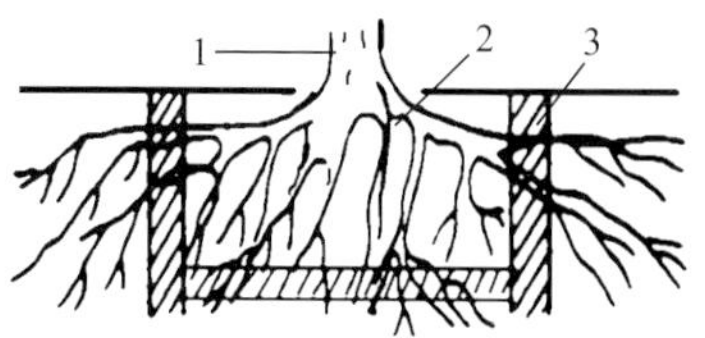

图3-6　断根缩坨
1—主干；2—根系；3—断根位置

断根缩坨也称回根法，古称盘根法（图3-6）。先根据树种习性、年龄和生长状况，判断移栽成活的难易，决定分2～3年于东、西、南、北四面（或四周）一定范围之外开沟，每年只断周长的1/3～1/2。断根范围一般以干径的5倍（包括干径）画圆（或方），在其外开一宽30～40cm、深50～70cm（视根的深浅而定）的沟。挖时最好只切断较细的根，保留1cm以上的粗根，于土球壁处，行宽约10cm的环状剥皮。涂抹0.001%的生长素（萘乙酸等）有利促发新根。填入表土，适当踏实至地平，并灌水，为防风吹倒，应立三支式支架。

二、起掘前的准备工作

根据设计选中的树木，应实地复查是否仍符合原有状况，尤其树干有无蛀干害虫等，如有问题应另选他树代替。具体选定后，应按种植设计统一编号，并做好标记，以便栽时对号入座。土壤过干的应于掘前数日灌水。同时应有专人负责准备好施工所需的工具、材料、机械及吊运车辆等。此外还应调查运输线路是否有障碍（如架空线高低、道路是否有施工等），并办理好通行证。

三、起树包装

经提前2～3年完成断根缩坨后的大树，土坨内外发生了较多的新根，尤以坨外为多。因此在起掘移植时，所起土球的大小应比断根坨的范围放宽10～20cm。为减轻土坨重量，应把表层土铲去（以见根为度，北方习称“起宝盖”）。其他起掘和包装技术，因具体移植方法而异。

（一）带土球软材包装

适于移胸径10～15cm的大树，土球不超1.3m时可用软材。为确保安全，应用支棍于树干分枝点以上支牢。以树干为圆心，以扩坨的尺寸为半径画圆，向外垂直挖掘宽60～80cm的沟（以便于人体操作为度），直到规定深度（即土球高）为止。用铁锹将土球肩部修圆滑，四周表土自上而下修平至球高一半时，逐渐向内收缩（使底径约为上径的1/3）呈上大下略小的锅底形。深根性树种和沙壤土球应呈“红星苹果形”；浅根性和黏性土可呈扁球形。对粗根应行剪、锯，不要硬铲引起散坨。先将预先湿润过的草绳理顺，于土球中部缠腰绳，2人合作边拉缠边用木槌（或砖、石）敲打草绳，使绳略嵌入土球为度（下同）。要使每圈草绳紧靠，总宽达土球高的1/4～1/3（约20cm），并系牢即可。将土球上部修成干基中心略高至边缘渐低的凸镜状。在土球底部向下挖一圈沟并向内铲去土，直至留下1/5～1/4的心土；遇粗根应掏空土后锯断，这样有利草绳绕过底沿不易松脱。然后用蒲包、草绳等材料包装。壤土和沙性土均应用蒲包或塑料布先把土球盖严，并用细绳稍加捆拢，再用草绳包扎；黏性土可直接用草绳包扎。草绳包扎方式有如下三种。

1. 橘子式

如图3-7所示，先将草绳一头系在树干（或腰绳）上，呈稍倾斜经土球底沿绕过对面，向上于球面约一半处经树干折回，顺同一方向按一定间隔（疏密视土质而定）缠绕至满球。然后再绕第二遍，与第一遍的每道于肩沿处的草绳整齐相压，至满球后系牢。再于内腰绳的稍下部捆十几道外腰绳，而后将内外腰绳呈锯齿状穿连绑紧。最后在计划将树推倒的方向沿土球外沿挖一道弧形沟，并将树轻轻推倒，这样树干不会碰到穴沿而损伤。壤土和沙性土还需用蒲包等垫于土球底部并用草绳与土球底沿纵向绳拴连系牢。

2. 井字（古钱）式

如图3-8所示，先将草绳一端系于腰箍上，然后按图3-8（b）所示数字顺序，先由1拉到2，绕过土球的下面拉至3，经4绕过土球下拉至5，再经6绕过土球下面拉至7，经8与1挨紧平行拉扎。按如此顺序包扎满6～7道井字形为止，扎成如图所示状态。

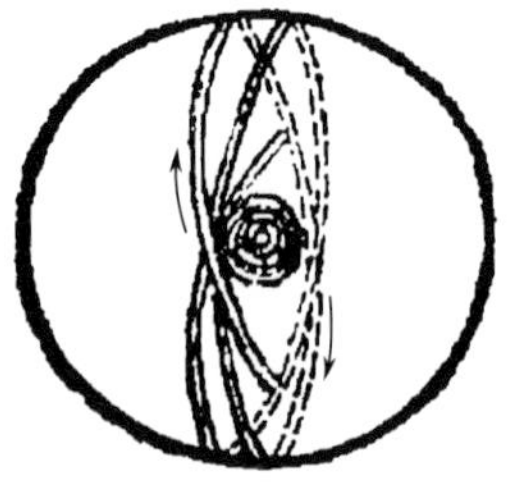

图3-7 橘子式包扎

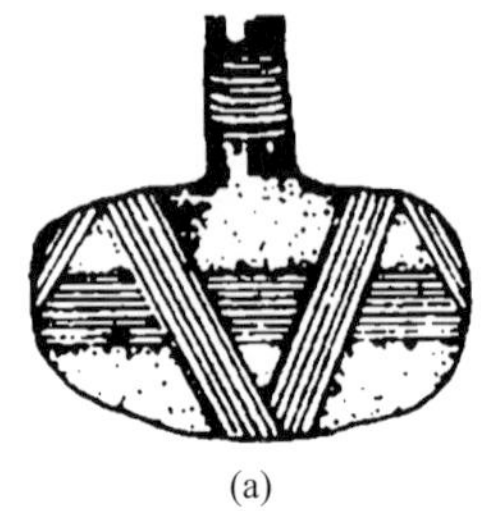
(a)
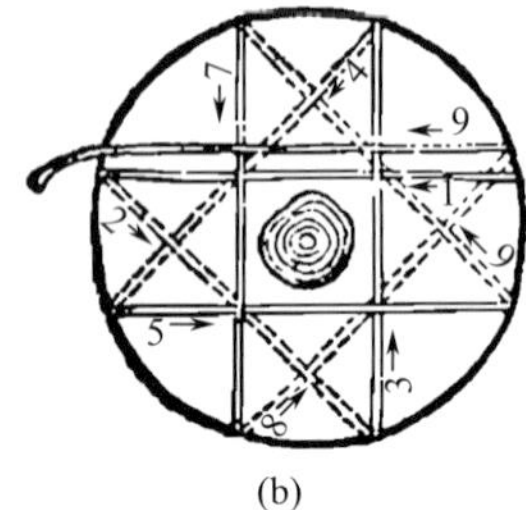

(b)

图3-8 井字式包扎

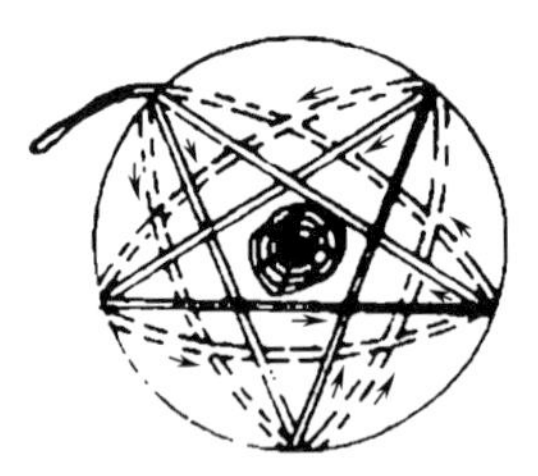

图3-9 五角式包扎

3. 五角式

如图3-9所示，先将草绳的一端系在腰箍上，然后按图所示的箭头方向包扎。按如此顺序紧挨平扎6～7道五角星形，扎成如图示的状态。

井字式和五角式适用于黏性土和运距不远的落叶树或1吨以下的常绿树，否则宜用橘子式或在橘子式基础上再外加井字式或五角式。

（二）带土块方箱移植

适于干径15～30cm或更大的树木以及沙性土质中的大树。

1. 箱板、工具及吊运车辆的准备

（1）箱板　应用厚5cm的坚韧木板，制备4块倒梯形壁板（北京常用规格为上底边长1.85m，下底边长1.75m，高0.8m），并用3条宽10～15cm且与箱板同高的竖向木条钉牢。底板4块（宽25cm左右、长为箱板底长，加2块壁板厚度的条板）；盖板2～4块（宽25cm左右、长为箱板上边长，加2块壁板厚度的条板），以及打孔铁皮（厚0.2cm、宽3 cm、长80～90cm）和10～12cm的钉子（约800枚）。

（2）工具　附有4个卡子，粗1.33cm（0.4寸），长10～12m的钢丝绳和紧线器各2个；小板镐及其他掘树工具；油压千斤顶1台。

（3）吊运车辆　起重机和卡车。土块厚1m，其中1.5m见方用5吨吊车，1.8m见方用8吨吊车，2m见方用15吨吊车，相应卡车若干。

备用比树略高的杉槁三根作支撑。

2. 挖土块

挖前先用3根长杉槁将树干支牢，以树干为中心，按预定扩坨尺寸外加5cm画正方形，于线外垂直下挖60～80cm的沟直至规定深度。将土块四壁修成中部微凸比壁板稍大的倒梯形。遇粗根忌用铲，可把根周围土稍去成内凹状，不使与土壁平，并将根锯断，以保证四壁板收紧后与土紧贴。

3. 上箱板

箱壁中部与干中心线对准，四壁板下口要保证对齐，上口沿可比土块略低。两块箱板的端部不要顶上，以免影响收紧。四周用木条顶住。距上、下口15～20cm处各横围两条钢丝绳，注意其上卡子不要卡在壁板外的板条上。钢丝绳与壁板、板条间垫圆木墩用紧绳器将壁板收紧，四角壁板间钉好铁皮。然后再将沟挖深30～40cm，并用方木将箱板与坑壁支牢，用短把小板镐向土块底掏挖，达一定宽度，上底板。一头垫短木墩，另一头用千斤顶支起，钉好铁皮，四角支好方木墩，再向里掏挖，间隔10～15cm再钉第二块底板。如遇粗根，去些根周之土并锯断。发现土松散，应用蒲包托好，再上底板。最后于土块面上树干两侧钉平行或呈井字形板条（图3-10）。

图3-10 带土方箱起掘

4. 吊运与假植

吊运前先撤去支撑，捆拢树冠。应选用起吊、装运能力大于树重的机车和适合现场施用的起重机类型。如松软土地应用履带式起重机。软材包装用粗绳围于土球下部约3/5处并垫以木板。方箱包装可用钢丝绳围在木箱下部1/3处。另一粗绳系结在树干（干外面应垫物保护）的适当位置，使吊起的树略呈倾斜状。树冠较大的还应在分枝处系一根牵引绳，以便装车时牵引树冠的方向。土球和木箱重心应放在车后轮轴的位置上，冠向车尾。冠过大的还应在车厢尾部设交叉支棍。土球下部两侧应用东西塞稳。木箱应同车身一起捆紧，树干与卡车尾钩系紧。运树时应有熟悉路线等情况的专人站在树干附近（不能站在土球和方箱处）押运，并备带撑举电线用的绝缘工具，如竹竿等支棍。

运到栽植现场后，方箱包装的，如不马上栽植，卸车时应垫方木，以便栽吊时穿吊钢丝绳用。半月内不能栽植者应于工地假植，数量多时应按前述方法集中假植养护。

四、定植

核对坑穴，对号入座。方箱定植穴最好也呈正方形，每边比箱放宽50～60cm，加深15～20cm。量木箱底至树干原土痕深度，检查并调整坑的规格，要求栽后与土相平。土壤不好的还应加大。需换土或施肥应预先备好，肥应与表土拌匀。栽前先于坑穴中央堆一高台，长边与箱底板方向一致。穿钢丝绳于两边箱底，垂直吊放。底土不松散的，放下前应拆去中部两块底板。入穴时应把姿态最好的一面朝向主要观赏面。近落地时，一人负责瞄准对直，4人坐坑穴边，用脚蹬木箱的上口来放正和校正位置。然后拆两边底板，抽出钢丝绳，并用长杆支牢树冠（图3-11）。先填入拌肥表土达1/3时再拆除四面壁板，以免散坨，夯实再填土。每填20～30cm土夯实1次，填满为止。按土块大小与坑穴大小做双圈灌水堰，内外水圈同时灌水。

图3-11 带土方箱定植

五、大树移植后的日常养护管理

大树栽植是“三分种，七分养”，在移植后1～3年里日常养护管理很重要，尤其是移植后的第一年管理更为重要，主要工作是喷浇水、排水、树干包扎、保湿防冻、搭棚遮阴、剥芽除嫩梢、病虫害防治等。

1. 浇水

栽后立即浇1次透水，此次可配合生根液和根腐灵一起使用，待2 ～ 3天后浇第2次水，过1周后浇第3次水，以后应视土壤墒情浇水间隔期可适当拉长。

大树栽植后根部一定要有良好的透气条件。新植大树根系受到了一定的损害，吸水能力减弱，因此土壤保持湿润即可。水量过大反而影响土壤的透气性能，抑制根系的呼吸，对新根生长不利，严重的还会导致根系腐烂死亡。因此对大树的浇水一定要慎重，防止树穴积水。浇水后填平种植穴，使其略高于周围土面。地势低洼易积水的要挖排水沟，保证不积水。不能挖排水沟的可在土球周围埋上几根PVC管，管上打上许多小孔，平时注意检查小孔是否堵塞，管内有了积水及时抽走，以增加土壤的透气性。每次浇水表土干后要及时进行中耕，若土壤含水过大可深翻处理，以免影响根系呼吸。

2. 吊针输液

给大树吊针输液是指在树干上打孔进行，既能给树体补充水分，又可避免喷水过多使根部积水，影响根系呼吸和生长，并能节水、节工、节能达90%以上。药液还可以加入一些营养物质、高活性有机质及一些酶活性物质，能提供大树栽后生长所需要的多种物质，输液后叶展叶健，并促进树的生长发育。

吊针输液时应注意：打孔在树干上必须交叉错开，且要求孔口平滑损伤小。药液注完后，及时补水或立即拔下针头，不能长时间挂空袋或空瓶。对孔口及时杀菌消毒促孔口愈合和防止空气进入树体。

3. 捆扎保湿

对树皮主干和近主干的一级主枝部分用草绳或保湿垫缠绕，减少水分蒸发，同时可预防枝干日灼和冬天防冻。捆扎之前，先用1%的硫酸铜溶液刷树干灭菌。在夏季高温季节应经常向树体缠绕的草绳或保湿垫喷水，一般每天要喷4 ～ 5次水，早晚各喷水1次，中午高温前后2 ～ 3次，每次喷水，以喷湿不滴水不流水为度，以免造成根部积水，影响根系的呼吸和生长。

所缠的草绳不能过紧、过密，以免影响皮孔呼吸导致树皮腐朽，待第二年秋季可将草绳解除。

对于珍贵的树种和常绿树可以用抗蒸腾防护剂喷洒树冠，防止水分过度蒸发。

4. 搭棚遮阴

夏季高温易使树体蒸腾作用强烈，为了减少树体水分散失，应搭建遮阴棚以降低蒸腾强度，并防强烈的日晒。但大树遮阴不能过严，一般遮阴70%左右较为适宜，让树体接受一定的散射光，保证树体的光合作用；为保持棚下空气流通，防止日灼危害，遮阴棚必须与树体保持50cm的距离，保证棚内空气流通，以免影响成活率。

5. 支撑固树

“树大招风”，“晃树必死”。大树移植后，必须稳固大树，避免其晃动或被大风吹摇树干和吹歪树身，常采用立支柱和拉细钢绳等方法固树。树体不甚高大时，可于下风方向立一根支柱；一般支柱需成品字形三杆支撑，支撑点一般应选在树体的中上部2/3处，支柱基部应入土30 ～ 50cm。细钢绳拉树应为品字形三方拉树，并注意系安全标识物。

6. 除萌

大树移植后，对萌芽能力较强的树木应定期、分次进行除萌，以减少养分消耗，及时除去基部及中下部的萌芽，尽量留树体高位上的芽，芽位高就能使水分、养分向高处输送，树体容易成活。切忌1次完成，并注意有些移植后的大树发芽是一种假活现象，应及时判断并采取相应措施。

7. 防寒处理

新植大树易受低温危害。入秋以后注意减少氮肥施用，同时增加施用磷钾肥。根据树木生长情况逐步撤除荫棚，提高光照强度，加强树体光合作用强度，提高树体根系和枝条的木

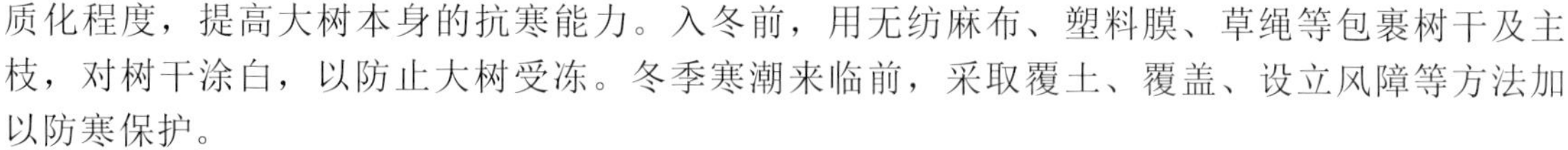

质化程度，提高大树本身的抗寒能力。入冬前，用无纺麻布、塑料膜、草绳等包裹树干及主枝，对树干涂白，以防止大树受冻。冬季寒潮来临前，采取覆土、覆盖、设立风障等方法加以防寒保护。

8. 促进根部土壤透气

大树栽植后，根部良好的土壤通透条件能够促进伤口的愈合和促生新根。导致大树根部透气性差的原因如栽植过深、土球覆土过厚、土壤黏重、根部积水等，会抑制根系的呼吸，根无法从土壤中吸收养分、水分，导致植株脱水萎蔫，严重时出现烂根死亡。

为防止根部积水，改善土壤通透条件，促进生根，可采用挖排水沟、设置通气管或换土等措施进行处理。

（1）挖排水沟　对于雨水多、雨量大、易积水的地区，可横纵深挖排水沟，沟深至土球底部以下，且沟要求排水畅通。

（2）设置通气管　在土球外围5cm处斜放入6～8根PVC管，管上要打无数个小孔，以利透气，平时注意检查管内是否堵塞。

（3）换土　对于透气性差、易积水板结的黏重土壤，可在土球外围20～30cm处开一条深沟，开沟时尽量不要造成土球外围一圈的保护土震动掉落，然后将透气性和保水性好的珍珠岩填入沟内，填至与地面相平。

9. 预防病虫害和施肥

大树移栽后，其生长势降低，对病虫害的抗性降低，所以要经常检查，以预防为主。根据病虫害发生规律和树种特性，及时防治，对症用药。大树定植初期每隔半月左右可进行根外追肥，有利大树恢复生长势。可用尿素、硫酸铵、磷酸二氢钾等速效肥料制成0.5%～1%的溶液，在早晚或阴天叶面喷施。根系萌发后可勤施薄肥，促进大树的恢复生长。

项目测评

为实现本项目目标，要求学生完成表3-3中的作业，并为老师提供充分的评价证据。

表3-3　园林树木栽植与成活期养护项目测评标准

任务	合格标准（P）$=\sum P_n$		良好标准（M）=合格标准$+\sum M_n$		优秀标准（D）=良好标准$+\sum D_n$	
任务一	P_1	园林树木栽植程序和技术要求	M_1	园林树木栽植施工对苗木的要求	D_1	某单位要栽植几株胸径为10～15cm的油松，预计从辽宁铁岭地区提前定购。为确保成活，请你为该单位制订一套此类油松大树从移植前准备到栽植后养护管理的详细计划
	P_2	如何根据栽植时期调整具体栽植技术？	M_2	园林树木栽植成活原理		
任务二	P_3	简述大树软材包装移植技术规程	M_3	简述大树移植前的断根缩坨及其具体做法		
	P_4	结合实践图片简述园林大树移植后的养护管理技术				

课外研究

大树进城的利与弊

随着人们生活水平的日益提高和我国生态城市建设和农村城镇化建设的需要，“大树进城”一时蔚然成风，并越演越烈。

一、"大树进城"的利

1. 在城市生态系统中发挥巨大作用

城市空间相对拥挤，栽植大树，不会占用太大的绿化空间，而且其枝繁叶茂，叶面积大，能进行强有力的蒸腾作用和光合作用，进而增加空气中的湿度和氧气的含量，同时大量的叶片能减少粉尘。大树还能对雨水起到很好的截留作用，降低雨水对泥面的冲刷，从而起到良好的生态作用。大树对降低"热岛效应"、改善人居环境等方面也起着重要的作用。

2. 可有效提高绿化覆盖率

大树树体高大，树冠开阔，枝繁叶茂，其垂直投影面积显然比使用灌木、草坪大得多，进而可提高绿化覆盖率。

3. 在园林规划设计中具有重要地位

大树是园林植物运用的重要材料，而且，绿化时使用大树，绿化效果十分显著，立竿见影，这也是其他园林植物材料无法立即表现的。例如，在游园广场中配置大树，能起到遮阴作用，在乔灌草搭配运用中，能使绿化效果空间化、立体化。

二、"大树进城"的弊

"大树进城"有着一定的积极意义，但"大树进城"热同时带来许多不利的后果。

1. 严重破坏了生态系统

大树在原地已形成了良好的生态系统，且起着一定的主导作用，一旦将这些优势树种移走，势必严重破坏当地的生态系统，造成当地种群的变化，进而影响该地的小气候、水资源等，成为当地水土流失、泥石流、沙尘暴、洪涝等自然灾害频发的隐患。从总体上削弱了绿化的环境与生态功能，降低了绿化质量，加速了珍稀树种的灭绝。移植百年以上的古树名木，则是一种破坏有生命的历史文物的极其不文明的违法行为。

2. 起不到预期的绿化效果

大树在异地移植后，由于气候、季节、移植技术等多方面的原因，往往会造成大树移植后的不适应，造成根系和树冠创伤难以恢复，树体逐渐衰弱，枝枯、叶落，从而降低绿化效果，大多在几年至十几年内变成缺乏生机的"小老头树"，逐步丧失环境与生态功能，形成城市新的绿色弱势群体，严重的会导致大树死亡。

3. 大树移植成活率低，劳民伤财

俗话说"人挪活，树挪死"，足见大树移植的难度。一般近距离移植且技术到位，成活率也只能达到60%左右。即使按照90%的高标准计算，也会连累大量大树"死于非命"。大树在移动过程中所需的各种成本高，大树在移植后即使成活，也需一个逐步恢复的过程，这势必要精心地管护，从而会增加大量的人力、物力和财力。

项目四　园林树木整形与修剪

技能目标

掌握园林树木的修剪与整形技法，能进行园林树木修剪操作；掌握各种园林用途树木的修剪与整形技术，学会主要园林树种常见树形的整形修剪。

知识目标

了解园林树木整形修剪的作用、原则、方式、时期和方法；深刻理解各种园林用途树木的整形修剪技术理论。

任务4.1 修剪方法与技术处理

任务分析

修剪方法的合理运用是掌握园林树木整形修剪的基础，强化休眠期和生长期常用修剪方法，并合理处理剪锯口，是进行各园林树木整形修剪的前提条件。实地进行修剪方法和剪锯口处理的操作，并调查修剪反应。

任务实施

【材料与工具准备】

待修剪的园林树木、绿篱剪、修枝剪、锯、刀、环剥刀、拉枝用绳、消毒剂等。

【实施过程】

1. 确定修剪方案

确定待剪树，现场调查待剪树生长发育情况，拟定修剪方法，并推测可能的修剪反应，制定修剪方法及修剪反应调查方案。

2. 修剪方法的实施

根据树体及其修剪反应特点进行修剪方法的选择。休眠期修剪方法主要有短截、回缩、疏除、放、刻伤、抹头更新等；生长期修剪方法主要有环状剥皮（环剥）、摘心、抹芽、扭梢和折梢（枝）、摘叶（打叶）、变、去蘖（又称除萌）、摘蕾、摘果等。

3. 剪锯口处理

对各剪锯口进行适当的处理并及时地消毒。

4. 调查修剪及剪锯口处理反应

根据修剪方法的特点安排修剪及剪锯口处理，确定对其效果时行调查的时间和方法，并做好调查记录。

5. 总结

根据修剪及剪锯口处理反应调查记录，总结所选树修剪方法运用是否得当，以后修剪时如何调整，并初步制定该树的修剪建议方案。

【注意事项】

修剪方法种类很多，但修剪方法的选择与修剪时间、整形方式、树种、品种、树龄及环境等有关。

任务考核

任务考核从职业素养和职业技能两方面进行评价，标准见表4-1。

表4-1 修剪方法与技术处理任务的考核标准

考核内容		考核标准	考核分值
职业素养	职业道德 职业态度 职业习惯	忠于职守，乐于奉献；实事求是，不弄虚作假；积极主动，操作认真；善始善终，爱护公物	30
职业技能	任务操作	修剪方案设计合理； 修剪方法和技术处理得当	30 30
	总结创新	有修剪反应调查记录及总结	10

理论认知

整形修剪是园林树木栽培及管护中的经常性工作之一。园林树木的景观价值需通过树形、树姿来体现，园林树木的生态价值要通过树冠结构来提高，园林树木的生命价值可通过更新复壮来延年，所有这些都可以在整形修剪技术的应用下得以调整和完善。此外，园林树木的病虫防治和安全生长，也都离不开整形修剪措施的落实。

整形是指通过对树木植株施行剪、锯、捆扎等一定的修剪措施使之形成栽培所需要的树体结构形态，表达树体自然生长所难以完成的不同栽培功能；而修剪则需服从整形的要求，对树木的某些器官（如枝、叶、花、果、根等）加以疏删或短截，达到调节树势、开花结实、更新造型的目的。因此，整形是目的，修剪是手段。整形需通过修剪措施来完成，修剪是在整形的基础上，根据某种树形的要求而施行的技术措施。整形与修剪是紧密相关、不可截然分开的完整栽培技术，是统一于栽培目的之下的有效管护措施。

一、整形修剪的作用

整形修剪在树木养护管理中占有重要地位，是最关键的技术措施之一，可以通过整形修剪调控树体结构，增强景观效果，调节园林树木的生长和发育等。

1. 调控树体结构，增强景观效果

园林树木根据设计意图，与周围的空间相协调，以不同的配置方式栽植在各种环境中，构成各类园林景观。栽培养护中，需要通过修剪来调节与控制树体结构、树形及大小，以保持原有的设计效果。整形修剪可使树体的各层主枝在主干上分布有序、错落有致、主从关系明确、各占一定空间，形成合理的树冠结构，满足特殊的栽培要求。

通过整形修剪也可以改变树木的干形、枝形，创造出具有更高艺术观赏效果的树木姿态。如在自然式整形中，通过修剪达到“古干肌曲、苍劲如画”的境界；而在规则式整形中，修剪出规整的树冠形态。

另外，通过修剪可通透树冠，增强树体的抗风能力；及时修剪去除枯、死枝干，可避免折枝倒树、造成伤害；修剪能控制树冠枝条的密度和高度，保持树体与周边高架线路之间的安全距离，避免因枝干伸展而损坏设施。对城市行道树来说，修剪的另一个重要作用，是解除树冠对交通视线的可能阻挡，减少行车安全事故。

2. 调节园林树木的生长和发育

对于观花、观果或结合花、果生产的树种，可以通过修剪，调节营养生长与花芽分化，重新调节树体内的营养分配，促使提早开花结果，克服花果大小年，获得稳定的花果产品或提高观赏效果。

当自然生长的树冠过度郁闭时，内膛枝得不到足够的光照，致使枝条下部光秃形成天棚型的叶幕，开花部位也随之外移呈表面化；同时树冠内部相对湿度较大，极易诱发病虫害。通过适当的疏剪，可使树冠通透性能加强、相对湿度降低、光合作用增强，从而提高树体的整体抗逆能力，减少病虫害的发生。

树体进入衰老阶段后，树冠出现秃裸，生长势减弱、花果量明显减少，采用适度的修剪措施可刺激枝干皮层内的隐芽萌发，诱发形成健壮的新枝，达到恢复树势、更新复壮的目的。

二、整形修剪的原则

1. 根据花木的生物学特性

树种间的不同生长发育习性，要求采用相应的整形修剪方式。如桂花、榆叶梅、毛樱桃等顶

端生长势不太强，但发枝力强、易形成丛状树冠的树种，可采用圆球形、半球形树冠；对于香樟、广玉兰、榉树等大型乔木树种，则主要采用自然式树冠；对于梅、杏、桃等喜光树种，为避免内膛秃裸、花果外移，通常需采用自然开心形的整形修剪方式。

园林树木的整形修剪方式还与树木的发枝能力、分枝特性、树龄及生长发育时期、花芽的着生部位、花芽性质和开花习性等有关。如悬铃木、大叶黄杨、女贞、圆柏等具有很强的萌芽发枝能力的树种，性耐重剪，可多次修剪；而梧桐、桂花、玉兰等萌芽发枝力较弱的树种，则应少修剪或只做轻度修剪。

对于主轴分枝的树种，修剪时要注意控制侧枝、剪除竞争枝、促进主枝的发育，如钻天杨、毛白杨、银杏等树冠呈尖塔形或圆锥形的乔木，顶端生长势强具有明显的主干，适合采用保留中央领导干的整形方式。而具有合轴分枝的树种，易形成几个势力相当的侧枝、呈现多叉树干，如为培养主干可采用摘除其他侧枝的顶芽来削弱其顶端优势，或将顶枝短截剪口留壮芽，同时疏去剪口下3～4个侧枝促其加速生长。具有假二叉分枝（二歧分枝）的树种，由于树干顶梢在生长后期不能形成顶芽，下面的对生侧芽优势均衡影响主干的形成，可采用剥除其中一个芽的方法来培养主干。对于具有多叉（多歧）分枝的树种，则可采用抹芽法或用短截主枝方法重新培养中心主枝。

幼树修剪，为了尽快形成良好的树体结构，应对各级骨干枝的延长枝进行重短截，促进营养生长；为提早开花，对于骨干枝以外的其他枝条应以轻短截为主，促进花芽分化。成年期树木，正处于成熟生长阶段，整形修剪的目的在于调节生长与开花结果的矛盾，保持健壮完美的树形，稳定丰花硕果的状态，延缓衰老阶段的到来。衰老期树木，其生长势衰弱，树冠处于向心生长更新阶段，修剪主要以重短截为主，以激发更新复壮活力，恢复生长势，但修剪强度应控制得当；此期，对萌蘖枝、徒长枝的合理有效利用具重要意义。

2. 根据花木在园林绿化中的用途

园林中应用树木的目的不同，景观配置要求不同，对修剪的要求就不同。如桧柏，作孤植树配置应尽量保持自然树冠，作绿篱树栽植则一般行强度修剪、规则式整型。槐树，作行道树栽植一般修剪成杯状形，作庭荫树用则采用自然式整形。榆叶梅，栽植在草坪上宜采用丛状扁球形，配置在路边则采用有主干圆头形。

3. 根据花木生长地的环境条件

树木在生长过程中总是不断地协调自身各部分的生长平衡，以适应外部生态环境的变化。孤植树，光照条件良好，因而树冠丰满，冠高比大；密林中的树木，主要从上方接受光照，因侧旁遮阴而发生自然整枝，树冠狭窄、冠高比小。因此，需针对树木的光照条件及生长空间，通过修剪来调整有效叶片的数量、控制大小适当的树冠，培养出良好的冠形与干体。生长空间较大时，在不影响周围配置的情况下，可开张枝干角度，最大限度地扩大树冠；如果生长空间较小，则应通过修剪控制树木的体量，以防过分拥挤，有碍观赏、生长。对于生长在风口逆境条件下的树木，应采用低干矮冠的整形修剪方式，并适当疏剪枝条，保持良好的透风结构，增强树体的抗风能力。

即使同一树种，因配置的生长立地环境不同，也应采用各异的整形修剪方式。如在北京，对榆叶梅一般有三种不同的整形修剪方式：梅桩式整形，适合配置在建筑、山石旁；主干圆头形，配置在常绿树丛前面和园路两旁；丛状扁球形，适宜种植在坡形绿地或草坪上。再如桃树，栽植在湖边，应修剪成悬崖式；种植在大门两侧，应整形修剪成桩景式；配置在草坪上，则以自然开心形整冠为宜。

三、整形方式

整形主要是为了保持合理的树冠结构，维持各级枝条之间的从属关系，促进整体树势的平衡，达到良好的观赏效果和生态效益。

1. 自然式整形

在树木本身特有的自然树形基础上，仅对树冠生长作辅助性的调节和整理，使之形态更加优美自然。其特点为：保持树木的自然形态，符合树木自身的生长发育习性，树木生长良好，发育健壮，能体现园林树木的自然美，充分发挥出该树种的观赏特性，有利于树木的养护管理。庭荫树、园景树或有些行道树多采用此式。自然式整形一般有以下几种形状：圆柱形，如塔柏、杜松、新疆杨；塔形，如雪松、桧柏（幼青年期）；圆锥形，如落叶松、毛白杨；圆球形，如元宝枫、黄刺梅、栾树等；倒卵形，如千头柏、刺槐等；扁圆形，如槐树、桃树；长圆形，如玉兰、海棠；圆球形，如黄刺玫、榆叶梅；卵圆形，如苹果、紫叶李；伞形，如油松（老年期）、合欢、垂枝桃；不规则形，如连翘、迎春；丛生形，如玫瑰、棣棠、贴梗海棠等；垂枝形，如龙爪槐、垂枝榆等；匍匐形，如偃松、沙地柏、铺地柏等。

修剪时需依据不同的树种灵活掌握，对有中央领导干的单轴分枝型树木，应注意保护顶芽，防止偏顶而破坏冠形；抑制或剪除扰乱生长平衡、破坏树形的交叉枝、重生枝、徒长枝等，维护树冠的匀称完整。

2. 人工式整形

依据园林景观配置需要，不使树木按其自然形态生长，而是人为地将树冠修剪成各种特定的形状，称为人工式整形，也称“造型修剪”，适用于黄杨、小叶女贞、龙柏等枝密、叶小的树种。常见树型有规则的几何形体、不规则的人工形体，如鸟、兽等动物形，亭、门等雕塑形体以及为绿化墙面在四向生长的枝条，整成扁平的垣壁式。其原在西方园林中应用较多，但近年来在我国也有逐渐流行的趋势，最常见的是绿篱的几何形体修剪，少见有绿雕塑的修剪。该方式的特点是因与树种本身的生长发育特性相违背，且其形体效果易破坏，需经常修剪来维持。

3. 自然与人工混合式整形

这是指在自然树形的基础上，结合观赏目的和树木生长发育的要求而进行的整形方式。将树木整剪成与周围环境协调的树形，通常有杯状形、自然开心形、中央领导干形、圆球形、灌丛形、棚架形等。其特点是对树木的生长发育有一定的抑制作用，又比较费工，还要在土、肥、水管理的基础上才能达到预期的效果，多用于花木类，目的是使花朵硕大、繁密，果多、色艳，枝色鲜亮等。

（1）杯状形　树木仅留一段较低的主干，主干上部分生3个主枝，均匀向四周排开；每主枝各自分生侧枝2个，每侧枝再各自分生次侧枝2个，而成12枝，形成“三股、六叉、十二枝”的树形。杯状形树冠内不允许有直立枝、内向枝的存在，一经出现必须剪除。此种整形方式适用于轴性较弱的树种，如二球悬铃木，在城市行道树中较为常见。

（2）自然开心形　这是杯状形的改进形式，不同处仅是分枝点较低、内膛不空、三大主枝的分布有一定间隔，适用于轴性弱、枝条开展的观花观果树种，如碧桃、石榴等。

（3）中央领导干形　在强大的中央领导干上配列疏散的主枝。适用于轴性强、能形成高大树冠的树种，如白玉兰、青桐、银杏及松柏类乔木等，在庭荫树、景观树栽植应用中常见。

（4）多主干形　有2～4个主干，各自分层配列侧生主枝，形成规整优美的树冠，能缩短开花年龄，延长小枝寿命，多适用于观花乔木和庭荫树，如紫薇、腊梅、桂花等。

（5）灌丛形　适用于迎春、连翘、云南黄馨等小型灌木，每灌丛自基部留主枝10余个，每年疏除老主枝3～4个，新增主枝3～4个，促进灌丛的更新复壮。

（6）棚架形　属于垂直绿化栽植的一种形式，常用于葡萄、紫藤、凌霄、木通等藤本树种。整形修剪方式由架形而定，常见的有篱壁式、棚架式、廊架式等。

四、整形修剪时期

园林树木的整形修剪，可分为休眠期和生长期修剪两个时期。

1. 休眠期修剪（冬季修剪）

休眠期修剪是指在花木落叶后至第二年早春树液开始流动前进行的修剪，习惯上称为冬季修剪，此期修剪适宜大多数落叶树种的修剪。此时树木生理活动减少，营养主要贮藏于枝干和根部，修剪对树体的营养损失少，伤口不易感染。具体的修剪时间要根据当地冬季的气候和树体特点而定，如在冬季严寒的北方地区，修剪后伤口易受冻害和抽条，故以早春修剪为宜，一般在春季树液流动前约2个月的时间内进行；而一些需保护越冬的花灌木，应在秋季落叶后立即重剪，然后埋土或包裹树干防寒。对于一些有伤流现象的树种，如葡萄，应在春季伤流开始前修剪。伤流是树木体内的养分与水分的流失，流失过多会造成树势衰弱，甚至枝条枯死。有的树种伤流出现得很早，如核桃，在落叶后的11月中旬就开始发生，最佳修剪时期应在果实采收后至叶片变黄之前，且能对混合芽的分化有促进作用；但如为了栽植或更新复壮的需要，修剪也可在栽植前或早春进行。

2. 生长期修剪（夏季修剪）

生长期修剪是指自萌芽后至落叶前的修剪，也称为夏季修剪，多指花后修剪。此期修剪的主要目的是改善树冠的通风、透光性能，一般采用轻剪，以免因剪除枝叶量过大而对树体生长造成不良的影响。对于发枝力强的树种，应疏除冬剪截口附近的过量新梢，以免干扰树型；嫁接后的树木，应加强抹芽、除蘖等修剪措施，保护接穗的健壮生长。对于夏季开花的树种，应在花后及时修剪，避免养分消耗，并促来年开花；一年内多次抽梢开花的树木，如花后及时剪去花枝，可促使新梢的抽发，再现花期。观叶、赏形的树木，夏剪可随时去除扰乱树形的枝条；绿篱采用生长期修剪，一般在每年的5月上旬到8月底以前进行，可保持树形的整齐美观。

常绿树种的修剪，因冬季修剪伤口易受冻害而不易愈合，故宜在春季气温开始上升、枝叶开始萌发后进行。根据常绿树种在一年中的生长规律，可采取不同的修剪时间及强度，一般修剪适期宜在春梢抽生前，应尽量避开生长旺盛期。

五、修剪方法

1. 短截

短截又称短剪，是指剪去一年生枝条的一部分。其主要作用是相对集中养分，促使剪口下侧芽的萌发，增加分枝量，以保证营养生长或开花结果。短截程度对产生的修剪效果影响很大（图4-1），按其长度又可分为轻、中、重和极重四种短截。

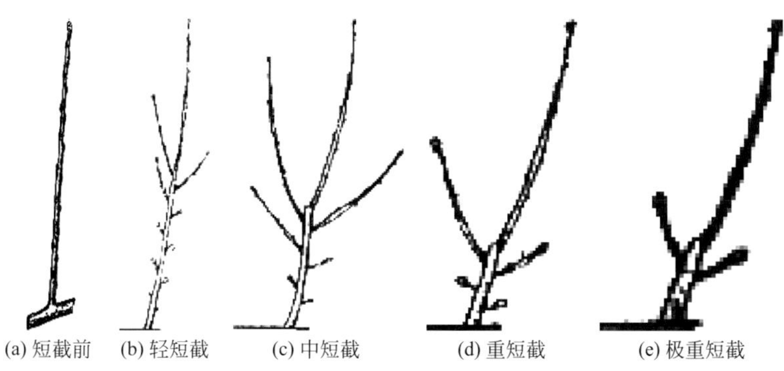

图4-1　不同短截后的反应

（1）轻短截　剪去枝条的顶部，一般为全长的1/5 ～ 1/4，主要用于观花、观果类树木强壮枝修剪。枝条短截后，刺激下部芽萌发，分散枝条营养，促发中短枝，易形成花芽结果。

（2）中短截　在枝条的中上部饱满芽处剪截，一般剪去枝条全长的1/3 ～ 1/2。短截后，枝条养分较为集中，剪口处芽体充实饱满，促使发生多个生长旺盛的营养枝。主要用于骨干枝的延长枝培养和弱枝复壮。

（3）重短截　剪去枝条全长的2/3～3/4。刺激作用更强，一般能萌发强旺的营养枝，主要用于老弱树和弱枝的更新复壮。

（4）极重短截　只留基部2～3个芽的短截，也叫留橛。修剪后一般会萌发中短枝，主要用于竞争枝的处理。

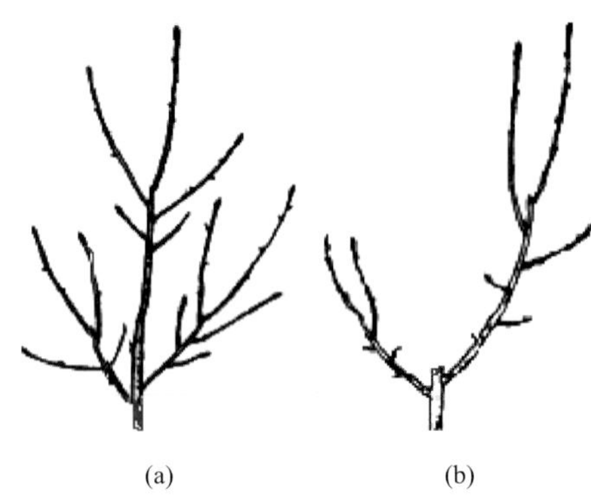

图4-2　回缩及回缩后的反应

2. 回缩

回缩是将多年生枝短截到分枝处，也称缩剪（图4-2）。修剪后可减少总的生长量，缩短地上部与地下部之间的距离；促使剪口下方的枝条旺长，也可刺激潜伏芽萌发成徒长枝，达到更新复壮的目的，多用于控冠、换头、变向和更新复壮。

3. 疏除

疏除是把枝条从分枝点基部全部剪去，又称疏剪。疏剪主要是疏去膛内过密枝，减少树冠内枝条的数量，调节枝条使其均匀分布，为树冠创造良好的通风透光条件，减少病虫害，增加同化作用产物，使枝叶生长健壮，有利于花芽分化和开花结果。

疏剪的主要对象是弱枝、病虫害枝、枯枝及影响树木造型的交叉枝、干扰枝、萌蘖枝等。特别是树冠内部萌生的直立性徒长枝，其芽小、节间长、粗壮、含水分多、组织不充实，宜及早疏剪以免影响树形；但如果有生长空间，可改造成枝组，用于树冠结构的更新、转换和老树复壮。

疏剪对全树的总生长量有削弱作用，但能促进树体局部的生长。疏剪对局部的刺激作用与短截有所不同，它对同侧剪口以下的枝条有增强作用，而对同侧剪口以上的枝条则起削弱作用。应注意的是，疏枝在母枝上形成伤口，从而影响养分的输送，疏剪的枝条越多、伤口间距越接近，其削弱作用越明显。对全树生长的削弱程度与疏剪强度及被疏剪枝条的强弱有关，疏强留弱或疏剪枝条过多，会对树木的生长产生较大的削弱作用；疏剪多年生的枝条，对树木生长的削弱作用较大，一般宜分期进行。

疏剪强度是指被疏剪枝条占全树枝条的比例，剪去全树10%的枝条者为轻疏，强度达10%～20%时称中疏，重疏则为疏剪20%以上的枝条。实际应用时的疏剪强度依树种、长势和树龄等具体情况而定。一般情况下，萌芽力强、成枝力弱的或萌芽力、成枝力都弱的树种应少疏枝，如马尾松、油松、雪松等；而萌芽力、成枝力强的树种，可多疏枝；幼树宜轻疏，以促进树冠迅速扩大；进入生长与开花盛期的成年树应适当中疏，以调节营养生长与生殖生长的平衡，防止开花、结果的大小年现象发生；衰老期的树木发枝力弱，为保持有足够的枝条组成树冠，应尽量少疏；花灌木类，轻疏能促进花芽的形成，有利于提早开花。

4. 缓放

营养枝不剪称为缓放，也称长放或甩放，适宜于长势中等的枝条（图4-3）。长放的枝条留芽多，抽生的枝条也相对增多，可缓和树势，促进花芽分化。丛生灌木也常应用此措施，如连翘，在树冠的上方往往甩放3～4根长枝，形成潇洒飘逸的树形，长枝随风摇曳，观赏效果极佳。

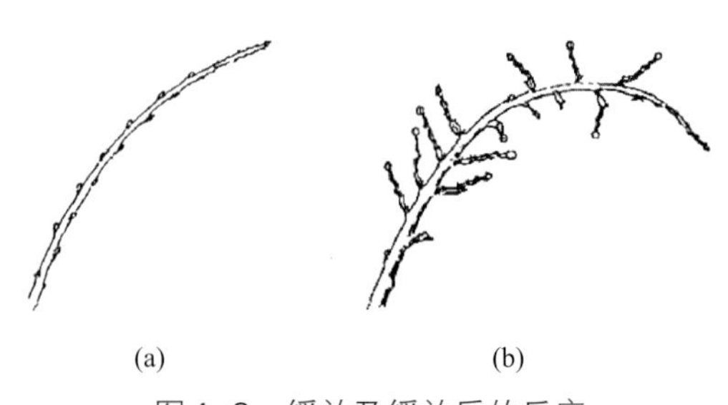

图4-3　缓放及缓放后的反应

5. 变

变是变更枝条生长的方向和角度，以调节顶端优势为目的的整形措施，并可改变树冠结构，有屈枝、弯枝、拉枝、抬枝等形式，通常结合生长季修剪进行，对枝梢施行屈曲、缚扎或扶立、支撑等技术措施。直立诱引可增强生长势；水平诱引具中等强度的抑制作用，使组织充实易形成花芽；向下屈曲诱引则有较强的抑制作用，但枝条背上部易萌发强健新梢，须及时去除，以免适得其反。

6. 刻伤

用刀在枝芽的上（或下）方横切（或纵切）而深及木质部的方法，常结合其他修剪方法使用。主要方法有：

（1）目伤　在枝芽的上方行刻伤，伤口形状似眼睛（图4-4），伤及木质部以阻止水分和矿质养分继续向上输送，以在理想的部位萌芽抽生壮枝；反之，在枝芽的下方行刻伤时，可使该芽抽生枝生长势减弱，但因有机营养物质的积累，有利于花芽的形成。

（2）纵伤　指在枝干上用刀纵切而深达木质部的刻伤，目的是为了减小树皮的机械束缚力，促进枝条的加粗生长。纵伤宜在春季树木开始生长前进行，实施时应选树皮硬化部分，细枝可行一条纵伤，粗枝可纵伤数条。

（3）横伤　指对树干或粗大主枝横切数刀的刻伤方法，其作用是阻滞有机养分的向下回流，促使枝干充实，有利于花芽分化，达到促进开花、结实的目的。其作用机理同环剥，只是强度较低。

7. 环状剥皮（环剥）

用刀在枝干或枝条基部的适当部位，环状剥去一定宽度的树皮，以在一段时期内阻止枝梢的光合养分向下输送，有利于枝条环剥上方营养物质的积累和花芽分化（图4-5），适用于营养生长旺盛但开花结果量小的枝条。剥皮宽度要根据枝条的粗细和树种的愈伤能力而定，一般以1个月内环剥伤口能愈合为限，约为枝直径的1/10（2～10mm），过宽伤口不易愈合，过窄愈合过早而不能达到目的。环剥深度以达到木质部为宜，过深伤及木质部会造成环剥枝梢折断或死亡，过浅则韧皮部残留，环剥效果不明显。实施环剥的枝条上方需留有足够的枝叶量，以供正常光合作用之需。

图4-4　目伤

(a)

(b)

图4-5　环剥及其愈合效果

环剥是在生长季应用的临时性修剪措施，多在花芽分化期、落花落果期和果实膨大期进行，在冬剪时要将环剥以上的部分逐渐剪除。环剥也可用于主干、主枝，但须根据树体的生长状况慎重决定，一般用于树势强旺、花果稀少的青壮树。伤流过旺、易流胶的树种不宜应用环剥。

8. 摘心

即摘除新梢顶端生长部位的措施。摘心后削弱了枝条的顶端优势、改变了营养物质的输送方向，有利于花芽分化和开花结果（图4-6）。摘除顶芽可促使侧芽萌发，从而增加了分枝，有利于树冠早日形成。秋季适时摘心，可使枝、芽器官发育充实，有利于提高抗寒力。

9. 抹芽

抹除枝条上多余的芽体，可改善留存芽的养分状况，增强其生长势。如每年夏季对行道树主

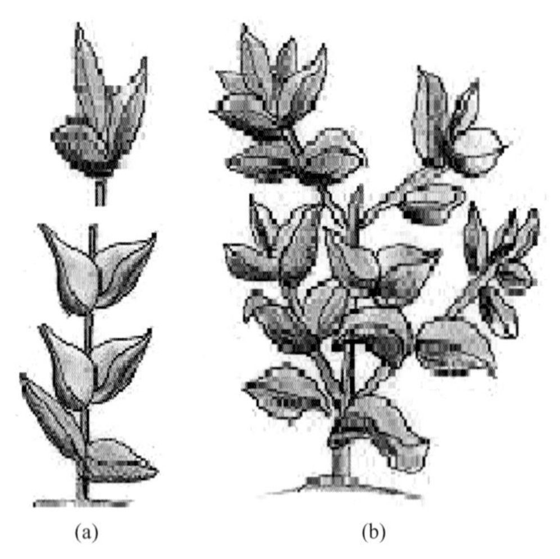

图4-6 摘心及摘心后的反应

干上萌发的隐芽进行抹除，一方面可使行道树主干通直；另一方面可以减少不必要的营养消耗，保证树体健康生长发育。

10. 扭梢和折梢（枝）

多用于生长期内生长过旺的半木质化枝条，特别是着生在枝背上的徒长枝，扭转弯曲而未折伤者称扭梢（图4-7），折伤而未断离者则为折梢（图4-8）。扭梢和折梢均是部分损伤输导组织以阻碍水分、养分向生长点输送，削弱枝条长势以利于短花枝的形成。

11. 摘叶（打叶）

主要作用是改善树冠内的通风透光条件，提高观果树木的观赏性，防止枝叶过密，减少病虫害，同时起到催花的作用。如丁香、连翘、榆叶梅等花灌木，在8月中旬摘去一半叶片，9月初再将剩下的叶片全部摘除，在加强肥水管理的条件下，则可促其在国庆节期间二次开花。而对红枫进行夏季摘叶，可诱发红叶再生，增强景观效果。

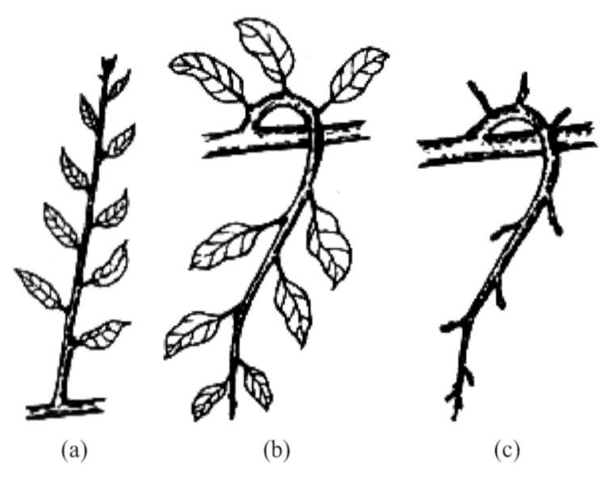

图4-7 扭梢及扭梢后的反应

图4-8 折梢及折梢后的反应

12. 去蘖（又称除萌）

除去主干上或根部萌发的无用枝条。榆叶梅、月季等易生根蘖的园林树木，生长季期间要随时除去萌蘖，以免扰乱树形，并可减少树体养分的无效消耗。嫁接繁殖树，则须及时去除接穗上方的萌蘖，防止干扰树形，影响接穗树冠的正常生长。在蘖枝尚幼嫩时徒手去蘖。已经木质化的，则应用剪子剪或用铲铲，但要防止撕裂树皮或遗留枯桩，去蘖应尽早。

13. 摘蕾

实质上为早期进行的疏花、疏果措施，可有效调节花果量，提高存留花果的质量。如杂种香水月季，通常在花前摘除侧蕾，而使主蕾得到充足养分，开出漂亮而肥硕的花朵；聚花月季，往往要摘除侧蕾或过密的小蕾，使花期集中，花朵大而整齐，观赏效果增强。

14. 摘果

摘除幼果可减少营养消耗、调节激素水平，枝条生长充实，有利花芽分化。对紫薇等花期延续较长的树种，摘除幼果，花期可由25天延长至100天左右；丁香开花后，如不是为了采收种子也需摘除幼果，以利来年依旧繁花。

15. 断根

在移栽大树或山林实生树时，为提高成活率，往往在移栽前1～2年进行断根，以回缩根系、刺激发生新的须根，有利于移植。进入衰老期的树木，结合施肥在一定范围内切断树木根系的断根措施，有促发新根、更新复壮的效用。

16. 抹头更新

对一些无主轴的乔木如柳、枫、栾树等，如发现其树冠已经衰老，病虫严重，或因其他损伤已无发展前途，而其主干仍很健壮者，可将树冠自分枝点以上全部截除，使之重发新枝，叫“抹头更新”。

六、修剪技术

（一）剪口和剪口芽的处理

疏截修剪造成的伤口称为剪口，距离剪口最近的芽称为剪口芽。修剪的剪口必须平滑，不得劈裂。剪口方式和剪口芽的处理对枝条的抽生能力和长势有影响。

1. 剪口方式

园林树木修剪时，落叶树一般不留橛。剪口的斜切面应与芽的方向相反，其上端略高于芽端上方0.5cm，下端与芽之腰部相齐，剪口面积小则易愈合，有利于芽体的生长发育。针叶树应留1～2cm长的橛。

2. 剪口芽的处理

剪口芽的方向、质量决定萌发新梢的生长方向和生长状况，剪口芽的选择，要考虑树冠内枝条的分布状况和对新枝长势的期望。背上芽易发强旺枝，背下芽发枝中庸；剪口芽留在枝条外侧可向外扩张树冠，而剪口芽方向朝内则可填补内膛空位。为抑制生长过旺的枝条，应选留弱芽为剪口芽；而欲弱枝转强，剪口则需选留饱满的背上壮芽。

（二）大枝剪截

用锯将无用或影响树形的粗大枝锯掉称为大枝剪截。园林树木整形修剪时，经常需对一些大型的骨干枝进行锯截，操作时应格外注意锯口的位置以及锯截的步骤。

1. 锯口的位置

选择准确的锯截位置及操作方法是大枝锯截最为重要的环节，因其不仅影响到锯口的大小及愈合过程，更会影响到树木修剪后的生长状况。错误的锯截技术会造成创面过大、愈合缓慢，创口长期暴露、腐烂易导致病虫害寄生，进而影响整株树木的健康。正确的位置是贴近树干并在侧枝基部的树皮隆脊部分与枝条基部的环痕外侧（图4-9）。

2. 锯截的步骤

对直径在10cm以下的大枝采用二锯法锯截，首先在距截口10～15cm处由枝下向上锯一切口（江南叫“打倒锯”），深度为枝干粗的1/5～1/3，锯掉枝干的大部分，然后再将留下的残桩在截口处自上而下稍倾斜削正。若疏除直径在10cm以上的大枝时，大枝通常枝头沉重，为防止锯口自然折断时锯口处母枝或树干皮层撕裂，一般采取三锯法锯截。具体方法是，在距截口20～30cm处自下至上锯一切口，深至枝径的1/3～1/2；然后再向前3～5cm自上而下锯截，这样大枝便可自然折断；最后在正确的位置锯除残桩（图4-10）。用利刀或修枝剪将锯口修整平滑，用2%的硫酸铜溶液消毒并涂伤口保护剂。

3. 注意事项

在建筑及架空线附近，截除大枝时，应先用绳索，将被截大枝捆吊在其他生长牢固的枝干上，待截断后慢慢松绳放下，以免砸伤行人、建筑物和下部保留的枝干。如果截去枝与着生枝粗细相近，不要一次从枝基截除，而保留一部分，过几年待留用枝增粗后，再将暂留枝段全部截除。

直径超过4cm以上的剪锯口，应用刀削平，涂抹防腐剂促进伤口愈合。锯除大树杈时应注意

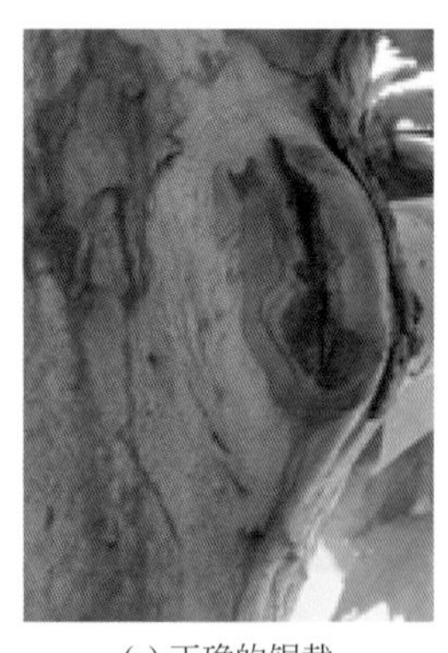

(a) 正确的锯截

(b) 错误的锯截

图4-9 锯截处理效果

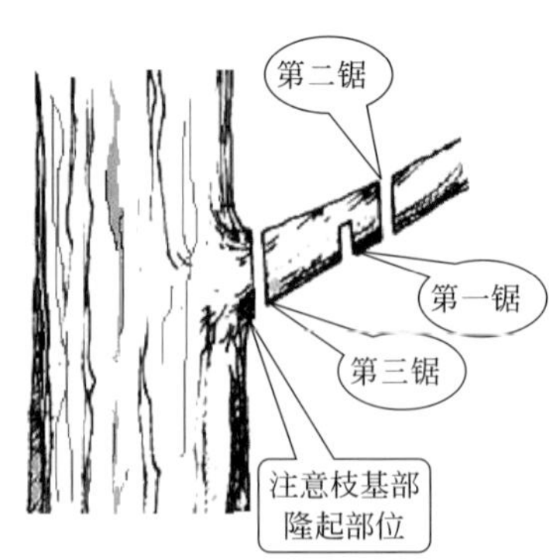

图4-10 三锯法锯截

保护皮脊。

（三）常用修剪工具及机械

1. 修枝剪

（1）普通修枝剪　适用于剪截3cm以下的枝条。操作时，用右手握剪，左手压枝向剪刀小片方向猛推，要求动作干净、利落，不产生劈裂。

（2）小型直口弹簧剪　适用于夏季摘心、折枝及树桩盆景小枝的修剪。

（3）高枝剪　装有一根能够伸缩的铝合金长柄，可用于手不能及的高空小枝的修剪。

（4）大平剪　又称绿篱剪、长刃剪，适用于绿篱、球形树和造型树木的修剪，它的条形刀片很长、刀面较薄，易形成平整的修剪面，但只能用来平剪嫩梢。

（5）长把修枝剪　其剪刃呈月牙形、没有弹簧、手柄很长，能轻快修剪直径1cm以内的树枝，适用于高灌木丛的修剪。

2. 锯

适用于较粗枝条的剪截。

（1）手锯　适用于花、果木及幼树枝条的修剪。

（2）单面修枝锯　适用于截断树冠内中等粗度的枝条，弓形的单面细齿手锯锯片很窄，可以伸入到树丛当中去锯截，使用起来非常灵活。

（3）双面修枝锯　适用于锯除粗大的枝干，其锯片两侧都有锯齿，一边是细齿，另一边是由深浅两层锯齿组成的粗齿。在锯除枯死的大枝时用粗齿，锯截活枝时用细齿。另外锯把上有一个很大的椭圆形孔洞，可以用双手抓握来增强锯的拉力。

（4）高枝锯　适用于修剪树冠上部较大枝。

（5）油锯　适用于特大枝的快速、安全锯截。

3. 辅助机械

应用传统的工具来修剪高大树木，费工、费时，还常常无法完成作业任务，国外在城市树木管护中已大量采用移动式升降机辅助作业，能有效地提高工作效率。

（四）整形修剪的程序及注意事项

1. 制定修剪方案

作业前应对计划修剪树木的树冠结构、树势、主侧枝的生长状况、平衡关系等进行详尽观察分析，根据修剪目的及要求，制定具体的修剪及保护方案。对重要景观中的树木、古树、珍贵的观赏树木，修剪前需咨询专家的意见，或在专家直接指导下进行。

2. 培训修剪人员、规范修剪程序

修剪人员必须接受岗前培训，掌握操作规程、技术规范、安全规程及特殊要求，获得上岗证书后方能独立工作。

根据修剪方案，对要修剪的枝条、部位及修剪方式进行标记。然后按先剪下部、后剪上部，先剪内膛枝、后剪外围枝，由粗剪到细剪的顺序进行。一般从疏剪入手，把枯枝、密生枝、重叠枝等先行剪除；再按大、中、小枝的次序，对多年生枝进行回缩修剪；最后，根据整形需要，对一年生枝进行短截修剪。修剪完成后尚需检查修剪的合理性，有无漏剪、错剪，以便更正。

3. 注意安全作业

安全作业包括两个方面，一方面，是对作业人员的安全防范，所有的作业人员都必须配备安全保护装备；另一方面，是对作业树木下面或周围行人与设施的保护，在作业区边界应设置醒目的标记，避免落枝伤害行人。修剪作业所用的工具要坚固和锋利，不同的作业应配有相应的工具。当几个人同剪一棵高大树体时，应有专人负责指挥，以便高空作业时的协调配合及安全。

4. 清理作业现场

及时清理、运走修剪下来的枝条同样十分重要，一方面保证环境整洁，另一方面也是为了确保安全。目前在国内一般采用把残枝等运走的办法，在国外则经常用移动式削片机在作业现场就地把树枝粉碎成木片，可节约运输量并可再利用。

任务4.2 修剪园林乔木

任务分析

结合校园或市政绿化，重点进行行道树的冬季修剪。随着气温的下降，树木也由生长期转入休眠期，其生理活动逐渐减弱甚至停止，此时正是行道树修剪的最佳时期。通过修剪，可以调节树木生长发育规律，使树木生长健壮，树形整齐美观，并与绿化环境相协调。

任务实施

【材料与工具准备】

手锯、修枝剪、高枝剪、梯子、安全带、安全帽、安全绳等。

【实施过程】

1. 确定树种，结合周围环境与园林功能，因树修剪，制定修剪方案。

2. 对植株按要求或方案进行修剪。凡主轴明显的树种，修剪时应注意保护中央领导枝，使其向上直立生长。原中央领导枝受损、折断，应利用顶端侧枝重新培养新的领导枝；应逐年调整树干与树冠的合理比例；针叶树应剪除基部垂地枝条，随树木生长可根据需要逐步提高分枝点，并保护主干直立向上生长；银杏修剪只能疏枝，不能短截，对轮生枝可分阶段疏除。

3. 进行检查修剪，避免漏剪或错剪。

4. 对大的剪锯口适当处理，对剪下的枝叶集中清理等。

【注意事项】

1. 施工时分组进行，每组4人，责任明确，一人上树作业，一人安全观察，一人扶梯，一人交通维护。

2. 选在无风的天气进行，拉安全防护网，设立安全警示牌。作业人员注意人身及操作安全，在高压线附近作业时，要特别注意安全，避免触电。

任务考核

任务考核从职业素养和职业技能两方面进行评价，标准见表4-2。

表4-2 修剪园林乔木任务的考核标准

考核内容		考核标准	考核分值
职业素养	职业道德 职业态度 职业习惯	忠于职守，乐于奉献；实事求是，不弄虚作假；积极主动，操作认真；善始善终，爱护公物	30
职业技能	任务操作	修剪方案制定得当； 修剪操作规范，技术合理	30 30
	总结创新	有科学的修剪规程总结	10

理论认知

一、行道树的修剪

由于城市道路情况复杂，行道树所处的环境比较复杂，行道树养护过程中必须考虑的因素较多，除了一般性的营养与水分管理外，还包括诸如对交通、行人的影响，与树冠上方各类架空线路及地下管道设施的关系等。因此在选择适合的行道树树种的基础上，通过各种修剪措施来解决这些矛盾，控制行道树的生长体量及伸展方向，达到冠大荫浓，以获得与生长立地环境的协调。

行道树一般要选择具有通直主干、树体高大、树冠宽阔舒展、枝叶浓密的乔木树种。主干高度，以不妨碍车辆及行人通行为度，一般城市主干道为2.5～4m之间，城郊公路以3～4m或更高为宜。在同一条干道上干高要整齐一致。

根据电力部门制订的安全标准，在有架空线路的人行道上，使树冠枝叶与各类线路保持安全距离，一般电话线为0.5m、高压线为1m以上。树木与架空线有矛盾时，应修剪树枝，使其与架空线保持安全距离。可采用各种修剪技术，如降低树冠高度、使线路在树冠的上方通过；修剪树冠的一侧，让线路能从其侧旁通过；修剪树冠内膛的枝干，使线路能从树冠中间通过；或使线路从树冠下侧通过。在交通路口30m范围内的树冠不能遮挡交通信号灯，路灯和变压设备附近的树枝应与其保留出足够的安全距离等。

总之，行道树通过修剪，应达到：叶茂、形美、荫浓，侧不扫瓦，下不阻车人行，上不碰架空线。

1. 杯状形修剪

典型杯状形的结构是“三股六杈十二枝”，即在定干后，选留三个方向合适（相邻主枝间角度呈120°，与主干约呈45°）的主枝，再在各主枝的两侧各选留两个近于同一平面的斜生枝；然后同样再在各二级枝上选留两个枝，分数年完成（图4-11）。街道树采用杯状形整枝，一般不必这样严格，可视情况，根据树种而有变化。干高2.5～4m，多用于架空线下。离建筑物较近的行道树，为防止枝条扫瓦、堵门、堵窗，影响室内采光和安全，应随时对过长枝条进行短截或疏除。生长期内要经常除萌，冬季修剪时主要疏除并生枝、交叉枝、下垂枝、枯残枝及背上直立枝等。

以英梧或法桐为例，在树干2.5～4m处截干，萌发后选3～5个方向不同、分布均匀、与主干夹角成45°的枝条作主枝，其余分期剪除。当年冬季或第二年早春修剪时，将主枝在50～100cm处短截，通过调整主枝长度，使剪口芽处在同一平面上，以利以后长势均衡，剪口芽留外芽；第二年夏季再抹芽和疏枝。幼树顶端优势较强，在主枝呈斜生的情况下，侧生或背下着生的枝条容易转成直立生长，为抑制剪口芽，确保其侧向斜上生长，修剪时可暂时保留背上直立枝。第二年冬季或第三年早春，于主枝两侧发生的侧枝中选1～2个作延长枝，并在80～100cm处短截，剪口芽仍留外芽，疏除原暂时保留的直立枝。如此反复修剪，经3～5年后，即可形成杯状形树冠。树体骨架构成后，树冠扩大很快，要注意整体均衡。此期可适当保留内膛枝，有空间处，新梢可长留，疏过密枝、直立枝，促发斜生枝，增加遮阴效果；对影响架空线和建筑物的枝条按规定进行疏、截。

对于无主轴的新植槐树，先定分枝点高度，一般不要太高，尤其栽在架空线下时，有2～2.5m即可，最高不超过3m。靠快车道一侧的分枝可稍高一些。在分枝点以上选择分布均匀、生长健壮的主枝3～5个，并短截；其余的可以全部疏去。同一条路或相邻近一段路上的行道树，主枝顶部要找平。如确定栽后离地面3m剪齐，则分枝高的主枝，要多剪去一些；而分枝点低的主枝多留一些。主枝上萌出新芽后，应及时剥芽，以集中养分供应选留的芽，促使侧枝生长。第一次可选留5～8个芽；第二次留3～5个芽。注意留芽方向要合理，分布应均匀。次年发芽前选留侧枝，全株共选6～10个；注意选方向适合、分布均匀、向四方斜生者，并按一定长度短截，以便发枝整齐，形成丰满匀称的树冠。

2. 开心形修剪

适用于无中央主轴或顶芽自剪、呈自然开展冠形的树种。定植时，将主干留3m截干；春季发芽后，选留3～5个不同方位、分布均匀的侧枝并进行短截，促使其形成主枝，余枝疏除。在生长季，注意对主枝进行抹芽，培养3～5个方向合适、分布均匀的侧枝；来年萌发后，每侧枝再选留3～5枝短截，促发次级侧枝，形成丰满、匀称的冠形（图4-12）。

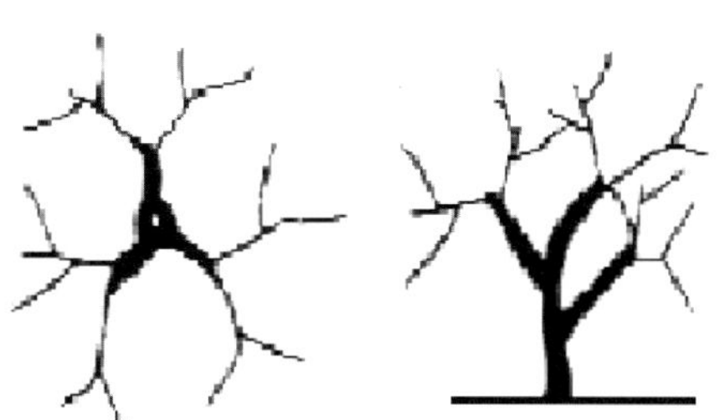

图4-11　杯状形示意图（左平面，右立面）

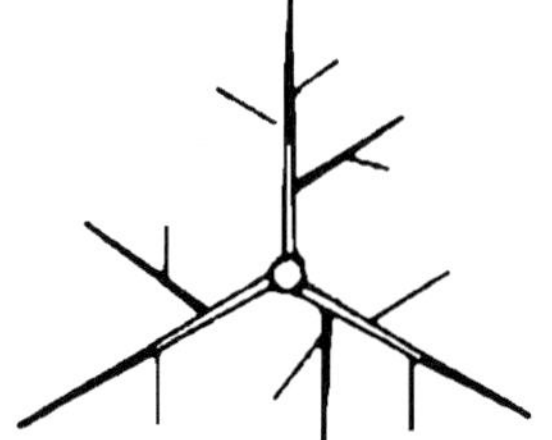

图4-12　开心形示意图

3. 自然式冠形修剪

在不妨碍交通和其他市政工程设施且有较大生长空间条件时，行道树多采用自然式整形方式，如塔形、伞形、卵球形等。

（1）有中央领导干的树木修剪　如银杏、水杉、侧柏、雪松、枫杨、毛白杨等的整形修剪，主要是选留好树冠最下部的3～5个主枝，一般要求枝间上下错开、方向匀称、角度适宜，并剪掉主枝上的基部侧枝。在养护管理过程中以疏剪为主，主要对象为枯死枝、病虫枝和过密枝等；注意保护主干顶梢，如果主干顶梢受损伤，应选直立向上生长的枝条或壮芽代替、培养主干，抹其下部侧芽，避免多头现象发生。

（2）无中央领导干的树木修剪　如旱柳、榆树等，在树冠最下部选留5～6个主枝，各层主枝间距要短，以利于自然长成卵球形的树冠。每年修剪的对象主要是枯死枝、病虫枝和伤残枝等。

二、庭荫树的修剪

庭荫树的整形修剪多采用自然树形，以培养健康、挺拔的树木姿态。每年或隔年疏除过密枝、病枝、枯枝及扰乱树形枝；短截老弱枝以增强树势；剪除基部的萌蘖及主干上的冗枝。需特殊整形的庭荫树可根据配置要求或环境条件进行修剪，以显现更佳的使用效果。

庭荫树的主干高虽无固定要求，但应与周围环境相适应。依人在树下活动自由为限，以2～3m以上较为适宜；若树势强旺、树冠庞大，则以3～4m为好，能更好地发挥遮阴作用。一般认为，以遮阴为目的的庭荫树，冠高比以2/3以上为宜。

三、片林的修剪

片林的整形修剪比较粗放，主要是改善通风透光条件，维持树木良好的干形和冠形。对于杨树、油松等主轴明显的树种，要尽量保护中央领导枝。当出现竞争枝（双头现象）时，只选留一个；如果领导枝枯死折断，树高尚不足10m者，应于中央干上部选一较强壮的侧生嫩枝，扶直，培养成新的中央领导枝；适时修剪主干下部侧生枝，逐步提高分枝点。分枝点的高度应根据不同树种、树龄而定。同一分枝点的高度应大体一致，而林缘分枝点应低留，使呈现丰满的林冠线；对于一些主干很短，但树已长大，不能再培养成独干的树木，也可以把分生的主枝当做主干培养，逐年提高分枝，呈多干式。

对松柏类树种多不进行修剪，或仅采取自然式整形，每年仅将病虫枯枝剪除。大面积绿化成林栽植中注意“打枝”，去掉树冠的1/4～1/3。

四、不同栽培形式树的整形修剪

1. 密植树的修剪

密植几年之后，树木个体之间相对密度加大，树冠相连，郁闭度加大，出现拥挤现象。此时要适度轻剪，注意开张主枝角度，多留枝，以缓和树势，限制树冠扩大过快。如果过于密集，可结合移植进行疏伐作业，同时对保留树进行适当的整形修剪。

2. 稀植树的修剪

“四旁”零散种植的树木，由于立地条件较好，生长空间大，如果放任生长，到成年树时易使树冠内膛空虚，通风透光差。因此，从幼龄阶段开始就应做好整形修剪。一般可选用有中心干树形，干高2～2.5m，着生6～7个主枝，第一层3～4个，主枝开张角度在60°以上，水平方向分布均匀；第二层和第三层各1～2个，选留方位要插空安排，错落有致；层间距要在1m以上；各主枝上可选留2～3个侧枝，间距在0.7m以上。此树形的特点是中心干明显，主枝多，分布均匀，树冠大，通风透光条件好，内膛不易空虚，树体寿命长。

3. 放任树的改造修剪

从未进行过修剪整形的树木，特别是实生树，枝干多而密集，直立性强，树冠密被，外围枝条密集而交叉，内膛严重光秃，冠内通风透光不良，树体不均衡。

此类树体改造修剪不可追求统一的树形，要在原有的树形结构基础上加以改造，因树修剪，随枝做形，重点是疏除过密大枝，调整好树体骨干，打开层间距，并清理枯死枝、病虫枝、交叉枝、冗长枝，使树体通风透光；对于健壮枝量过少、树势衰弱的树，要适当回缩修剪，促发壮枝。

任务4.3　修剪灌木（或小乔木）

任务分析

本次任务可强化训练各类灌木的冬季修剪及花灌木的花后修剪。根据各类灌木特点合理安排修剪时期与修剪方法，并训练学生因树修剪的技能。

任务实施

【材料与工具准备】

修枝剪、手锯、清理工具等。

【实施过程】

1. 根据灌木类型特点安排修剪时间，并制定修剪方案。
2. 对植株按要求或方案进行修剪。
3. 进行检查修剪，避免漏剪或错剪。
4. 对剪下的枝叶、花果集中清理。

【注意事项】

1. 修剪应按“先上后下、先内后外、去弱留强”的原则进行。
2. 花灌木修剪时间应根据花芽分化期而定，一般在花芽分化前进行修剪，以促使花繁叶茂，避免把花芽剪掉。

任务考核

任务考核从职业素养和职业技能两方面进行评价，标准见表4-3。

表4-3　修剪灌木（或小乔木）任务的考核标准

考核内容		考核标准	考核分值
职业素养	职业道德 职业态度 职业习惯	忠于职守，乐于奉献；实事求是，不弄虚作假；积极主动，操作认真；善始善终，爱护公物	30
职业技能	任务操作	修剪方案制定得当； 修剪操作规范，技术合理	30 30
	总结创新	有科学的修剪规程总结	10

理论认知

一、新植灌木（或小乔木）的修剪

除一些带土球移植的珍贵灌木树种（如紫玉兰等）可适当轻剪外，灌木一般都采取裸根移植，为保证成活，一般应进行重剪。移植后的当年，开花前应尽量剪除花芽以防开花过多消耗养分，影响成活和生长。

对于有主干的灌木或小乔木，如碧桃、榆叶梅等，修剪时应保留一定高度主干，选留不同方向的主枝3～5个，其余的疏除，保留的主枝短截1/2左右；较大的主枝上如有侧枝，也应疏去2/3左右的弱枝，留下的也应短截。修剪时要注意树冠枝条分布均匀，以便形成圆满的冠形。

对于无主干的灌木，如连翘、玫瑰、黄刺玫、太平花、棣棠等，常自地下发出多数粗细相近的枝条，应选留4～5个分布均匀、生长正常的丛生枝，其余的全部疏去，保留的枝条一般短截1/2左右，并剪成内圆球形。

二、灌木的一般养护修剪

灌木的一般养护修剪，应使丛生大枝均衡生长，使植株保持内高外低、自然丰满的圆球形。对灌丛内膛小枝应适量疏剪，外边丛生枝及小枝则应短截，对多年斜生枝、下垂细弱枝及地表萌生的地蘖应彻底疏除。及时短截或疏除突出灌丛外的徒长枝，促生二次枝，使灌丛保持整齐均衡。但对如连翘等一些具拱形枝的树种所萌生的长枝则应保留。应尽量及早剪去不作留种用的残花、幼果，以免消耗养分。

成片栽植的灌木丛，修剪时应形成中间高四周低或前面低后面高的丛形。多品种栽植的灌木丛，修剪时应突出主栽品种，并留出适当生长空间。

定植多年的丛生老弱灌木，应以更新复壮为主，采用重短截的方法，有计划地分批疏除老枝，甚至齐地面留桩刈除，以培养新枝。栽植多年的有主干的灌木，每年应采取交替回缩主枝控制树冠的剪法，防止树势上强下弱。

三、观花类灌木（或小乔木）的修剪

幼树生长旺盛宜轻剪，以整形为主，尽量用轻短截，避免直立枝、徒长枝大量发生，造成树冠密闭，影响通风透光和花芽的形成；斜生枝的上位芽在冬剪时剥除，防止直立枝发生；一切干枯枝、病虫枝、伤残枝、徒长枝等用疏剪除去；丛生花灌木的直立枝，选择生长健壮的加以摘心，促其早开花。壮年树木的修剪以充分利用立体空间、促使花枝形成为目的。休眠期修剪，疏除部分老枝，选留部分根蘖，以保证枝条不断更新，适当短截秋梢，保持树形丰满。

具体修剪措施要根据灌木生长习性和开花习性进行。

1. 春花树种

连翘、丁香、黄刺玫、榆叶梅、麦李、珍珠绣线菊、京桃等先花后叶树种，其花芽着生在一年生枝条上，在春季花后修剪老枝并保持理想树形，将已开花枝条进行中或重短截，疏剪过密枝，以利来年促生健壮新枝。对毛樱桃、榆叶梅等枝条稠密的种类，可适当疏除衰老枝、病枯枝，促发更新枝。对迎春、连翘等具有拱形枝的种类，可重剪老枝，促进强枝发生以发挥其树姿特点。

2. 夏秋花树种

如木槿、珍珠梅、八仙花、山梅花、紫薇等，花芽在当年新梢上形成并开花，修剪应在休眠期或早春萌芽前进行重剪使新梢强健。对于一年开两次花的灌木如珍珠梅，除早春重剪老枝外，还应在花后将残花及其下方的2～3芽剪除，刺激二次枝的发生，以便再次开花。

3. 一年多次抽梢、多次开花的树种

如月季，可于休眠期短截当年生枝条或回缩强枝，疏除病虫枝、交叉枝、弱密枝；寒冷地区

重剪后应进行埋土防寒。生长季通常在花后于花梗下方第2～3芽处短截，剪口芽萌发抽梢开花，花谢后再剪，如此重复。

4. 花芽着生在二年生和多年生枝上的树种

如紫荆、贴梗海棠等，花芽大部分着生在二年生枝和多年生的老干上。这类树种应注意培育和保护老枝，一般在早春剪除干扰树形并影响通风透光的过密枝、弱枝、枯枝或病虫枝，将枝条先端枯干部分进行轻短截，修剪量较小；生长季节进行摘心，抑制营养生长，促进花芽分化。

5. 花芽着生在开花短枝上的树种

如西府海棠等，早期生长势较强，每年自基部发生多数萌蘖，主枝上大量发生直立枝，进入开花龄后，多数枝条形成开花短枝，连年开花。这类灌木修剪量很小，一般在花后剪除残花，夏季修剪时对生长旺枝适当摘心、抑制生长，并疏剪过多的直立枝、徒长枝。

四、观果类灌木（或小乔木）的修剪

其修剪时间、方法与早春开花的种类基本相同，生长季中要注意疏除过密枝，以利通风透光、减少病虫害、增强果实着色力、提高观赏效果；在夏季，多采用环剥、缚缢或疏花疏果等技术措施，以增加挂果数量和单果重量。

五、观叶类灌木（或小乔木）的修剪

以自然整形为主，一般在休眠期进行重剪，以后轻剪，促发枝叶，部分树种可结合造型需要修剪。红枫，夏季叶易枯焦，景观效果大为下降，可采取集中摘叶措施，逼发新叶，使其再度红艳动人。

六、观枝类灌木（或小乔木）的修剪

如红瑞木等，为延长冬季观赏期，发挥冬季观枝的效果，修剪多在早春萌芽前进行。对于嫩枝鲜艳、观赏价值高的种类，需每年重短截以促发新枝，适时疏除老干以促进树冠更新。

七、观形类灌木（或小乔木）的修剪

修剪方式因树种而异。对垂枝桃、垂枝梅、龙爪槐短截时，剪口留拱枝背上芽，以诱发壮枝，使其弯穹有力。合欢树成形后只进行常规疏剪，通常不再进行短截修剪。

任务4.4　修剪绿篱

任务分析

重点完成几何形体式绿篱的修剪操作，并熟练掌握绿篱剪的使用。整形式绿篱修剪技术是基本操作技术，在此基础上掌握各种绿篱的整剪技术。

任务实施

【材料与工具准备】

修枝剪、绿篱剪、放线绳、立杆、清理工具等。

【实施过程】

1. 绿篱成型前的整形修剪

① 栽植后，立即剪掉主枝和侧枝的1/3，并在第一年及时剪去徒长枝。

② 栽植后第二年及以后，修剪以保留新萌发枝条长度的1/3 ~ 2/3并保留2 ~ 3个芽为原则进行。

③ 第三年的夏季，随时剪去新的徒长枝，轻度修剪侧枝，适当重剪顶部。

2. 绿篱定型后的修剪

在第四年初夏至夏末，在原有基础上修剪边缘以达到所需形状。具体操作如下所述。

① 在目标高度位置拉线，以此水平线为界进行顶部平面的修剪，确保水平。

② 在侧面目标位置拉线，确保拉线面与地面垂直，以此线为界，按照先中部、再上部、后下部的顺序进行修剪。

③ 可用三角器并结合目测法确定转角是否垂直，并进行局部的修剪与补剪，直至达到要求。

【注意事项】

1. 修剪时速度均匀，水平方向从左到右移动修剪，确保平整度、轮廓线等要求清晰。
2. 绿篱定高原则上不能低于上次修剪的高度。
3. 修剪时身体不能压着绿篱，若绿篱太宽可分别在绿篱的两边修剪。

任务考核

任务考核从职业素养和职业技能两方面进行评价，标准见表4-4。

表4-4　修剪绿篱任务的考核标准

考核内容		考核标准	考核分值
职业素养	职业道德 职业态度 职业习惯	忠于职守，乐于奉献；实事求是，不弄虚作假；积极主动，操作认真；善始善终，爱护公物	30
职业技能	任务操作	修剪方案制定得当； 修剪操作规范，技术合理	30 30
	总结创新	有科学的修剪规程总结	10

理论认知

绿篱又称植篱，由萌芽力和成枝力强、耐修剪的树种密集呈带状栽植，起防护、美化、分隔和界限的作用。绿篱按高度一般分为矮篱（50cm以下）、中篱（50 ~ 120cm）、高篱（120 ~ 160cm）和绿墙（160cm以上）四种。

一、修剪方法

修剪方式因树种特性和绿篱功用而异，可分为自然式和整形式两种。

1. 自然式修剪

多用于绿墙、高篱和花篱。适当控制高度，顶部修剪自然，仅疏除病虫枝、干枯枝等，使其枝叶紧密相接，以提高阻隔效果。对花篱，开花后略加修剪使之持续开花，对萌发力强的树种如蔷薇等，盛花后进行重剪，使发枝粗壮，篱体高大美观。

2. 整形式修剪

多用于中篱和矮篱。整形式有剪成梯形、矩形、倒梯形或波浪形等几何形体的；有剪成高大的壁篱式以作雕像、山石、喷泉等的背景用；有将树木单植或丛植，然后剪整成鸟、兽、建筑物或具有纪念、教育意义等的雕塑形式（图4-13）。

(a) (b) (c) (d) (e)

图4-13 整形式修剪

绿篱定植后，应按规定高度及形状，及时修剪，以促使干基枝叶的生长。修剪时应先用线绳定型，然后以线为界进行修剪，修剪后的断面主要有半圆形、梯形和矩形等。整形时先剪其两侧，使其侧面成为一个弧面或斜面，再修剪顶部呈弧面或平面，使整个断面呈半圆形或梯形。一般剪掉苗高的1/3 ～ 1/2；为保证粗大的剪口不裸露，应保持在规定高度5 ～ 10cm以下。为使绿篱下部分枝匀称、稠密，上部枝冠密接成形，尽量降低分枝高度、多发分枝、提早郁闭，可在生长季内对新梢进行2 ～ 3次修剪。

草地、花坛的镶边或组织人流走向的矮篱，多采用几何图案式的整形修剪。灌木造型修剪应使树型内高外低，形成自然丰满的圆头形或半圆形树型。

二、更新修剪

更新修剪是指通过强度修剪来更换绿篱大部分树冠的过程，一般需要3年。

第一年，首先疏除过多的老干和老主枝，改善内部的通风透光条件。因为绿篱经过多年的生长，在内部萌生了许多主枝，加之每年短截而促生许多小枝，从而造成绿篱内部整体通风、透光不良，主枝下部的叶片枯萎脱落。

然后，对保留下来的主枝逐一回缩修剪，保留高度一般为30cm；对主枝下部所保留的侧枝，先行疏除过密枝，再回缩修剪，通常每枝留10～15cm长度即可，适当短截主侧枝上的枝条。

常绿绿篱的更新修剪，以在5月下旬至6月底进行为宜，落叶篱宜在休眠期进行，剪后要加强肥水管理和病虫害防治工作。

第二年，对新生枝条进行多次轻短截，促发分枝。

第三年，将顶部剪至略低于所需要的高度，以后每年进行重复修剪。

对于萌芽能力较强的种类可采用平茬的方法进行更新，仅保留一段很矮的主枝干。平茬后的植株，因根系强大、萌枝健壮，可在1～2年中形成绿篱的雏形，3年左右恢复成形。

项目测评

为实现本项目目标，要求学生完成表4-5中的作业，并为老师提供充分的评价证据。

表4–5 园林树木整形修剪项目测评标准

任务	合格标准（P）=$\sum P_n$		良好标准（M）=合格标准+$\sum M_n$		优秀标准（D）=良好标准+$\sum D_n$	
任务一	P_1	用图说明园林树木的修剪时期及修剪方法	M_1	图示园林树木地上部组成名称	D_1	举例说明观花小乔木的整形修剪技术
	P_2	园林树木剪锯口如何处理？				
任务二	P_3	结合当地主栽行道树，分析行道树的整形方式和不同年龄时期的修剪方法	M_2	调查各类园林乔木整形修剪的总体要求		
任务三	P_4	结合校园绿化完成灌木休眠期的修剪	M_3	如何根据树木生长习性和开花习性对花灌木进行整形修剪		
	P_5	结合校园绿化完成春花灌木的花后修剪				
任务四	P_6	球形绿篱整形修剪技术	M_4	如何进行绿篱的更新修剪？	D_2	设计并完成一项造型修剪大赛方案
	P_7	梯形绿篱整形修剪技术				

课外研究

盆景的修剪

盆景树木，如任其自然生长，势必影响树姿造型而失去其艺术价值。所以要及时修剪，长枝短剪，密枝疏剪，以保持优美的树姿和适当的比例。

1. 摘心

为抑制树木盆景的生长，促使侧枝发育平展，可摘去其枝梢嫩头。

2. 摘芽

树木盆景在其干基或干上生长出许多不定芽时，应随时摘芽，以免萌生叉枝，影响树形美观。

3. 摘叶

观叶树木盆景，其观赏期往往是新叶萌发期，如石榴等的新叶为红色，通过摘叶处理，可使树木一年数次发新叶，鲜艳悦目，提高其观赏效果。

4. 修枝

树木盆景常生出许多新枝条，为保持其造型美观，须经常修枝。修枝方式应根据树形来决定，如为云片状造型，一般有碍美观的枯枝、平行枝、交叉枝等，均应及时剪去。云片要平整且相互要协调，大小要与植株协调，要有高低，给人层次感。

5. 修根

翻盆时结合修根，根系太密、太长的应予修剪，可根据以下情况来考虑。

树木新根发育不良，根系未密布土块底面，则翻盆可仍用原盆，不需修剪根系。根系发达的树种，须根密布土块底面，则应换稍大的盆，疏剪密集的根系，去掉老根，保留少数新根进行翻盆。一些老桩盆景，在翻盆时，可适当提根以增加其观赏价值，并修剪去老根和根端部分，培以疏松肥土，以促发新根。

项目五　园林树木土肥水管理

技能目标

掌握各种土壤改良、施肥和灌水方法；能够制定养护管理作业历。

知识目标

了解肥沃土壤的基本特征，据此掌握园林树木土肥水管理的理论基础；了解园林树木养护管理的质量标准。

园林树木的土肥水管理是园林树木日常养护管理工作的一项重要内容。生长在城市人工化环境条件下的园林树木，处于人为干扰和自然胁迫中，其土壤、营养和水分的获得均有别于生长在自然环境中的树木。因此，通过土肥水管理，可以有效地改善树木的生长环境，促进其生长发育，使其更好地发挥各项功能，达到美化城市景观、调节城市生态平衡、改善环境质量的目的。

任务5.1　园林树木土壤管理

任务分析

重点选择踩踏较重或长势受影响的独赏树或行道树等进行土壤深翻改良操作。了解深翻的作用，掌握园林树木秋季深翻的方法，提高根系吸收能力，促进树体生长发育。

任务实施

【材料与工具准备】

铁锹、耙子、有机肥等。

【实施过程】

1. 确定深翻时间和方式。
2. 进行深翻。
3. 回填肥土。
4. 灌水及整平。

【注意事项】

秋季土壤深翻时期正是根系生长高峰时期，此时结合施基肥和灌水，有利于根系的生长和树体的恢复，能防止失水吊根引起根系冻害及使树体恢复。

任务考核

任务考核从职业素养和职业技能两方面进行评价，标准见表5-1。

表5-1 园林树木土壤管理任务的考核标准

考核内容		考核标准	考核分值
职业素养	职业道德 职业态度 职业习惯	忠于职守，乐于奉献；实事求是，不弄虚作假；积极主动，操作认真；善始善终，爱护公物	30
职业技能	任务操作	深翻操作适当； 合理进行肥水管理	30 30
	总结创新	明确土壤改良对树木生长的意义	10

理论认知

土壤是园林树木生长的基础，也是园林树木生命活动所需求的营养和水分的供给库和储藏库，土壤的质量直接关系着园林树木的生长好坏。因此，要通过各种综合措施来提高土壤肥力，改善土壤结构和理化性质，从而保证园林树木生长所需空气、养分和水分的有效供应，防止和减少水土流失与尘土飞扬，并增强园林景观的艺术效果，这是园林树木土壤管理的任务。

一、肥沃土壤的基本特征

不同的园林树木对土壤的要求是不同的，但良好的土壤能协调土壤的水、肥、气、热。一般来说，肥沃土壤应具备以下3个基本特征。

1. 土壤养分均衡

肥沃土壤的养分状况应该是大量和微量、缓效和速效养分比例适宜，养分配比相对均衡，树木根系生长的土层中养分储量丰富，有机质含量在1.5%以上，肥效长，心土层和底土层也应有较高的养分含量。

2. 土壤物理性质良好

土壤的物理性质是指土壤的固、液、气三相物质组成及其比例，是土壤热性状、通气性、保水性、养分含量高低等各种土壤性质发生和变化的基础。大多数园林树木要求土壤耕性好，质地适中，有较多的水稳性和临时性的团聚体，土壤容重为1～1.3g/cm^3，适宜的固、液、气三相比例为（40%～57%）：（20%～40%）：（15%～37%）。

3. 土体构造适宜

一般来讲，园林树木生长的土壤大多经过人工改造，没有明显完好的垂直结构。有利于园林树木生长的土体构造应该是土体在1～1.5m，特别是在40～60cm深度范围内上松下实，大多数吸收根分布区内的土层要疏松，质地较轻；心土层较坚实，质地较重。这样，既利于通气、透水、增温，又利于保水保肥。

二、树木栽植前的整地

整地，即土壤改良和土壤管理，是保证树木成活和健壮生长的有效措施。园林树木生长的土壤条件十分复杂，既有平原肥土，又有大量的荒山荒地、建筑废弃地、水边低湿地、人工土层、工矿污染地、盐碱地等，这些土壤大多需要经过适当调整改造，才适合园林树木生长。因此，园林树木的整地工作既要做到严格细致，又要因地制宜。园林树木的整地应结合地形进行，除满足树木生长发育对土壤的要求外，还应注意地形地貌的美观。

园林的整地工作主要包括整理地形、翻地、去除杂物、碎土、耙平、填压土壤等内容，具体方法应根据现场情况进行。

1. 荒山荒地

土壤尚未熟化，肥力低。整地之前，要先清理地面，清除枯树根和可移动障碍物，沿等高线水平带状整地或鱼鳞坑整地，还可以采用等高撩壕整地。

2. 平原肥土

最适树木生长。深翻蓄水，增施有机肥。

3. 水边湿地

低湿地一般土壤紧实，水分过多，通气不良，北方多带盐碱，即使树种选择正确，也常生长不良。解决的办法是挖沟排水，防止反盐。通常在种树前1年，每隔20m左右就挖出1条深1.5～2m的排水沟，并将掘起来的表土翻至一侧培成垅台，经过一个生长季，土壤受雨水的冲洗，盐碱减少了，杂草腐烂了，土质疏松，不干不湿，即可在垅台上种树。

4. 市政工程场地和建筑地区的整地

在这些地区常遗留大量灰槽、灰渣、沙石、砖石、碎木及建筑垃圾等，土壤肥力低，通气不良。在整地之前应全部清除，缺土的地方补以肥沃土壤，疏松土壤。

5. 人工土层

挖湖堆山，是园林建设中常用的改造地形措施之一。人工新堆的土山，要令其自然沉降，然后才可整地植树，因此，通常多在土山堆成后，至少经过一个雨季，始行整地。

三、土壤耕作改良

大多数城市园林绿地土壤板结、黏重，物理性能较差，水、气矛盾突出，土壤性质恶化严重，对园林树木生长的影响很大。合理的土壤耕作，可以改善土壤的水分和通气条件，促进微生物的活动，加快土壤的熟化进程，提高土壤肥力；同时，适时深耕也可以扩展树木根系生长的空间，满足树木随着树龄的增长对水、肥、气、热需要的增加。

1. 深翻熟化

（1）深翻的含义和作用　深翻是对园林树木根区范围内的土壤进行深度翻耕。深翻后，土壤的水分和空气条件得到改善，使土壤微生物活动加强，可加速土壤熟化；深翻结合施肥，可改善土壤结构和理化性质，促使土壤团粒结构形成，增加孔隙度。因而，深翻后土壤含水量大为增加；深翻促进发根，提高根系吸收能力，促进树体生长发育。

（2）深翻时期　深翻时期包括栽植前深翻与栽植后深翻两种。前者是在栽植树木前，配合地形改造、杂物清除等工作，对栽植地进行全面或局部的深翻，并增施有机肥，为树木后期生长奠定基础；后者是在树木生长过程中的土壤深翻。

土壤深翻一年四季均可进行，一般来说，深翻主要在秋末和早春进行。

① 秋末深翻　秋末，树木地上部分基本停止生长，养分开始回流，转入积累，同化产物的消耗减少，根系处于秋季生长高峰，伤口容易愈合并发新根，如结合施基肥和翻后灌水，使土壤下沉，根系与土壤进一步密接，更有利于损伤根系的恢复生长，甚至还有可能刺激长出部分新根，对树木来年的生长十分有益；同时，可松土保墒，有利于冬季雪水的下渗。

② 早春深翻　应在土壤解冻后及时进行。早春，树木地上部分尚处于休眠状态，根系则刚开始活动，生长较为缓慢，伤根容易愈合和再生。从土壤养分季节变化规律看，春季土壤解冻后，土壤水分开始向上移动，土质疏松，操作省工，但土壤蒸发量大，易导致树木干旱缺水，因此，在早春干旱、多风地区，春季翻耕后需及时灌水，或采取措施覆盖根系，耕后耙平、镇压，春翻深度也较秋耕为浅。

（3）深翻次数与深度

① 深翻次数　土壤深翻的效果能保持多年，因此，没有必要每年都进行深翻。但深翻作用持续时间的长短与土壤特性有关。一般情况下，黏土、涝洼地深翻后容易恢复紧实，因而保持年限较短，可每1～2年深翻耕一次；而地下水位低、排水良好、疏松透气的沙壤土，保持时间较长，则可每3～4年深翻耕一次。

② 深翻深度　一般为50～100cm，最好距根系分布层稍深、稍远些，以促进根系向纵深生长。但具体的深翻深度与土壤结构、土质状况以及树种特性等有关。如黏重土壤、浅层有砾石层和黏土夹层、山地土层薄、下部为半风化岩石、地下水位较低的土壤以及深根性树种深翻应较深，沙质土壤可适当浅耕，地下水位高时要浅。

（4）深翻方式　深翻方式主要有行间深翻、树盘深翻、全面深翻和隔行深翻等形式。行间深翻是在两排树木的行中间，沿列方向挖一条长条形深翻沟，达到对两行树木同时深翻的目的，这种方式多用于呈行列布置的树木，如防护林带、园林苗圃、风景林等。树盘深翻是在树冠外缘，于地面的垂直投影线附近挖取环状深翻沟，以利于树木根系向外扩展，适用于园林草坪中的孤植树和株间距大的树木。

各种深翻均应结合进行施肥和灌水。深翻后，最好将上层肥沃土壤与腐熟有机肥混拌，填入深翻沟的底部，以改良根层附近的土壤结构，为根系生长创造有利条件，而将心土放在上面，促使心土迅速熟化。

2. 中耕除草

中耕松土可以增加土壤的疏松度，切断表层土壤的毛细管，改善土壤通透性，减少水分蒸发，防止土壤泛碱，促进土壤微生物活动，加速有机质分解和转化，从而协调土壤的水、肥、气、热条件。另外，早春中耕可以提高土壤温度，促进树木根系尽快开始生长，以满足地上部分对水分、营养的需求。

除草可以解决杂草对水、肥、气、热、光的竞争，阻止病虫害的滋生和蔓延，避免杂草对树木的危害，并能改善树木生长的地面环境。

与深翻不同，中耕除草是一项常规工作，大多在生长季节同时进行。松土深度一般为6～10cm，靠近干基浅，远离干基深，并尽量做到少伤或不伤根系。中耕除草的次数根据当地气候、杂草生长情况和树种特性而定，一般为2～3次，在杂草出苗期和结实期效果较好，这样能消灭大量杂草，减少除草次数。具体时间应选择在土壤不过于干又不过于湿时，如天气晴朗，或初晴之后进行，可以获得最大的保墒效果。也可以采用除草剂，但每一种除草剂只能清除部分杂草，且起不到松土作用。

3. 地面覆盖

地面覆盖可以减少水分蒸发和地面径流，增加土壤有机质，调节土壤温度，减少杂草生长。一般可采用有机物、地被植物或树穴围护砖等方法进行地面覆盖。

（1）有机物　覆盖材料常用树皮、马粪、锯屑、草末、树叶等，以就地取材、经济适用为原则。一般用于幼树或草地疏林的树木，多是树盘覆盖，覆盖厚度以3 ～ 6cm为宜，覆盖时间一般在生长季较干旱、土温较高时为宜。

（2）地被植物　可选用一二年生的较高大的绿肥作物，如苜蓿、苕子、羽扇豆等，除能发挥覆盖作用外，还可在花期翻入土中，起到施肥改土的效果。也可采用萱草、酢浆草、玉簪、沙地柏、铺地柏、地锦等多年生地被植物，可以减少水分蒸发，增加土壤温度及湿度；减少地面裸露及杂草生长，为树木生长创造良好的环境条件；同时也增加美观、整洁度。

（3）树穴围护砖　目前有水泥、铸铁和橡胶树穴盖板等类型，起到防护水土流失、减少尘土飞扬、美化环境的作用（图5-1）。

图5-1　橡胶树穴盖板

4. 客、培土壤

（1）客土　在栽植园林树木时，对栽植地大量换入适合树木生长的土壤。通常是在土壤完全不适宜园林树木生长的情况下需进行客土。当土壤十分黏重、土壤过酸过碱、土壤已被废弃物或工业废水等严重污染时，或在岩石裸露、人工爆破坑栽植时，就应在栽植地一定范围内全部或部分换入肥沃土壤。在我国北方种植杜鹃等喜酸性土植物时，要将栽植坑附近的土壤换成泥炭土、山泥、腐叶土等酸性土壤。

（2）培土　培土是在园林树木生长过程中，根据需要，在树木生长地加入部分土壤基质，以增加土层厚度、熟化土壤、保护根系、补充营养、改良土壤结构，以利树木的生长。

北方寒冷地区一般在晚秋初冬进行，可起保温防冻、积雪保墒的作用。我国南方高温多雨的山地，由于雨量大，强度高，土壤淋洗流失严重，土层变薄，根系裸露，因此要经常采取培土措施。

培土工作要根据土质确定培土基质类型。土质黏重的应培含沙质较多的疏松肥土，甚至河沙；含沙质较多的可培塘泥、河泥等较黏重的肥土以及腐殖土。培土量视植株的大小、土源、成本等条件而定。但一次培土不宜太厚，以免影响树木根系生长，一般为5 ～ 10cm。也不能连续多年进行，以防止土层过厚，抑制根系呼吸，影响树木生长发育。

四、土壤化学改良

1. 施肥改良

土壤的施肥改良以有机肥为主。常与土壤深翻结合进行。常用的有机肥有堆肥、厩肥、土杂肥、鱼肥、禽肥、饼肥、人粪、绿肥以及城市中的垃圾等，这些有机肥均需经过腐熟发酵才可使用。有机肥含有各种大量元素、微量元素和包括氨基酸、激素、维生素、葡萄糖、酶、DNA、RNA等多种生理活性物质，营养全面；有机肥能增加土壤的腐殖质和孔隙度，缓冲土壤的酸碱度，改善土壤结构，提高土壤保水保肥能力，从而改善土壤的水、肥、气、热状况，能有效供给树木生长需要的营养。

2. 土壤酸碱度调节

土壤的酸碱度主要影响土壤微生物的活动、土壤的理化性质和土壤养分物质的转化与有效性。当土壤pH值过高时，则发生明显的钙对磷酸的固定，使土粒分散，结构被破坏；相反，当土壤pH值过低时，土壤中活性铁、铝增多，易与磷酸根离子结合形成不溶性的沉淀，造成磷素养分的无效化，同时，由于土壤吸附性氢离子多，易分解黏粒矿物，大部分盐基离子遭受淋失，不利于土壤良好结构的形成。

大多数园林树木适宜中性至微酸性的土壤。然而，我国许多城市的园林绿地酸性和碱性土面积较大。一般说来，我国南方城市的土壤pH偏低，北方偏高，所以，土壤酸碱度的调节是一项十分重要的土壤管理工作。

（1）土壤酸化　土壤酸化是指对偏碱性的土壤通过施用有机肥料、生理酸性肥料、硫黄等释酸物质进行调节，从而降低土壤的pH，达到酸性园林树种生长的需要。一般每亩施用30kg硫黄粉，可使土壤pH从8.0降到6.5左右。对盆栽园林树木也可用1 ∶ 180的硫酸亚铁或1 ∶ 50的硫酸铝钾水溶液浇灌植株来降低pH。

（2）土壤碱化　土壤碱化是指对偏酸的土壤向土壤中施加石灰石粉（碳酸钙粉）、草木灰等碱性物质，使土壤pH有所提高，达到一些碱性树种生长需要。使用时，石灰石粉越细越好，一般用300 ～ 450目的较适宜，这样可增加土壤内的离子交换强度，以达到调节土壤pH的目的。

石灰石粉的施用量（把酸性土壤调节到要求的pH范围所需要的石灰石粉用量）应根据土壤中交换性酸的数量确定。石灰石粉需要量的理论值可按如下公式计算：石灰施用量理论值=土壤体积×土壤容重×阳离子交换量×（1－盐基饱和度）。在实际应用过程中，这个理论值还应根据石灰的化学形态不同乘以一个相应的经验系数。石灰石粉的经验系数一般取1.3 ～ 1.5。

五、疏松剂改良

土壤疏松剂可大致分为有机、无机和高分子三种类型，它们的功能分别表现在：膨松土壤，提高置换容量，促进微生物活动；增多孔穴，协调保水与通气、透水性；使土壤粒子团粒化。目前，我国大量使用的疏松剂以有机类型为主，如泥炭、腐殖土、腐叶土、家畜厩肥、谷糠、锯末粉等，这些材料来源广泛，价格便宜，效果较好，但在运用过程中要注意腐熟，并在土壤中混合均匀。近年来，有不少国家已开始大量使用聚丙烯酰胺等人工合成的高分子化合物疏松剂来改良土壤的结构和生物学活性，调节土壤酸碱度，提高土壤肥力。

六、土壤生物改良

1. 植物改良

通过有计划地种植地被植物来达到改良土壤的目的。所谓地被植物是指那些株丛密集、低矮，铺展能力强，经简单管理即可用于代替草坪覆盖在地表、防止水土流失，能吸附尘土、净化空气、减弱噪声、消除污染并具有一定观赏和经济价值，能生长在城市园林绿地植物群落底层的一类植物。它们不仅包括多年生低矮草本植物，还有一些适应性较强的低矮、匍匐型的灌木和藤本植物。常见种类有五加、地瓜藤、马蹄金、萱草、麦冬、沿阶草、金丝桃、金丝梅、地锦、络石、扶芳藤、胡枝子、玉簪、百合、鸢尾、酢浆草、金银花、常春藤、荆条、三叶草、二月兰、虞美人、羽扇豆、草木樨、香豌豆等，各地可根据实际情况灵活选用。

在应用时，应根据植物习性互补的原则选用种类，要正确处理好种间关系，防止对园林树木的生长造成负面影响。

2. 动物改良

在自然土壤中，生存着大量的昆虫、线虫、环虫、软体动物、节肢动物、原生动物、细菌、真菌、放线菌等，它们对土壤改良具有积极意义。例如土壤中的蚯蚓，对土壤混合、团粒结构的形成及土壤通气状况的改善都有很大益处；又如一些微生物，它们数量大，繁殖快，活动性强，能促进岩石风化和养分释放，加快动植物残体的分解，有助于土壤的形成和营养物质的转化，所以，利用有益动物是改良土壤的好办法。

利用动物改良土壤，可以从两方面入手，一方面是加强土壤中现有有益动物种类的保护，对土壤施肥、农药使用、土壤与水体污染等进行严格控制，为动物创造一个良好的生存环境；另一方面，推广使用固氮菌、根瘤菌、钾细菌、磷细菌等生物肥料，这些生物肥料含有多种微生物，它们生命活动的分泌物与代谢产物，既能直接给园林树木提供某些营养元素、激素类物质、各种酶等，刺激树木根系生长，又能改善土壤的理化性能。

七、防治土壤污染

土壤污染是指土壤中积累的有毒或有害物质超过了土壤自净能力，从而对园林树木正常生长发育造成伤害。土壤污染一方面直接影响园林树木的生长，使许多园林树木的根系中毒，丧失吸收功能；另一方面，土壤污染还导致土壤结构破坏，肥力衰竭，引发地下水、地表水及大气等连锁污染，因此，土壤污染是一个不容忽视的环境问题。

1. 土壤污染类型

城市园林土壤污染主要来自工业和生活两大方面，根据土壤污染的途径不同，可分为以下几种。

（1）水质污染　由工业污水与生活污水排放、灌溉而引起的土壤污染。污水中含有大量的汞、镉、铜、锌、铬、铅、镍、砷、硒等有毒重金属元素，对树木根系造成直接毒害。

（2）固体废弃物污染　包括工业废弃物、城市生活垃圾及污泥等。固体废弃物不仅占用大片土地，并随运输迁移不断扩大污染面，而且含有重金属及有毒化学物质。

（3）大气污染　即工业废气、家庭燃气以及汽车尾气对土壤造成的污染。大气污染中最常见的是SO_2或HF，它们分别以硫酸和氢氟酸的形式随降水进入土壤，前者可形成酸雨，导致土壤不同程度的酸化，破坏土壤理化性质，后者则使土壤中可溶性氟含量增高，对树木造成毒害。

（4）其他污染　包括石油污染、放射性物质污染、化肥、农药等。

2. 防治土壤污染的措施

（1）管理措施　严格控制污染源，禁止工业、生活污染物向城市园林绿地排放，加强污水灌溉区的监测与管理，各类污水必须净化后方可用于园林树木的灌溉；加大园林绿地中各类固体废弃物的清理力度，及时清除、运走有毒垃圾、污泥等。

（2）生产措施　合理施用化肥和农药，执行科学的施肥制度，大力发展复合肥、可控释放型等新型肥料，增施有机肥，提高土壤环境容量；在某些重金属污染的土壤中，加入石灰、膨润土、沸石等土壤改良剂，控制重金属元素的迁移与转化，降低土壤污染物的水溶性、扩散性和生物有效性；采用低量或超低量喷洒农药方法，使用药量少、药效高的农药，严格控制剧毒及有机磷、有机氯农药的使用范围；广泛选用吸毒、抗毒能力强的园林树种。

（3）工程措施　常见的有培土、客土、去表土、翻土等。客土法就是向污染土壤中加入大量的干净土壤，在表层混合，使污染物浓度降到临界浓度以下；换土就是把污染土壤清走，换入干净的土壤。除此之外，工程措施还有隔离法、清洗法、热处理法以及近年来为国外采用的电化学法等。工程措施治理土壤污染效果彻底，是一种治本措施，但投资较大。

任务5.2 园林树木施肥管理

任务分析

可完成园林树木土壤施肥和根外追肥，重点选用观花或观果小乔木进行操作。使其观赏效果更佳要根据施肥原则、肥料种类和施肥类型确定施肥量。

任务实施

【材料与工具准备】

铁锹、耙子、肥料、喷雾器、天平、水管等。

【实施过程】

1. 施肥方式确定。
2. 土壤施肥。
3. 根外追肥。

【注意事项】

1. 有机肥要充分发酵、腐熟后施用。
2. 化肥必须完全粉碎成粉状。
3. 施肥后必须及时适量灌水，防止局部土壤溶液浓度过大，对树根不利。
4. 根外追肥，最好于傍晚喷施。
5. 城市绿地施肥应考虑市容与卫生方面的问题。

任务考核

任务考核从职业素养和职业技能两方面进行评价，标准见表5-2。

表5-2 园林树木施肥管理任务的考核标准

考核内容		考核标准	考核分值
职业素养	职业道德 职业态度 职业习惯	忠于职守，乐于奉献；实事求是，不弄虚作假；积极主动，操作认真；善始善终，爱护公物	30
职业技能	任务操作	施肥方法选择得当，操作技术规范； 施肥量合理	30 30
	总结创新	总结出不同绿地适当的施肥方法	10

理论认知

所有的绿色植物都一样，园林树木在生长过程中也需要多种营养元素，并不断从周围环境，特别是土壤中摄取各种营养成分。园林树木定植在一个地方后，要生长多年甚至上千年，主要靠根系从土壤中吸收水分与矿物质，以供正常生长的需要。因此，在园林树木定植后的一生中，要不断给予养分的补充，提高土壤肥力，以满足其生活的需要。施肥是改善树木营养状况、提高土壤肥力的积极措施。通过施肥可以供给树木生活所必需的养分；改善土壤性质，促进树木生长。

一、合理施肥的原则

1. 根据树种需肥特性

油松、落叶松、云杉等针叶树在生长初期需要大量氮肥，生长旺盛期主要吸收磷肥；榆树、杨树、柳树等阔叶树种几乎在整个生长季都吸收氮肥；观花树木在花后大量吸收钾肥，果实膨大期达到吸收高峰。生长量大、生长速度快的如杨树、泡桐等比生长速度慢、耐瘠薄树种如油松、黄杨等需肥量大；桂花、茶花喜猪粪，忌人粪尿；杜鹃、茶花、栀子等南方花卉忌碱性肥料；需要每年重剪的花卉需加大磷、钾肥的比例，以利抽发新枝。

2. 根据生长发育阶段

总体上讲，随着树木生长旺盛期的到来，需肥量逐渐增加，生长旺盛期以前或以后需肥量相对较少，休眠期基本不需要施肥；在抽枝展叶的营养生长阶段，树木对氮素的需求量大，而生殖生长阶段则以磷、钾及其他微量元素为主。根据园林树木物候期差异，施肥方案上有萌芽肥、抽枝肥、花前肥、花后肥以及壮花稳果肥等。就生命周期而言，一般处于幼年期的树种，尤其是幼年的针叶树种生长需要大量的化肥，到成年阶段，对氮素的需要量减少；对古树大树供给更多的微量元素有助于增强其对不良环境因子的抵抗力。

3. 根据树木用途

一般讲，观叶、观形树种需要较多的氮肥，而观花观果树种对磷、钾肥的需求量大。调查表明，城市里的行道树大多缺少钾、镁、磷、硼、锰、硝态氮等元素，而钙、钠等元素又常过量。也有人认为，对行道树、庭荫树、绿篱树树种施肥，应以饼肥、化肥为主，郊区绿化树种可更多地施用人粪尿和土杂肥。

4. 根据土壤条件

树木吸肥不仅取决于植物的生物学特性，还受土壤的含水量、土壤酸碱度、土壤溶液浓度等的影响。例如，土壤水分缺乏时施肥有害无利，由于肥分浓度过高，树木不能吸收利用反而遭毒害；积水或多雨时又容易使养分被淋洗流失，降低肥料利用率。土壤酸碱度直接影响营养元素的溶解度，在酸性反应条件下，有利于阴离子硝态氮的吸收；而碱性反应条件下，有利于阳离子铵态氮的吸收。有些元素，如铁、硼、锌、铜，在酸性条件下易溶解，有效性高；当土壤呈中性或碱性时，有效性降低；另一些元素，如钼，则相反，其有效性随碱性提高而增强。

5. 根据气候条件

气温和降雨量是影响施肥的主要气候因子。低温时不仅减缓土壤养分的转化，而且削弱树木对养分的吸收功能。试验表明，在各种元素中，磷是受低温抑制最大的一种元素。雨量多寡主要通过土壤过干过湿来左右营养元素的释放、淋失及固定。干旱常导致发生缺硼、钾及磷，多雨则容易促发缺镁。另外，光照充足、温度适宜、光合作用强，根系吸肥就多。

6. 根据营养诊断

目前，园林树木施肥的营养诊断方法主要有土样分析、叶样分析、植株叶片颜色诊断以及植株外观综合诊断等，不过，叶样与土样分析均需要一定的仪器设备条件，其在生产上的广泛应用受到一定限制，植株叶片颜色诊断和植株外观综合诊断则需有一定的实践经验。

7. 根据肥料性质

肥料的性质不同，不但影响施肥的时期、方法、施肥量，而且还关系到土壤的理化性状。一些易流失和易挥发的速效性或施后易被土壤固定的肥料，如碳酸氢铵、过磷酸钙等，宜在树木需肥期稍前施入，而迟效性肥料，如有机肥，因腐烂分解后才能被树木吸收利用，故应提前施入。氮肥在土壤中移动性强，即使浅施也能渗透到根系分布层内，供树木吸收利用，磷、钾肥移动性差，故宜深施，尤其磷肥需施在根系分布层内，才有利于根系吸收。对化肥类肥料，施肥用量应本着宜淡不宜浓的原则，否则，容易烧伤树木根系。生产上，一般将有机与无机、大量元素与微量元素、酸性与碱性、速效性与缓效性等肥结合施用，提倡复合配方施肥，以扬长避短，优势互补。

二、园林树木的肥料种类

根据肥料的性质及使用效果，园林树木用肥大致包括有机肥料、化学肥料和微生物肥料三大类。

1. 有机肥料

有机肥料是指能提供植物多种无机养分和有机养分，含有丰富有机质，又能培肥改良土壤的一类肥料，有完全肥料之称。常用的有堆沤肥、粪尿肥、饼肥、绿肥、泥炭、腐殖酸类肥料等，一般以基肥形式施用，必须堆积腐熟后施用。有机肥含有多种养分，既能促进树木生长，又能保水保肥；其养分大多为有机态，供肥时间较长；有机质含量高，有改土作用。但大多数有机肥氮含量低，肥效来得慢，施用量大，对环境卫生也有不利的影响。

2. 化学肥料

化学肥料又被称为化肥、矿质肥料、无机肥料，由物理或化学工业方法制成，其养分形态为无机盐或化合物。化学肥料种类很多，按植物生长所需要的营养元素种类，可分为氮肥、磷肥、钾肥、钙肥、镁肥、硫肥、微量元素肥料、复合肥料、草木灰、农用盐等。它们大多属于速效性肥料，供肥快，能及时满足树木生长需要，一般以追肥形式使用。化学肥料有养分含量高、施用量少的优点，但无改土作用，养分种类也比较单一，肥效不能持久，而且容易挥发、淋失或发生强烈的固定，从而降低肥料的利用率。

3. 微生物肥料

生物肥也称微生物肥料、菌肥、细菌肥及接种剂等。确切地说，生物肥是菌而不是肥，因为它本身并不含有植物需要的营养元素，而是含有大量的微生物，它通过这些微生物的生命活动，来改善植物的营养条件。依据生产菌株的种类和性能，生产上使用的生物肥有固氮菌肥、根瘤菌肥、磷细菌肥及复合微生物肥等几大类。使用菌肥要具备一定的条件，才能确保菌种的生命活力和菌肥的功效，如强光照射、高温、接触农药等，都有可能会杀死微生物，又如固氮菌肥，要在土壤通气条件好、水分充足、有机质含量稍高的条件下，才能保证细菌的生长和繁殖；生物肥一般不宜单施，一定要与化学肥料、有机肥料配合施用，才能充分发挥其应有作用，而且微生物生长、繁殖也需要一定的营养物质。

三、园林树木施肥的类型

根据肥料的性质以及施用时期，园林树木的施肥包括以下两种类型。

1. 基肥

基肥是长期供给树木多种养分的基础性肥料，以迟效性有机肥料为主，如堆肥、圈肥、厩肥、粪肥、绿肥等。冬季寒冷地区，基肥以秋施为好；冬季温暖地区，多习惯于冬春施。栽植前施入基肥有利于疏松土壤，提高土壤孔隙度，改善土壤理化性状，有利于微生物的活动，并能供给树木所需的大量元素和微量元素。基肥的肥效较长，施用次数较少，但用量较大。基肥大多结合春季或秋季土壤深翻进行。

2. 追肥

追肥又称补肥，根据树木各物候期的需肥特点，补充生长关键时期肥料的不足，调节树木生长发育的矛盾。追肥一般多为速效性无机肥。具体追肥时间，则与树种、品种习性以及气候、树龄、用途等有关。如对于大多数园林树木来说，在新梢旺长期追肥常常是必要的，而观花、观果树木的花芽分化期和花后追肥尤为重要。晴天且土壤干燥时追肥好于雨天追肥，风景点宜在傍晚游人稀少时追肥。与基肥相比，追肥一次性用肥量较少，但施用的次数较多；对于庭荫树、行道树、观花树等，每年需进行2～3次追肥。

四、园林树木的施肥量

施肥量受树种、树体大小、树龄、土壤、物候期、肥料等多种因素影响，没有统一标准。施肥量的确定可按下列几个原则进行。

1. 根据不同树种而异

树种不同，对养分的需求也不一样，施用的肥料种类也不同，如牡丹、梓树、梅花、桂花等树种喜肥沃土壤，刺槐、臭椿、悬铃木、沙棘、油松等则耐瘠薄的土壤；果树以及木本油料树种应增施磷肥，杜鹃花、山茶、栀子、八仙花等酸性花木应施酸性肥料；开花结果多的和树势衰弱的树应多施肥。

施肥量既要符合树体要求，又要以经济用肥为原则。施肥量过多或不足，对树木生长发育均有不良影响。

2. 根据叶片分析而定

树叶所含的营养元素量可反映树体的营养状况，应用叶片分析法来确定树木的施肥量，用此法不仅能查出肉眼见得到的症状，还能分析出多种营养元素的不足或过剩，以及能分辨两种不同元素引起的相似症状，而且能在病症出现前及早测知。

3. 根据土壤分析确定

根据土壤分析确定施肥量的依据更为科学和可靠。施肥量的计算应先测定出树木各器官每年从土壤中吸收各营养元素量，减去土壤中能供给量，同时要考虑肥料的损失。施肥量的计算公式为：

施肥量=（树木吸收肥料元素量－土壤供给量）/肥料利用率

近年来，国内外已开始应用计算机技术、营养诊断技术等先进手段，在对肥料成分、土壤及植株营养状况等给以综合分析判断的基础上，进行数据处理，很快计算出最佳的施肥量，使科学施肥、经济用肥发展到一个新阶段。

五、园林树木施肥方法

依树木吸收肥料元素的部位不同，园林树木施肥主要有土壤施肥和根外追肥两类。

（一）土壤施肥

土壤施肥就是将肥料直接施入土壤中，然后通过树木根系进行吸收的施肥，是园林树木施肥的主要方法。土壤施肥方法要与树木根系的分布特点相适应，树根有较强的趋肥性，为使树根向深、广处发展，把肥料施在距根系集中分布稍深、稍远的地方或根系的集中分布区，以利根系的生长和吸收，充分发挥肥效。

树木的根主要集中分布在地下40～80cm深的范围内，具有吸收功能的根分布在20cm左右深的土层内；根系的水平分布范围，多数与树木的冠幅大小相一致，即主要分布在树冠外围边缘的圆周内，所以，应在树冠外围于地面的垂直投影处附近挖掘施肥沟或施肥坑。由于许多园林树木常常都经过了造型修剪，树冠冠幅被大大缩小，这就给确定施肥范围带来困难。有人建议，在这种情况下，可以将离地面30cm高处的树干直径值扩大10倍，以此数据为半径、树干为圆心，在地面做出的圆周边即为吸收根的分布区，也就是说该圆周附近处即为施肥范围。

事实上，具体的施肥深度和范围还与树种、树龄、土壤和肥料种类等有关。深根性树种、沙地、坡地、基肥以及移动性差的肥料等，施肥时，宜深不宜浅，相反，可适当浅施；随着树龄增加，施肥时要逐年加深，并扩大施肥范围，以满足树木根系不断扩大的需要。对多数园林树木来说，不必每年都施，可以根据需要，隔几年施一次。常见的土壤施肥方法有全面施肥、沟状施肥和穴状施肥。

1. 全面施肥

分撒施与水施两种。撒施是将肥料均匀地撒布于园林树木生长的地面，然后再翻入土中。这种施肥方法简单，操作方便，肥效均匀，但因施入较浅，养分流失严重，用肥量大，并诱导根系上浮，降低根系抗性，此法若与其他方法交替使用，则可取长补短，发挥肥料的更大功效。水施主要是与喷灌、滴灌结合进行施肥。水施供肥及时，肥效分布均匀，既不伤根系，又保护耕作层土壤结构，节省劳力，肥料利用率高，是一种很有发展潜力的施肥方式。

2. 沟状施肥

沟状施肥包括环状沟施、放射状沟施和条状沟施，其中以环状沟施较为普遍。环状沟施是沿树冠正投影线外缘，开挖30～40cm宽的环状沟，将肥料施入沟内，上面覆土适踩，使与地面平。这种方法可保证树木根系吸肥均匀，适用于青、壮龄树。一般施肥沟深30～60cm，它具有操作简便、用肥经济的优点，但易伤水平根，多适用于园林孤植树。放射状沟施以树干为中心，距干不远处开始，由浅而深，挖4～6条分布均匀呈放射状的沟，沟长稍超出树冠正投影的外缘。将肥料施入沟内，上覆土适踩使与地面平。这种方法可保证内膛根也能吸收肥分，对壮、老龄树适用，较环状沟施伤根要少，但施肥部位也有一定局限性。条状沟施是在树木行间或株间开沟施肥，多适合苗圃里的树木或呈行列式布置的树木。

3. 穴状施肥

在树冠正投影的外缘挖数个分布均匀的洞穴，将肥施入后，上覆土适踩，使与地面平。这种方法操作方便省工，对壮龄前的草坪适用。穴状施肥与沟状施肥很相似，若将沟状施肥中的施肥沟变为施肥穴或坑就成了穴状施肥，栽植树木时的基肥施入实际上就是穴状施肥。生产上，以环状穴施居多。施肥时，施肥穴同样沿树冠在地面投影线附近分布，不过，施肥穴可为2～4圈，呈同心圆环状，内外圈中的施肥穴应交错排列，因此，该种方法伤根较少，而且肥效较均匀。目前，国外穴状施肥已实现了机械化操作，即把配制好的肥料装入特制容器内，依靠空气压缩机，通过钢钻直接将肥料送入到土壤中，供树木根系吸收利用。这种方法快速省工，对地面破坏小，特别适合城市里铺装地面中树木的施肥。

（二）根外施肥

根外施肥使用简单、肥效快、可满足树木的急需、避免土壤的固定，将易于吸收和利用的无机肥料配成溶液，向叶片的背面喷施。

1. 叶面施肥

叶面施肥实际上就是水施。它是用机械的方法，将化肥按一定的比例对水稀释后，用喷雾器喷施于树叶上。由于直接由地上叶片吸收利用，也可以结合打药混入喷施。将按一定浓度要求配制好的肥料溶液，直接喷雾到树木的叶面上，再通过叶面气孔和角质层吸收后，转移运输到树体各个器官。叶面施肥具有用肥量小、吸收见效快、避免了营养元素在土壤中的化学或生物固定等优点，因此，在早春树木根系恢复吸收功能前、在缺水季节或缺水地区以及不便土壤施肥的地方，均可采用叶面施肥。同时，该方法还特别适合于微量元素的施用以及对树体高大、根系吸收能力衰竭的古树、大树的施肥。

叶面施肥的效果与叶龄、叶面结构、肥料性质、气温、湿度、风速等密切相关。幼叶生理机能旺盛，气孔所占比重较大，较老叶吸收速度快，效率高；叶背较叶面气孔多，且表皮层下具有较疏松的海绵组织，细胞间隙大而多，利于渗透和吸收，因此，应对树叶正反两面进行喷雾。肥料种类不同，进入叶内的速度有差异，如硝态氮、氯化镁喷后15秒进入叶内，而硫酸镁需30秒，氯化镁15分钟，氯化钾30分钟，硝酸钾1小时，铵态氮2小时才进入叶内。许多试验表明，叶面施肥最适温度为18～25℃，湿度大些效果好，因而夏季最好在上午10时以前和下午4时以后喷雾。

叶面施肥多作追肥用，生产上常与病虫害的防治结合进行，因而喷雾液的浓度选择至关重要。在没有足够把握的情况下，应宁淡勿浓。喷施前需作小型试验，确定不能引起药害，方可进行大面积喷施。

2. 枝干施肥

枝干施肥就是通过树木枝、茎的韧皮部来吸收肥料营养，它吸肥的机理和效果与叶面施肥基本相似。枝干施肥又大致有枝干涂抹和枝干注射两种方法，前者是先将树木枝干刻伤，然后在刻伤处加上固体药棉；后者是用专门的仪器来注射枝干，目前国内已有专用的树干注射器。枝干施肥主要可用于衰老古树、大树、珍稀树种、树桩盆景以及观花树木和大树移栽时的营养供给。例如，有人分别用浓度2%的柠檬酸铁溶液注射和用浓度1%的硫酸亚铁加尿素药棉涂抹栀子花枝干，在短期内就扭转了栀子花的缺绿症，效果十分明显。

任务5.3　园林树木水分管理

任务分析

调查园林树木需水特性并及时灌溉。根据园林树木生长发育需要、季节和雨水情况进行灌水，掌握各时期的管理性灌溉。

任务实施

【材料与工具准备】

铁锹、灌水工具、水源等。

【实施过程】

1. 调查树种以及气候、土壤等条件和园林树木灌水时期。
2. 根据园林树木生长发育需要进行管理性灌溉，灌水方法根据灌水条件选择。
3. 检查灌水深度和灌水量及时停止灌溉。

【注意事项】

1. 灌溉水温应与地温接近才对根系生长影响小。
2. 掌握生理缺水时期，避免树木从形态上显露出缺水症状后才灌溉。

任务考核

任务考核从职业素养和职业技能两方面进行评价，标准见表5-3。

表5-3 园林树木水分管理任务的考核标准

考核内容		考核标准	考核分值
职业素养	职业道德 职业态度 职业习惯	忠于职守，乐于奉献；实事求是，不弄虚作假；积极主动，操作认真；善始善终，爱护公物	30
职业技能	任务操作	灌溉方法选择得当，操作技术规范； 灌水量与深度合理	30 30
	总结创新	总结管理性灌溉技术	10

理论认知

一、水分管理的意义

在树木的整个生命过程中，不能缺水，过旱会影响其生命活动，但水分过多会使树木遭受水涝危害。园林树木的水分管理包括灌溉和排水，是根据各类园林树木的习性差异，通过各种技术措施和管理手段，来达到树木对水分科学合理的需求，保障水分的有效供给，达到园林树木健康生长和节约水资源的目的。园林树木水分科学管理的意义具体体现在以下三个方面。

1. 确保园林树木的生长发育及其功能发挥

水分是园林树木生存不可缺少的基本生活因子，园林树木的光合作用、蒸腾作用、物质运输、养分代谢等均须在适宜的水环境中进行，水对园林树木的生长发育影响很大。

2. 改善园林树木的生长环境

由于水的比热容大，在高温季节进行喷灌，除降低土温外，树木还可借助蒸腾作用来调节温度，提高空气湿度，防止因强光照射而引起“日烧”等伤害；对干旱的土壤灌水，可以改善微生物的生活状况，促进土壤有机质的分解；水分过多则会造成树木枝叶徒长，使树体的通风透光性变差，为病菌的滋生蔓延创造了条件。

3. 节约水资源，降低养护成本

制定科学合理的园林树木水分管理方案，实施先进的灌排技术，确保园林树木的水分需求，减少水资源的损失浪费，降低园林的养护管理费用，是我国城市园林的客观需要和必然选择。

二、园林树木的需水特性

正确了解园林树木的需水特性，是合理安排灌排工作，充分有效利用水资源的重要依据。园林树木需水特性与其树种品种、栽植年限、生长发育阶段、环境条件、园林树木用途和养护管理技术等因素有关。

1. 树种品种

树木种类、品种不同，自身的形态构造、生物学特性与生态学习性不同，对水分需求也不同。一般说来，生长速度快，生长期长，花、果、叶量大的种类需水量较大，相反需水量较小。因此，通常乔木比灌木，常绿树种比落叶树种，浅根性树种比深根性树种，阳性树种比阴性树种，中生、湿生树种比旱生树种需水更多。

2. 栽植年限

新植树木的根系损伤大，根系还未能与土壤密切接触，需要连续多次反复灌水，方能保证成

活。随着树木定植的年限延长，地上部分与地下部分逐步建立起了新的平衡，进入正常生长阶段，灌水次数逐渐减少。

3. 生长发育阶段

在年生长周期中，生长季的需水量一般大于休眠期；在生命周期中，种子萌发时需水量较大，特别是幼苗状态时，根系弱小，在土层中分布较浅，抗旱力差，必须经常保持表土适度湿润，以后随着植株根系的发达、体量的增大，总需水量增加，个体对水分的适应能力也有所增强。

在生长过程中，许多树木都有需水临界期，即对水分需求特别敏感的时期，缺水将严重影响树木的枝梢生长和花的发育，以后即使供给更多水分也难以补偿。因各地气候及树木种类不同，需水临界期也不同，呼吸、蒸腾作用最旺盛时期以及观果类树种果实迅速生长期都要求充足的水分。因此，要把握树木需水临界期的适当给水。

4. 环境条件

生长在不同地区的园林树木，受当地气候、地形、土壤等影响，其需水状况有差异。在气温高、日照强、空气干燥、风大的地区，叶面蒸腾和株间蒸发均会加强，树木的需水量就大，反之，则小些。土壤的质地、结构与灌水密切相关。如沙土，保水性较差，应“小水勤浇”，较黏重土壤保水力强，灌溉次数和灌水量均应适当减少。若种植地面经过了铺装，或因游人践踏严重，透气差的树木，还应给予经常性的地上喷雾，以补充土壤水分的不足。

5. 园林树木用途

在园林中，缺水对观花灌木、珍贵树种、孤植树、古大树等观赏价值高的树木以及新栽树木影响较大，因此要确保此类树木优先灌溉。

6. 养护管理技术

一般来讲，土壤经过合理的深翻、中耕、客土，施用有机肥，其结构性能好，可以减少土壤水分的消耗，因而灌水量较小。

三、园林树木的灌水

（一）灌水时期

正确的灌水时期对灌溉效果以及水资源的合理利用都有很大影响。理论上讲，科学的灌水是适时灌溉，也就是说在树木最需要水的时候及时灌溉。根据园林生产管理实际，将树木灌水时期分为以下两种类型。

1. 干旱性灌溉

干旱性灌溉是指在发生土壤、大气严重干旱，土壤水分难以满足树木需要时进行的灌水。在我国，这种灌溉大多在久旱无雨、高温的夏季和早春等缺水时节，此时若不及时供水就有可能导致树木死亡。

根据土壤含水量和树木的萎蔫系数确定具体的灌水时间是较可靠的方法。一般认为，当土壤含水量为最大持水量的60% ～ 80%时，土壤中的空气与水分状况，符合大多数树木生长需要，因此，当土壤含水量低于最大持水量的60%以下，就应根据具体情况，决定是否需要灌水。随着科学技术和工业生产的发展，用仪器测定土壤中的水分状况，来指导灌水时间和灌水量已成为可能。国外在果园水分管理中早已使用土壤水分张力计，可以简便、快速、准确反映土壤水分状况，从而确定科学的灌水时间，此法值得推广。所谓萎蔫系数就是因干旱而导致园林树木外观出现明显伤害症状时的树木体内含水量。萎蔫系数因树种和生长环境不同而异。人们完全可以通过栽培观察试验，很简单地测定出各种树木的萎蔫系数，为确定灌水时间提供依据。

2. 管理性灌溉

管理性灌溉是根据园林树木生长发育需要，而在某个特殊时段进行的灌水，实际上就是在树木需水临界期的灌水。例如，在栽植树木时，要浇大量的定根水；在我国北方地区，树木休眠前要灌“冻水”或“封冻水”；许多树木在生长期间，要浇展叶水、抽梢水、花芽分化水、花蕾水、花前水、花后水等。管理性灌溉的时间主要根据树种自身的生长发育规律而定。总之，灌水的时期应根据树种以及气候、土壤等条件而定，具体灌溉时间则因季节而异。夏季灌溉应在清晨和傍晚，此时水温与地温接近，对根系生长影响小，冬季因晨夕气温较低，灌溉宜在中午前后。此外，还值得注意的是，不能等到树木已从形态上显露出缺水受害症状时才灌溉，而是要在树木从生理上受到缺水影响时就开始灌水。

（二）灌水量

灌水量与树种、品种、砧木以及土质、气候条件、植株大小、生长状况等有关，耐旱树种灌水量要少些，不耐旱树种灌水量要多些。最适宜的灌水量应在灌溉后，使树木根系分布范围内的土壤湿度达到最有利于树木生长发育的程度，即达到土壤最大持水量的60%～80%。必须一次灌透，切忌表土打湿而底土仍然干燥。一般已达花龄的乔木，大多应浇水令其渗透到80～100cm深处。最好采取小水灌透的原则，使水慢慢渗入土中。

根据不同土壤的持水量、灌溉前的土壤湿度、土壤容重、要求土壤浸湿的深度，可计算出一定面积的灌水量，公式如下：

灌水量=灌溉面积×土壤浸湿深度×土壤容重×（田间持水量－灌溉前土壤湿度）

灌溉前的土壤湿度，每次灌水前均应测定，田间持水量、土壤容重、土壤浸湿深度等项，可数年测定一次。

应用此公式计算出的灌水量，要根据树种、品种、不同生命周期、物候期，以及温度、日照、风、干旱持续期的长短等因素，进行实际调整，以便更符合实际需要。

如果在树木生长地安置张力计，则不必计算灌水量，灌水量和灌水时间均可由真空计器的读数表示出来。

（三）灌水方法

正确的灌水方法，可使水分均匀分布，节约用水，减少土壤冲刷，保持土壤的良好结构，并充分发挥水效。常用的灌水方法有下列几种。

1. 人工浇灌

在山区及远离水源处，人工浇灌虽然费工多，效率低，但仍是一个必要的灌水方法。人工浇灌有人工挑水浇灌与人工水管浇灌两种。人工浇灌属于局部灌溉，灌水前应松土，并在树冠边缘投影处作好水穴（堰），使水容易渗透，灌溉后耙松表土，以减少水分蒸发。

2. 机械喷灌

这是一种比较先进的灌水技术，目前已广泛用于园林苗圃、园林草坪、果园等的灌溉。机械喷灌的优点是，由于灌溉水首先是以雾化状洒落在树体上，然后再通过树木枝叶逐渐下渗至地表，避免了对土壤的直接打击、冲刷，因此，基本上不产生深层渗漏和地表径流，既节约用水量，又减少了对土壤结构的破坏，可保持原有土壤的疏松状态，而且，机械喷灌还能迅速提高树木周围的空气湿度，控制局部环境温度的急剧变化，为树木生长创造良好条件。此外，机械喷灌对土地的平整度要求不高，可以节约劳力，提高工作效率。机械喷灌的缺点是，有可能加重某些园林树木感染真菌病害；灌水的均匀性受风力影响很大，风力过大，会增加水量损失；同时，喷灌的设备价格和管理维护费用较高，使其应用范围受到一定限制。但总体上讲，机械喷灌还是一种发展潜力巨大的灌溉技术，值得大力推广应用。机械喷灌系统一般由水源、动力、水泵、输水管道及喷头等部分组成。

3. 汽车喷灌

汽车喷灌实际上是一座小型的移动式机械喷灌系统，目前，它多由城市洒水车改建而成，在汽车上安装储水箱、水泵、水管及喷头组成一个完整的喷灌系统，灌溉的效果与机械喷灌相似。由于汽车喷灌具有移动灵活的优点，因而常用于城市街道行道树的灌水。

4. 滴灌

这是近年来发展起来的机械化与自动化的先进灌溉技术，它是将灌溉用水以水滴或细小水流形式，缓慢地施于植物根域的灌水方法。滴灌的效果与机械喷灌相似，但比机械喷灌更节约用水。不过滴灌对小气候的调节作用较差，而且耗管材多，对用水要求严格，容易堵塞管道和滴头。目前国内外已发展到自动化滴灌装置，其自动控制方法可分时间控制法、电力抵抗法和土壤水分张力计自动控制法等，而广泛用于蔬菜、花卉的设施栽培生产中。滴灌系统的主要组成部分包括水泵、化肥罐、过滤器、输水管、灌水管和滴水管等。

5. 渗灌

这是目前应用较普遍的一种地下灌水方式，其主要组成部分是地下管道系统。地下管道系统包括输水管道和渗水管道两大部分。输水管道两端分别与水源和渗水管道连接，将灌溉水输送至灌溉地的渗水管道，做成暗渠和明渠均可，但应有一定比降。渗水管道的作用在于通过管道上的小孔，使管道中的水渗入土壤中，管道的种类众多，制作材料也多种多样，例如有专门烧制的多孔瓦管、多孔水泥管、竹管以及波纹塑料管等，生产上应用较多的是多孔瓦管。

（四）灌溉中的注意问题

1. 灌溉水的质量

灌溉水水质的好坏直接影响园林树木的生长。园林树木灌溉用水以软水为宜，不能含有过多的对树木生长有害的有机、无机盐类和有毒元素及其化合物，一般有毒可溶性盐类含量不超过1.8g/L，水温与气温或地温接近。用于园林绿地树木灌溉的水源有河水、地表径流水、雨水、泉水、井水及自来水等，由于这些水中的可溶性物质、悬浮物质以及水温等的差异，对园林树木生长及水的使用有不同影响。如河水中常含有泥沙和藻类植物，若用于喷、滴灌水时，容易堵塞喷头和滴头；地表径流水则含有较多的树木可利用的有机质及矿质元素；雨水含有较多的CO_2、氨和硝酸；自来水中含有氯，这些物质不利于树木生长，且费用高；而井水和泉水温度较低，伤害树木根系，需贮于蓄水池中，经过一段时间增温充气后方可利用。

2. 灌溉的时间

夏季可早晚进行灌溉，因为中午温度高，一灌冷水，土温骤降，会造成根部吸水困难，引起生理干旱。

3. 生长后期停止灌溉并及时灌封冻水

9月以后，树木枝梢已停止生长，进入成熟阶段，如灌水不当，易引起再次徒长，降低树木的越冬性。在北方土壤封冻前进行一次封冻水灌溉，有利于越冬及防止枝条冬春冻旱的发生。

4. 要土、肥、水管理配合进行

施肥后要及时灌水，尤其干旱期间追肥后会加重旱情。灌水前要做到土壤疏松，土表不板结，以利水分渗透，待土表稍干后，应及时加盖细干土或中耕松土，减少水分蒸发。

5. 灌溉要适时适量

灌溉要及时，防止树木处于干旱环境，造成旱害。水量足、灌得匀是最基本的质量要求，灌溉时要经常注意土壤水分的适宜状态，要争取一次灌透。如果多次频繁浅灌，易使根系上浮，降低树木的抗风性和抗旱性；过量灌溉则会造成树木根系窒息。

四、园林树木的排水

树木生长离不开水分，但水分太多，对树木也很不利，因为土壤中的水分与空气是互为消长的。土壤含水过多，达饱和状态时，所有空隙都被水分占满，土中空气都被排挤，造成缺氧，使根系的呼吸作用受到阻碍，影响吸收的正常功能，轻则生长不良，时间一长还会使树根窒息、腐烂致死。同时，土壤内缺氧，使好气微生物的活动受到抑制，影响有机物的分解；而且由于根系进行无氧呼吸，会产生酒精等有害物质，使蛋白质凝固。所以低洼处，在雨季期间要做好防涝工作，平时也要防止积水，这是极为重要的树木养护工作项目。排水的作用是减少土壤中多余的水分，增加土壤空气的含量，促进土壤空气与大气的交流，提高土壤温度，激发好气性微生物活动，加快有机质的分解，改善树木营养状况，使土壤的理化性状全面改善。

园林树木的排水方法通常有地面排水、明沟排水、暗沟排水和滤水层排水四种。

1. 地面排水

开建绿地时，设计者需将地面设计成0.1% ～ 0.3%的坡度，通过道路、广场等地面，汇聚雨水，然后集中到路边的排水沟，导入市政排水渠内，从而避免绿地树木遭受水淹。这是目前绿地最常采用的一种经济排涝方法。

2. 明沟排水

在地面上挖明沟，排除径流，是由主排水沟、支排水沟以及小排水沟等组成一个完整的排水系统，在地势最低处设置总排水沟。此法适用于大雨后抢救性排除积水，在地势高低不平，实在不好实现地表径流的绿地，明沟的宽窄视当地水情而定，沟底坡度一般以0.2% ～ 0.5%为宜。

3. 暗沟排水

暗沟是指在地下埋设管道或用砖砌筑暗沟，形成地下排水系统，将地下水降到要求的深度。暗沟排水的管道多由塑料管、混凝土管或瓦管做成。此法可保持地面原貌，又方便交通，节约用地，但造价较高。

4. 滤水层排水

对一些极不耐水湿的树种，或在低洼积水地或透水性极差的地方栽种树木时，在树木生长的土壤下面填埋一定深度的煤渣或碎石等材料，形成滤水层，并在周围设置排水孔，当遇有积水时能及时排除。这种排水方法是一种地下排水方法，只能小范围使用，起到局部排水的作用。

项目测评

为实现本项目目标，要求学生完成表5-4中的作业，并为老师提供充分的评价证据。

表5-4 园林树木土肥水管理项目测评标准

任务	合格标准（P）$=\sum P_n$		良好标准（M）＝合格标准$+\sum M_n$		优秀标准（D）＝良好标准$+\sum D_n$	
任务一	P_1	园林树木栽植前如何根据土壤类型进行整地？	M_1	土壤深翻熟化的作用和深度	D_1	论述园林树木栽植地的综合土壤改良技术
	P_2	分析肥沃土壤的基本特征				
任务二	P_3	根据不同地块分析园林施肥方法和肥料种类	M_2	如何确定园林树木的施肥量？	D_2	讨论合理进行园林树木土肥水综合管理技术
	P_4	合理施肥的原则有哪些？				
任务三	P_5	树木灌水方法及注意事项	M_3	分析园林树木需水特性与哪些因素有关		
	P_6	园林绿化中如何考虑排水问题？				

课外研究

园林要走可持续发展之路

“快速园林化”不符合我国城市园林绿化发展的方向。只有按照我国制定的可持续发展战略来进行规划和管理，城市园林绿化才能走上良性发展轨道。

在谈论风景园林行业的“可持续发展”这个问题之前，先要了解该行业的工作领域及文化内涵。当前风景园林涉足的领域主要是园林绿化和风景名胜建设；其文化内涵是以土地为载体、以自然为源泉、以游乐为目的，反映人们自然观的艺术创作，核心是展现人与自然的和谐。改革开放以来，与城市化息息相关的城市园林绿化有了长足的进步，而风景名胜，以及城市外围的自然和乡村环境建设则相对滞后，甚至面临着工业化和城市化带来的威胁。

近20年来，大规模的城市园林绿化运动使城市风貌迅速得到改观，城市生态环境有所改善。然而，这种“快速园林化”产生的“快餐式”园林绿地不仅存在着“千园一面”的弊病，而且建设和维护费用高昂。城市的自然特征尽失，园林绿化的生态环境功能未能得到充分发挥。不断增多的园林绿地和不断提高的管养成本，逐渐成为一些地方财政难以承受的重负，许多园林绿地整体质量下降。

园林绿地建设往往成为形象工程，相反，城市应有的自然特征渐渐消失。园林绿地建设过分人工化，大量的“艺术小品”和“文化符号”不仅增加了建设成本，而且大多因粗制滥造而导致“艺术生命”短暂。

“快速园林化”带来的另外两个问题则是行业标准的严重缺失和从业人员的鱼龙混杂。行业管理的薄弱、标准法规的缺失、入行门槛的低下，导致形形色色的人员涌入这一行业，行业规模急剧膨胀，整体水平却急速下降。甚至在商业利益的诱惑下，从业人员的创新精神和职业操守都十分淡薄。

党的十六届三中全会明确指出：“‘可持续发展’就是要促进人与自然的和谐，实现经济发展和人口、资源、环境相协调。”这一城市化的新内涵既是风景园林行业“可持续发展”的根本保障，也向从业人员提出了更高的要求。一方面，大量的城市园林绿地亟须进行自然化、生态化改造，新型城市化模式呼唤更生态、更环保、低成本、易维护的园林绿化模式；另一方面，高速公路、铁路、水利等基础设施建设的进一步发展，必然带来大量的与生态环境保护和修复相结合的风景园林整治工程。风景园林行业的“可持续发展”之路就在于抓住这一难得的契机，从城市园林绿化和自然环境整治这两方面入手，探索风景园林行业发展的新模式。

为了实现风景园林行业的“可持续发展”，管理部门和从业人员首先要认清风景园林行业的本质特征和社会定位，真正实现“人”与“自然”的和谐发展。

项目六　树木自然灾害及损伤养护

技能目标

掌握园林树木各种自然灾害防治措施和园林树木损伤养护措施。

知识目标

了解园林树木自然灾害的类型和防治原理，掌握园林树木损伤养护机理。

地球上的自然变异，包括人类活动诱发的自然变异，无时无地不在发生，当这种变异给人类社会或生物带来危害时，即构成自然灾害。冻害、寒害、干旱、涝害、盐害等自然灾害常常威胁着植物的生存与生长发育。因此，如何防治各种自然灾害和及时修复也是园林养护管理的主要技术环节。

任务6.1 自然灾害防治

任务分析

重点进行园林树木冻害的防治操作。根据树种的抗寒特性和实际条件，选择适宜的防寒措施进行有效的防治。

任务实施

【材料与工具准备】

各种园林植物、铁锹、草帘、草绳、石灰、食盐、水、石硫合剂、桶、水管等。

【实施过程】

1. 了解各树种冬季冻害发生情况。
2. 进行冻害防治操作，防治方法可选用灌冻水、根颈培土、覆土、扣筐（篓）或扣盆、架风障、涂白与喷白、培月牙形土堆、卷干、包草等。
3. 调查防冻效果。

【注意事项】

1. 冻害防护措施要在土壤上冻前完成。
2. 不同的防冻措施效果不同，应该根据具体树木特点进行。

任务考核

任务考核从职业素养和职业技能两方面进行评价，标准见表6-1。

表6-1 自然灾害防治任务的考核标准

考核内容		考核标准	考核分值
职业素养	职业道德 职业态度 职业习惯	忠于职守，乐于奉献；实事求是，不弄虚作假；积极主动，操作认真；善始善终，爱护公物	30
职业技能	任务操作	防治方法选择得当； 操作技术规范	30 30
	总结创新	总结出不同树种适当的防治方法	10

理论认知

一、冻害

冻害主要指树木因受低温的伤害而使细胞和组织受伤，甚至死亡的现象。我国气候条件虽然比较优越，但是由于树木种类繁多，分布广，而且常常有寒流侵袭，因此，冻害的发生仍较普遍。冻害对树木威胁很大，严重时常将数十年生大树冻死。

（一）树木冻害主要表现

1. 花芽

花芽是抗寒力较弱的器官，花芽冻害多发生在春季回暖时期，腋花芽较顶花芽的抗寒力强。花芽受冻后，内部变褐色，初期从表面上只看到芽鳞松散，不易鉴别，到后期则芽不萌发，干缩枯死。

2. 枝条

枝条的冻害与其成熟度有关。成熟的枝条，在休眠期以形成层最抗寒，皮层次之，而木质部、髓部最不抗寒。所以随受冻程度的加重，髓部、木质部先后变色，严重冻害时韧皮部受伤，如果形成层变色则枝条失去了恢复能力。但在生长期则以形成层抗寒力最差。

幼树在秋季因雨水过多贪青徒长，枝条生长不充实，易加重冻害，特别是成熟不良的先端对严寒敏感，常首先发生冻害。轻者髓部变色，较重时枝条脱水干缩，严重时枝条可能冻死。

多年生枝条发生冻害，常表现树皮局部冻伤，受冻部分最初稍微变色下陷，不易发现，如果用力挑开，可发现皮部已变褐；之后逐渐干枯死亡，皮部裂开和脱落，但是如果形成层未受冻，则可逐渐恢复。

3. 枝杈和基角枝

枝杈或主枝基角部分进入休眠较晚，位置比较隐蔽，输导组织发育不好，通过抗寒锻炼较迟，因此遇到低温或昼夜温差变化较大时，易引起冻害。

枝杈冻害有各种表现，有的受冻后皮层和形成层变褐色，而后干枝凹陷，有的树皮成块状冻坏，有的顺主干垂直冻裂形成劈枝。主枝与树干的基角愈小，枝杈基角冻害也愈严重。这些表现依冻害的程度和树种、品种而有不同。

4. 主干

主干受冻后有的形成纵裂，一般称为“冻裂”现象，树皮成块状脱离木质部，或沿裂缝向外卷折。一般生长过旺的幼树主干易受冻害，这些伤口极易招致腐烂病。

形成冻裂的原因是由于气温突然急剧降到零下，树皮迅速冷却收缩，致使主干组织内外张力不均，因而自外向内开裂，或树皮脱离木质部。树干“冻裂”常发生在夜间，随着气温的变暖，冻裂处又可逐渐愈合。

5. 根颈和根系

在一年中根颈停止生长最迟，进入休眠期最晚，而开始活动和解除休眠又较早，因此在温度骤然下降的情况下，根颈未能很好地通过抗寒锻炼，同时近地表处温度变化又剧烈，因而容易引起根颈的冻害。根颈受冻后，树皮先变色，以后干枯，可发生在局部，也可能成环状，根颈冻害对植株危害很大。

根系无休眠期，所以根系较地上部分耐寒力差。但根系在越冬时活动力明显减弱，故耐寒力较生长期略强。根系受冻后变褐，皮部易与木质部分离。一般粗根较细根耐寒力强，近地面的粗根由于地温低，较下层根系易受冻，新栽的树或幼树因根系小又浅，易受冻害，而大树则相当抗寒。

（二）造成冻害的有关因素

影响树木冻害发生的因素很复杂，从内因来说，与树种、品种、树龄、枝条成熟度、枝条休眠程度、低温来临状况、管理、生长势及当年枝条的成熟及休眠与否均有密切关系；从外因来说是与气象、地势、坡向、水体、土壤、栽培管理等因素分不开的。因此当发生冻害时，应多方面分析，找出主要矛盾，提出解决办法。

1. 树种、品种

不同的树种或不同的品种，其抗冻能力不一样。如樟子松比油松抗冻，油松比马尾松抗冻。同是梨属的秋子梨比白梨和沙梨抗冻。再如原产长江流域的梅品种比广东的黄梅抗寒。

2. 枝条内糖类变化

黄国振在研究梅花枝条中糖类变化动态与抗寒越冬力的关系时发现，在整个生长季节内，梅花与同属的北方抗寒树种杏及山桃一样，糖类主要以淀粉的形式存在。到生长期结束前，淀粉的积蓄达到最高，在枝条的环髓层及髓射线细胞内充满着淀粉粒。到11月上旬末，原产长江流域的梅品种与杏、山桃一样，淀粉粒开始明显溶蚀分解，至1月杏及山桃枝条中淀粉粒完全分解，而梅花枝条内始终残存淀粉的痕迹，没有彻底分解。而广州黄梅在入冬后，始终未观察到淀粉分解的现象。可见，越冬时枝条中淀粉转化的速度和程度与树种的抗寒越冬能力密切相关。从淀粉的转化表明，长江流域梅品种的抗寒力虽不及北方的杏、山桃，但具有一定的抗寒生理功能基础；而广州黄梅则完全不具备这种内在条件。同时还观察到梅花枝条皮部的氮素代谢动态与越冬力关系非常密切，越冬力较强的“单瓣玉蝶”比无越冬能力的广州黄梅有较高的含氮水平，特别是蛋白氮。

3. 枝条成熟度

枝条愈成熟其抗冻力愈强。枝条充分成熟的标志主要是：木质化程度高，含水量减少，细胞液浓度增加，积累淀粉多。在降温来临之前，如果还不能停止生长而进行抗寒锻炼的树木，都容易遭受冻害。

4. 枝条休眠

冻害的发生和树木的休眠和抗寒锻炼有关。

一般处在休眠状态的植株，抗寒力强，植株休眠愈深，抗寒力愈强。植物抗寒性的获得是在秋天和初冬期间逐渐发展起来的，这个过程称作“抗寒锻炼”，一般的植物通过抗寒锻炼才能获得抗寒性。到了春季，抗冻能力又逐渐趋于丧失，这一丧失过程称为“锻炼解除”。

树木春季解除休眠的早晚与冻害发生有密切关系。解除休眠早的，受早春低温威胁较大；休眠解除较晚的，可以避开早春低温的威胁。因此，冻害的发生一般常常不在绝对温度最低的休眠期，而常在秋末或春初时发生。所以说，越冬性不仅表现在对于低温的抵抗能力，而且表现在休眠期和解除休眠期后，对于综合环境条件的适应能力。

5. 低温来临的状况

当低温到来的时期早且突然，植物本身未经抗寒锻炼，人们也没有采用防寒措施时，很容易发生冻害；日极端最低温度越低，植物受冻害就越大；低温持续的时间越长，植物受害越大；降温速度越快，植物受害越重。此外，树木受低温影响后，如果温度急剧回升，则比缓慢回升受害严重。

6. 其他因素

（1）地势、坡向不同，小气候差异大　如在江苏、浙江一带种在山南面的柑橘比种在同样条件下山北面的柑橘受害重，因为山南面日夜温度变化较大，山北面日夜温差小。如江苏太湖东山的柑橘，每年山南面的橘子有些要发生冻害，而山北面的橘子则不发生冻害。在同样的条件下，土层浅的橘园比土层厚的橘园受害严重，因为土层厚，根扎深，根系发达，吸收的养分和水分多，植株健壮。

（2）水体对冻害的发生也有一定的影响　在同一个地区位于水源较近的橘园比离水远的橘园受害轻，因为水的热容量大，白天水体吸收大量热，到晚上周围空气温度比水温低时，水体又向外放出热量，因而使周围空气温度升高。前文介绍的江苏东山山北面的柑橘每年不发生冻害的另一个原因是山北面面临太湖。但是在1976年冬天，东山北面的柑橘比山南面的柑橘受害还重，这是因为山北面的太湖已结冰之故。

（3）栽培管理水平与冻害的发生有密切的关系　同一品种的实生苗比嫁接苗耐寒，因为实生苗根系发达，根深抗寒力强，同时实生苗可塑性强，适应性就强。砧木的耐寒性差异很大，桃树在北方以山桃为砧木、在南方以毛桃为砧木，因为山桃比毛桃抗寒。同一个品种结果多的比结果少的容易发生冻害，因为结果多消耗大量的养分，所以容易受冻。施肥不足的比肥料施得很足的抗寒力差，因为施肥不足，植株长得不充实，营养积累少，抗寒力就低。树木遭受病、虫为害时，容易发生冻害，而且病虫为害越严重，冻害也就越严重。

（三）冻害的防治

冻害对树木威胁很大，严重时常将数十年生大树冻死。有些树木虽然抗寒力较强，但花期容易受冻害，在公园中影响观赏效果，因此，预防冻害对树木功能的发挥有重要的意义，同时，防冻害对于引种、丰富园林树种有很大意义。目前常用的防寒措施如下。

1. 适地适树

因地制宜地种植抗寒力强的树种、品种和砧木，在小气候条件比较好的地方种植边缘树种，这样可以大大减少越冬防寒的工作量，同时注意栽植防护林和设置风障，改善小气候条件，预防和减轻冻害。

2. 加强栽培管理，提高抗寒性

加强栽培管理（尤其重视后期管理）有助于树体内营养物质的储备。经验证明，春季加强肥水供应，合理运用排灌和施肥技术，可以促进新梢生长和叶片增大，提高光合效能，增加营养物质的积累，保证树体健壮。后期控制灌水，及时排涝，适量施用磷钾肥，勤锄深耕，可促使枝条及早结束生长，有利于组织充实，延长营养物质的积累时间，从而能更好地进行抗寒锻炼。

此外，夏季适期摘心，促进枝条成熟；冬季修剪减少蒸腾面积；人工落叶等均对预防冻害有良好的效果。同时在整个生长期必须加强对病虫害的防治。

3. 加强树体保护，减少冻害

（1）灌冻水　在冬季土壤易冻结的地区，于土地封冻前，灌足一次水，称为“灌冻水”。灌冻水的时间不宜过早，否则会影响抗寒力。一般以“日化夜冻”期间灌水为宜，这样到了封冻以后，树根周围就会形成冻土层，以维持根部温度保持相对稳定，不会因外界温度骤然变化而使植物受害。

（2）根颈培土　冻水灌完后结合封堰，在树木根颈部培起直径80～100cm、高40～50cm的土堆，防止低温冻伤根颈和树根，同时也能减少土壤水分的蒸发。

（3）覆土　在土地封冻以前，可将枝干柔软、树身不高的乔灌木压倒固定，盖一层干树叶（或不盖），覆细土40～50cm，轻轻拍实。此法不仅可防冻，还能保持枝干湿度，防止枯梢。耐寒性差的树苗、藤本植物多用此法防寒。

（4）扣筐（篓）或扣盆　一些植株较矮小的珍贵花木（如牡丹等），可采用扣筐或扣盆的方法，即用大花盆或大筐将整个植株扣住。这种方法不会损伤原来的株形。筐或盆的外边堆土或抹泥，不留一点缝隙，给植物创造比较温暖、湿润的小气候条件，以保护株体越冬。

（5）架风障　为减轻寒冷干燥的大风吹袭，造成树木冻旱的伤害，可以在树的上风方向架设

风障，架风障的材料常用高粱秆、玉米秆捆编成篱或用竹篱加芦席等。风障高度要超过树高，常用杉木、竹竿等支牢或钉以木桩绑住，以防大风吹倒，漏风处再用稻草在外披覆好，绑以细棍夹住，或在席外抹泥填缝。

（6）涂白与喷白　用石灰加石硫合剂对枝干涂白，可以减小向阳面皮部因昼夜温差过大而受到的伤害，同时还可以杀死一些越冬的病虫害。对花芽萌动早的树种，进行树身喷白，还可延迟开花，以免晚霜的危害。

（7）春灌　早春土地开始解冻后，及时灌水，经常保持土壤湿润，可以降低土温，延迟花芽萌动与开花，避免晚霜危害，也可防止春风吹袭，使树枝干枯。

（8）培月牙形土堆　在冬季土壤冻结、早春干燥多风的大陆性气候地区，有些树种虽耐寒，但易受冻旱的危害而出现枯梢。尤其在早春，土壤尚未化冻，根系难以吸水供应，而空气干燥多风，气温回升快，蒸发量大，经常因生理干旱而枯梢。针对这种原因，对不便弯压埋土防寒的植株，可于土壤封冻前，在树干北面，培一向南弯曲、高30～40cm的月牙形土堆，早春可挡风，反射和累积热量使穴土提早化冻，根系能提早吸水和生长，因而可避免冻旱的发生。

（9）卷干、包草　对于不耐寒的树木（尤其是新栽树），要用草绳道道紧接地卷干或用稻草包裹主干和部分主枝来防寒。包草时草梢向上，开始半截平铺于地，从干基折草向上，连续包裹，每隔10～15cm横捆一道，逐层向上至分枝点。必要时可再包部分主枝。此法防寒，应于晚霜后拆除，不宜拖延。

（10）防冻打雪　在下大雪期间或之后，应把树枝上的积雪及时打掉，以免雪压过久过重，使树枝弯垂，难以恢复原状，甚至折断或劈裂。尤其是枝叶茂密的常绿树，更应及时组织人员，持竿打雪，防雪压折树枝。对已结冰的枝，不能敲打，可任其不动；如结冰过重，可用竿支撑，待化冻后再拆除支架。

（11）树基积雪　在树的基部积雪可以起到保持一定低温，免除过冷大风侵袭，在早春可增湿保墒，降低土温，防止芽的过早萌动而受晚霜危害等作用。此在寒冷干旱地区，尤为必要。

4. 受冻后树木的护理

受冻后树木的护理极为重要，因为受冻树木受树脂状物质的淤塞，因而使根的吸收、输导，叶的蒸腾、光合作用以及植株的生长等均遭到破坏。为此，在恢复受冻树木的生长时应尽快地恢复输导系统，治愈伤口，缓和缺水现象，促进休眠芽萌发和叶片迅速增大。

受冻后恢复生长的树，一般均表现生长不良，因此首先要加强管理，保证前期的水肥供应，也可以早期追肥和根外追肥，补给养分。

在树体管理上，对受冻害树体要晚剪和轻剪，给予枝条一定的恢复时期；对明显受冻枯死部分可及时剪除，以利伤口愈合。对于一时看不准受冻部位时，不要急于修剪，待春天发芽后再做决定；对受冻造成的伤口要及时治疗，应喷白涂剂预防日烧，并结合做好防治病虫害和保叶工作；对根颈受冻的树木要及时桥接或根寄接；树皮受冻后成块脱离木质部的要用钉子钉住或进行桥接补救。

二、干梢

干梢也叫烧条、抽条，是枝条脱水干枯的现象。

1. 干梢原因

干梢与枝条的成熟度有关，枝条生长充实的抗性强，反之则易干梢。造成干梢的原因主要是“冻、旱”，即冬季气温低，尤以土温降低持续时间长，直到早春，因土温低致使根系吸水困难，而地上部则因温度较高且干燥多风，蒸腾作用加大，水分供应失调，因而枝条逐渐失水，表皮皱缩，严重时最后干枯，所以，抽条实际上是冬季的生理干旱，是冻害的结果。

2. 防治干梢的措施

主要是通过合理的肥水管理，促进枝条前期生长，防止后期徒长，充实枝条组织，增加其抗性，并注意防治病虫害。秋季新定植的不耐寒树尤其是幼龄树木，为了预防干梢，一般多采用埋土防寒，即把苗木地上部向北卧倒培土防寒，既可保温减少蒸腾又可防止干梢。但植株大则不易卧倒，因此也可在树干北侧培起60cm高的半月形的土埂，使南面充分接受阳光，改变微域气候条件，能提高土温，缩短土壤冻结期，提早化冻，有利根部吸水，及时补充枝条失掉的水分。实践证明，用培土埂的办法，可以防止或减轻幼树的干梢。如在树干周围撒布马粪，亦可增加土温，提前解冻，或于早春灌水，增加土壤温度和水分，均有利于防止或减轻干梢。此外，在秋季对幼树枝干缠纸、缠塑料薄膜或胶膜、喷白等，对防止干梢现象的发生具有一定的作用。

三、霜害

（一）霜冻为害的情况及特点

生长季里由于急剧降温，水气凝结成霜使树木幼嫩部分受冻称为霜害。由于冬春季寒潮的反复侵袭，我国除台湾与海南的部分地区外，均会出现零度以下的低温。在早秋及晚春寒潮入侵时，常使气温骤然下降，形成霜害。一般说来，纬度越高，无霜期越短。在同一纬度上，我国西部大陆性气候明显，无霜期较东部短。小地形与无霜期有密切关系，一般坡地较洼地、南坡较北坡、近大水面的较无大水面的地区无霜期长，受霜冻威胁较轻。

在北方，晚霜较早霜具有更大的危害性。从萌芽至开花期，抗寒力越来越弱，甚至极短暂的零度以下温度也会给幼嫩组织带来致死的伤害。在此期，霜冻来临越晚，则受害越重，春季萌芽越早，霜冻威胁也越大，北方的杏树开花早，最易遭受霜害。

早春萌芽时受霜冻后，嫩芽和嫩枝变褐色，鳞片松散而枯在枝上。花期受冻，由于雌蕊最不耐寒，轻者将雌蕊和花托冻死，但花朵可照常开放；稍重的霜害可将雄蕊冻死，严重霜冻时，花瓣受冻变枯、脱落。幼果受冻轻时幼胚变褐，果实仍保持绿色，以后逐渐脱落，受冻重时，则全果变褐色很快脱落。

（二）防霜措施

霜冻的发生与外界条件有密切关系，由于霜冻是冷空气集聚的结果，所以小地形对霜冻的发生有很大影响。在冷空气易于积聚的地方霜冻重，而在空气流通处则霜冻轻。在不透风林带之间易聚积冷空气，形成霜穴，使霜冻加重，由于霜害发生时的气温逆转现象，越近地面气温越低，所以树木下部受害较上部重。湿度对霜冻有一定的影响，湿度大可缓和温度变化，故靠近大水面的地方或霜前灌水的树木都可减轻危害。因此防霜的措施应从以下几方面考虑：增加或保持树木周围的热量；促使上下层空气对流；避免冷空气积聚；推迟树木的物候期，增加对霜冻的抗力。

1. 推迟萌动期，避免霜害

利用药剂和激素或其他方法使树木萌动推迟（延长植株的休眠期），因为萌动和开花较晚，可以躲避早春回寒的霜冻。例如，B9、乙烯利、青鲜素、萘乙酸钾盐（250 ～ 500mg/kg水）或顺丁烯二酰肼（MH 0.1% ～ 0.2%）溶液在萌芽前或秋末喷撒树上，可以抑制萌动，或在早春多次灌返浆水，以降低地温，即在萌芽后至开花前灌水2 ～ 3次，一般可延迟开花2 ～ 3天。或树干刷白使早春树体减少对太阳热能的吸收，使温度升高较慢，据试验此法可延迟发芽开花2 ～ 3天，能防止树体遭受早春回寒的霜冻。

2. 改变小气候条件以防霜护树

根据气象台的霜冻预报及时采取防霜措施，对保护树木具有重要作用，具体方法如下。

（1）喷水法　利用人工降雨和喷雾设备在将发生霜冻的黎明，向树冠上喷水，因为水比树周围的气温高，水遇冷凝结放出潜热，计1m^3的水降低1°，就可使相应的3300倍体积的空气升温1℃。同时也能提高近地表层的空气湿度，减少地面辐射热的散失，因而起到了提高气温防止霜冻的效果。此法的缺点主要是要求设备条件较高，但随着我国喷灌技术的发展，仍是可行的。

（2）熏烟法　我国早在1400年前就发明了熏烟防霜法，因其简单、易行、有效，至今仍在国内外各地广为应用。事先在园内每隔一定距离设置发烟堆（用稻秆、草类或锯末等），可根据当地气象预报，于凌晨及时点火发烟，形成烟幕。熏烟能减少土壤热量的辐射散发，同时烟粒吸收湿气，使水汽凝结液体放出热量提高温度，保护树木。但在多风或降温到–3℃以下时，则效果不好。

近年来北方一些地区配制防霜烟雾剂，防霜效果很好。例如，黑龙江宾西果树场烟雾剂配方为：硝酸铵20%，锯末70%，废柴油10%。配制方法：将硝酸铵研碎，锯末烘干过筛，锯末越碎，发烟越浓，持续时间越长。平时将原料分开放，在霜来临时，按比例混合，放入铁筒或纸壳筒，根据风向放药剂，待降霜前点燃，可提高温度1～1.5℃，烟幕可维持1天左右。

（3）吹风法　上面介绍了霜害是在空气静止情况下发生的，因此可以在霜冻前利用大型吹风机增强空气流通，将冷气吹散，可以起到防霜效果。

（4）加热法　加热防霜是现代防霜先进而有效的方法，美国、俄罗斯等利用加热器提高果园温度。在果园内每隔一定距离放置加热器，在霜降来临时点火加温，下层空气变暖而上升，而上层原来温度较高的空气下降，在果园周圈形成一个暖气层，果园中设置加热器以数量多而每个加热器放热量小为原则，可以实现保护果树，又不致浪费太大。

3. 做好霜后的管理工作

霜冻过后往往忽视善后，放弃了霜冻后管理，这是错误的。特别是对花灌木和果树，为克服灾害造成的损失，夺取产量，应采取积极措施，如进行叶面喷肥以恢复树势等。

四、风害

在多风地区，树木常发生风害，出现偏冠和偏心现象。偏冠会给树木整形修剪带来困难，影响树木功能作用的发挥；偏心的树易遭受冻害和日灼，影响树木正常发育。北方冬季和早春的大风，易使树木干梢干枯死亡。春季的旱风，常将新梢嫩叶吹焦，缩短花期，不利授粉受精。夏秋季沿海地区的树木又常遭台风危害，常使枝叶折损，大枝折断，全树吹倒，尤以阵发性大风，对高大的树木破坏性更大。

（一）造成风害的原因

1. 树种特性

根浅、干高、冠大、叶密的树种，如刺槐、加拿大杨等，抗风力弱；相反，根深、干矮、枝叶稀疏坚韧的树种，如垂柳、乌桕等，则抗风性较强。

2. 树枝结构

一般髓心大，机械组织不发达，生长又很迅速而枝叶茂密的树种，风害较重。一些易受虫害的树种主干最易风折，健康的树木一般是不易遭受风折的。

3. 环境关系

如果风向与街道平行，风力汇集成为风口，风压增加，行道树的风害会随之加大；局部绿地园地势低凹，排水不畅，雨后绿地积水，造成雨后土壤松软，风害会显著增加；风害也受绿地土壤质地的影响，如绿地偏沙，或为煤渣土、石砾土等，因结构差，土层薄，抗风性差，如为壤土，或偏黏土等则抗风性强。

4. 栽植技术

苗木移栽时，特别是移栽大树，如果根盘起得小，则因树身大，易遭风害。所以大树移栽时一定要立支柱，在风大地区，栽大苗也应立支柱，以免吹歪树身。移栽时一定要按规定起苗，起的根盘不可小于规定尺寸。栽植方式凡是栽植株行距适度，根系能自由扩展的，抗风强。如树木株行距过密，根系发育不好，再加上护理跟不上则风害显著增加。在多风地区栽植坑应适当加大，如果小坑栽植，树会因根系不舒展，发育不好，重心不稳，易受风害。

（二）防治风害

首先在种植设计时要注意在风口、风道等易遭风害的地方选抗风树种和品种，适当密植，采用低干矮冠树形。此外，要根据当地特点，设置防风林和护园林，都可降低风速，免受损害。

在管理措施上应根据当地实际情况采取相应防风措施，如排除积水；改良栽植地点的土壤质地；培育壮根良苗；采取大穴换土；适当深植，合理修枝，控制树形；定植后及时立支柱；对结果多的树要及早吊枝或顶枝，减少落果；对幼树、名贵树种可设置风障等。

对于遭受大风危害，折枝、伤害树冠或被刮倒的树木，要根据受害情况，及时维护。首先要对风倒树及时顺势扶正，培土为馒头形，修去部分和大部分枝条，并立支柱。对裂枝要顶起或吊枝，捆紧基部伤面，或涂激素药膏促其愈合；并加强肥水管理，促进树势的恢复。应淘汰难以补救者，秋后重新换植新株。

五、雪害和雨淞（冰挂）

积雪一般对树木无害，但常常因为树冠上积雪过多而压裂或压断大枝。同时因融雪期间时融时冻情况交替变化，冷却不均易引起冻害。在多雪地区，应在雪前对树木大枝设立支柱，枝条过密的还应进行适当修剪，在雪后及时将被雪压倒的枝条提起扶正，振落积雪或采用其他有效措施防止雪害。

雨淞在树上结冰对树木也有一定的影响，如对早春开花的梅花、蜡梅、山茶、迎春和初结幼果的枇杷、油茶等花果均有一定的损失，还会造成部分毛竹、樟树等常绿树折枝、裂干或死亡。防止危害可以用竹竿打击枝叶上的冰，并设支柱支撑。

任务6.2　园林树木损伤养护

任务分析

根据受损伤的树种的具体情况采用适当的保护和修补方法。了解园林树木保护与修补的意义，掌握树体的保护与修补的方法。

任务实施

【材料与工具准备】

各种受损伤的园林植物、铁锹、锋利的刀、2% ~ 5%硫酸铜液、0.01% ~ 0.1%的α-萘乙酸膏、铅油、水、石硫合剂、桶、水管、绳索、铁箍、棕麻绕垫、螺栓、锯、板条，油灰和麻刀灰、水泥和小石砾的混合物等。

【实施过程】

1. 树木伤口的治疗。
2. 补树洞，根据树洞特点，可采用开放法、封闭法、填充法等进行。
3. 吊枝和顶枝。
4. 涂白。

【注意事项】

1. 注意树木损伤修复后的效果，如果措施不到位或不当，要及时补修或调整。
2. 注意各种修复措施可以结合使用，以达到综合治理的目的。

任务考核

任务考核从职业素养和职业技能两方面进行评价，标准见表6-2。

表6-2 园林树木损伤养护任务的考核标准

考核内容		考核标准	考核分值
职业素养	职业道德 职业态度 职业习惯	忠于职守，乐于奉献；实事求是，不弄虚作假；积极主动，操作认真；善始善终，爱护公物	30
职业技能	任务操作	损伤修复方法得当； 修复效果良好	30 30
	总结创新	总结出不同损伤采取适当的修复方法	10

理论认知

树木的树干和骨干枝上，往往因病虫害、冻害、日灼及机械损伤等造成伤口，这些伤口如不及时保护、治疗、修补，经过长期雨水侵蚀和病菌寄生，易使内部腐烂形成树洞。另外，树木有时会受到人为损坏，如树盘内的土壤被长期践踏变得很坚实，在树干上刻字留念或拉枝折枝等，所有这些损坏对树木的生长都有很大影响。因此，对树体的保护和修补是非常重要的养护措施。

树体保护首先应贯彻“防重于治”的精神，做好各方面预防工作，尽量防止各种灾害的发生，同时还要做好宣传教育工作，使人们认识到，保护树木人人有责。对树体上已经造成的伤口，应该早治，防止扩大，应根据树干上伤口的部位、轻重和特点，采用不同的治疗和修补方法。

一、树木伤口的治疗

对于枝干上因病、虫、冻、日灼或修剪等造成的伤口，首先应当用锋利的刀刮净削平四周，使皮层边缘呈弧形，然后用药剂（2% ～ 5%硫酸铜液，0.1%的升汞溶液，石硫合剂原液）消毒。修剪造成的伤口，应将伤口削平然后涂以保护剂，选用的保护剂要求容易涂抹、黏着性好、受热不熔化、不透雨水、不腐蚀树体组织，同时又有防腐消毒的作用，如铅油、接蜡等均可。大量应用时也可用黏土和鲜牛粪加少量的石硫合剂的混合物作为涂抹剂，如用激素涂剂对伤口的愈合更有利，用含有0.01% ～ 0.1%的α-萘乙酸膏涂在伤口表面，可促进伤口愈合。

由于风折使树木枝干折裂，应立即用绳索捆缚加固，然后消毒并涂保护剂。北京有的公园用两个半弧圈构成的铁箍加固，为了防止摩擦树皮用棕麻绕垫，用螺栓连接，以便随着干径的增粗而放松。或者用带螺纹的铁棒或螺栓旋入树干，起到连接和夹紧的作用。

由于雷击使枝干受伤的树木，应将烧伤部位锯除并涂保护剂。

二、补树洞

树体因各种原因造成的伤口长久不愈合，长期外露的木质部受雨水浸渍，逐渐腐烂，形成树洞，严重时树干内部中空，树皮破裂，一般称为“破肚子”。由于树干的木质部及髓部腐烂，输导组织遭到破坏，因而影响水分和养分的运输及储存，严重削弱树势，降低了枝干的坚固性和负载能力，缩短了树体寿命。

补树洞是为了防止树洞继续扩大和发展，常用方法有3种。

1. 开放法

树洞不深或树洞过大都可以采用此法，如伤孔不深无填充的必要时可按前面介绍的伤口治疗方法处理。如果树洞很大，给人以奇特之感，欲留做观赏时可采用此法。方法是将洞内腐烂木质部彻底清除，刮去洞口边缘的死组织，直至露出新的组织为止，用药剂消毒并涂防护剂。同时改变洞形，以利排水，也可以在树洞最下端插入排水管。以后需经常检查树洞的防水层和排水情况，防护剂每隔半年左右重涂一次。

2. 封闭法

树洞经处理消毒后，在洞口表面钉上板条，以油灰和麻刀灰封闭（油灰是用生石灰和熟桐油以1 ∶ 0.35混合），也可以直接用安装玻璃用的油灰俗称腻子封闭，再涂以白灰乳胶、颜料粉面，以增加美观，还可以在上面压树皮状纹或钉上一层真树皮。

3. 填充法

填充物最好是水泥和小石砾的混合物，如无水泥，也可就地取材。填充材料必须压实，为加强填料与木质部连接，洞内可钉若干电镀铁钉，并在洞口内两侧挖一道深约4 cm的凹槽，填充物从底部开始，每20 ～ 25cm为一层，用油毡隔开，每层表面都向外略斜，以利排水，填充物边缘应不超出木质部，使形成层能在它上面形成愈伤组织。外层用石灰、乳胶、颜色粉涂抹，为了增加美观，富有真实感，在最外面钉一层真树皮。

三、吊枝和顶枝

吊枝在果园中多采用，顶枝在园林中应用较多。大树或古老的树木如有树身倾斜不稳时，大枝下垂的需设支柱撑好，支柱可采用金属、木桩、钢筋混凝土材料。支柱应有坚固的基础，上端与树干连接处应有适当形状的托杆和托碗，并加软垫，以免损害树皮。设支柱时一定要考虑到美观，与周围环境谐调。如有将支撑物油漆成绿色，并根据松枝下垂的姿态，将支撑物做成棚架形式，效果很好；也有将几个主枝用铁索连接起来，这也是一种有效的加固方法。

四、涂白

树干涂白可以反射阳光，减少枝干温度局部增高，可预防日灼危害，可以防治病虫害和延迟树木萌芽。据研究，桃树涂白后较对照树花期推迟5天，因此，在日照强烈、温度变化剧烈的大陆性气候地区，利用涂白减弱树木地上部分吸收太阳辐射热原理，延迟萌芽期，作为树体保护的措施之一。杨柳树栽完后马上涂白，可防蛀干害虫。

涂白剂的配制成分各地不一，一般常用的配方是：水10份，生石灰3份，石硫合剂原液0.5份，食盐0.5份，油脂（动植物油均可）少许。配制时要先化开石灰，把油脂倒入后充分搅拌，再加水拌成石灰乳，最后放入石硫合剂及食盐水，也可加黏着剂，能延长涂白的期限。

除以上介绍的4种措施外，为保护树体，恢复树势，有时也采用“桥接”的补救措施。

任务6.3 养护管理作业历的制定

任务分析

制定当地园林树木周年养护管理作业历。制定周年养护管理作业历要结合当地气候、环境及树木物候特点进行。

任务实施

【材料与工具准备】

当地环境、气象、园林树木物候期及栽培养护管理资料及实践操作记录、记录本、笔等。

【实施过程】

1. 资料整理。
2. 实践调查。
3. 按季节总结周年管理作业历。
4. 实践检验作业历的可操作性，并及时修正及补充。

【注意事项】

本项目是对园林树木养护管理的综合运用，是在掌握所有具体养护管理技术及相关理论知识的基础上完成的。因此，要防止主观臆断。

任务考核

任务考核从职业素养和职业技能两方面进行评价，标准见表6-3。

表6-3 养护管理作业历任务的考核标准

考核内容		考核标准	考核分值
职业素养	职业道德 职业态度 职业习惯	忠于职守，乐于奉献；实事求是，不弄虚作假；积极主动，操作认真；善始善终，爱护公物	30
职业技能	任务操作	资料整理齐全； 实践调查认真科学	30 30
	总结创新	作业历完整，可操作性强	10

理论认知

一、园林树木养护管理质量标准

园林树木能否生长良好，并尽快发挥设计要求的色艳、香浓、形佳的观赏效果，或参天覆地、绿翠盈然的生态效益，在很大程度上取决于是否能根据树体的年生长进程和生命周期的变化规律，进行适时、经常和稳定的其他养护管理，为各个年龄期的树体生长创造适宜的环境条件，使树体长期维持较好的生长势。为此，应制定养护管理的技术标准和操作规范，使养护管理工作目标明确，措施有力，做到养护管理科学化、规范化。

目前，我国各地区所采用的绿化养护等级质量标准如下所述（来自中国园林网）。

1. 一级养护质量标准

（1）绿化充分，植物配置合理，达到黄土不露天。

（2）园林植物达到：

① 生长势　好。生长超过该树种该规格的平均生长量（平均生长量待以后调查确定）。

② 叶子健壮　a. 叶色正常，叶大而肥厚，在正常的条件下不黄叶、不焦叶、不卷叶、不落叶，叶上无虫尿、虫网、灰尘；b. 被啃咬的叶片最严重的每株在5%以下(包括5%，以下同)。

③ 枝、干健壮　a. 无明显枯枝、死杈，枝条粗壮，过冬前新梢木质化；b. 无蛀干害虫的活卵、活虫；c. 介壳虫最严重处主枝干上100cm^2 1头活虫以下（包括1头，以下同），较细的枝条每尺（1尺＝0.3048m）长的一段上在5头活虫以下（包括5头，以下同）；株数都在2%以下（包括2%，以下同）；d. 树冠完整，分支点合适，主侧枝分布匀称和数量适宜，内膛不乱、通风透光。

④ 措施好　按一级技术措施要求认真进行养护。

⑤ 行道树基本无缺株。

⑥ 草坪覆盖率应基本达到100%；草坪内杂草控制在10%以内；生长茂盛，颜色正常，不枯黄；每年修剪暖地型6次以上，冷地型15次以上；无病虫害。

（3）行道树和绿地内无死树，树木修剪合理，树形美观，能及时很好地解决树木与电线、建筑物、交通等之间的矛盾。

（4）绿化生产垃圾（如：树枝、树叶、草沫等）重点地区路段能做到随产随清，其他地区和路段做到日产日清；绿地整洁，无砖石瓦块、筐和塑料袋等废弃物，并做到经常保洁。

（5）栏杆、园路、桌椅、井盖和牌饰等园林设施完整，做到及时维护和油饰。

（6）无明显的人为损坏，绿地、草坪内无堆物堆料、搭棚或侵占等；行道树树干上无钉栓刻画的现象，树下距树干2m范围内无堆物堆料、搭棚设摊、圈栏等影响树木养护管理和生长的现象，2m以内如有，则应有保护措施。

2. 二级养护质量标准

（1）绿化比较充分，植物配置基本合理，基本达到黄土不露天。

（2）园林植物达到：

① 生长势　正常。生长达到该树种该规格的平均生长量。

② 叶子正常　a. 叶色、大小、薄厚正常；b. 较严重黄叶、焦叶、卷叶、带虫尿虫网灰尘的株数在2%以下；c. 被啃咬的叶片最严重的每株在10%以下。

③ 枝、干正常　a. 无明显枯枝、死杈；b. 有蛀干害虫的株数在2%以下（包括2%，以下同）；c. 介壳虫最严重处主枝主干100cm^2 2头活虫以下，较细枝条每尺长一段上在10头活虫以下，株数都在4%以下；d. 树冠基本完整，主侧枝分布匀称，树冠通风透光。

④ 措施　按二级技术措施要求认真进行养护。

⑤ 行道树缺株在1%以下。

⑥ 草坪覆盖率达95%以上；草坪内杂草控制在20%以内；生长和颜色正常，不枯黄；每年修剪暖地型2次以上，冷地型10次以上；基本无病虫害。

（3）行道树和绿地内无死树，树木修剪基本合理，树形美观，能较好地解决树木与电线、建筑物、交通等之间的矛盾。

（4）绿化生产垃圾要做到日产日清，绿地内无明显的废弃物，能坚持在重大节日前进行突击清理。

（5）栏杆、园路、桌椅、井盖和牌饰等园林设施基本完整，基本做到及时维护和油饰。

（6）无较重的人为损坏。对轻微或偶尔发生难以控制的人为损坏，能及时发现和处理，绿地、草坪内无堆物堆料、搭棚或侵占等；行道树树干无明显的钉栓刻画现象，树下距树2m以内无影响树木养护管理的堆物堆料、搭棚、圈栏等。

3. 三级养护质量标准

（1）绿化基本充分，植物配置一般，裸露土地不明显。

（2）园林植物达到：

① 生长势　基本正常。

② 叶子基本正常　a. 叶色基本正常；b. 严重黄叶、焦叶、卷叶、带虫尿虫网灰尘的株数在10%以下；c. 被啃咬的叶片最严重的每株在20%以下。

③ 枝、干基本正常　a. 无明显枯枝、死杈；b. 有蛀干害虫的株数在10%以下；c. 介壳虫最严重处主枝主干上100cm^2 3头活虫以下，较细的枝条每尺长一段上在15头活虫以下，株数都在6%以下；d. 90%以上的树冠基本完整，有绿化效果。

④ 措施　按三级技术措施要求认真进行养护。

⑤ 行道树缺株在3%以下。

⑥ 草坪覆盖率达90%以上；草坪内杂草控制在30%以内；生长和颜色正常；每年修剪暖地型草1次以上，冷地型草6次以上。

（3）行道树和绿地内无明显死树，树木修剪基本合理，能较好地解决树木与电线、建筑物、交通等之间的矛盾。

（4）绿化生产垃圾主要地区和路段做到日产日清，其他地区能坚持在重大节日前突击清理绿地内的废弃物。

（5）栏杆、园路和井盖等园林设施比较完整，能进行维护和油饰。

（6）对人为破坏能及时进行处理。绿地内无堆物堆料、搭棚侵占等，行道树树干上钉栓刻画现象较少，树下无堆放石灰等对树木有烧伤、毒害的物质，无搭棚设摊、围墙圈占树等。

上文介绍的分级养护质量标准，是根据现时的生产管理水平和人力物力等条件，而采取的暂时性措施。今后，随着对生态环境建设投入的加大，随着城市绿化养护管理水平的提高，应逐渐向一级标准靠拢，以更好地发挥园林树木的景观生态环境效益。

二、养护管理作业历

根据一年中树木生长自然规律和自然环境条件的特点，一年中养护管理工作划分为五个阶段。

1. 冬季（12月份至翌年2月份）养护

进行冬季整形修剪（不宜冬剪树种除外），对新植树木进行定干定型修剪；落叶树木去掉过密枝、重叠枝、病虫枝、枯死枝，解决好树木与供电、交通等方面的矛盾；松柏类只剪干枯枝、折损枝、严重病虫枝，剪口要稍离主干，且不宜一次修剪过多，防止伤口过大，流胶过多，影响树势。防治病虫害，在虫害较严重地区，清理、挖掘栖息在枯枝落叶、土壤等处的虫蛹、虫茧，并集中销毁，减少越冬的病原菌。雪后在树下堆雪，增加土壤水分，可防寒、防旱，但不可堆放撒过盐水的雪；及时清除常绿树和竹子上的积雪，减少危害；检修各种园林机械、专用车辆和工具，保养完备。要及时检查、修复、加固防寒设施，在小气候好的地区，在晴天补水，可减轻冻旱危害，必要时可喷施抗蒸腾剂。巡查执法人员加强巡查维护，依法处理各种有损绿化美化的行为，并宣传教育“爱护树木人人有责”。

2. 春季（3月份至4月份）养护

气温、地温逐渐升高，各种树木陆续发芽、展叶，开始生长，主要养护管理工作为：修整树木围堰，根据气温、地温、土壤含水量、不同植物根系活动和萌芽情况等综合因素，科学、及时地安排浇水时间和浇水量，确保树木成活和返青。结合浇水适量追肥，并根据气候情况适时撤除防寒设施。进行灌溉工作，满足树木生长需要；在树木发芽前结合灌溉，施入有机肥料，改善土壤肥力；防治介壳虫，可在树干上设西维因药环或在树干基部围钉塑料薄膜环，防止若虫上树。若发现草履蚧幼虫应及时喷速蚧克、康福多等药剂。在冬季修剪基础上，进行剥芽去蘖；拆除防寒物；补植缺株；维护巡查。组织好春季植树工作，做好行道树、绿篱和花灌木的补植工作。做到随运苗、随修剪、随浇水、随封堰，提高植树的成活率。高大乔木栽植后，要及时加支撑，以保护根系和树体，防止倒伏。修剪绿篱和乔灌木及时去除杂乱萌蘖，以保持优良树形，减少水分、养分浪费。

3. 初夏（5月份至6月份）养护

气温高、湿度小，树木枝、叶生长旺季，树木抽枝展叶开花，需水量很大，需要及时灌水；防治病虫；结合浇水施追肥，以速效肥料为主，可采用根灌或叶面喷施，注意掌握用量准确；对连翘、碧桃、丁香、榆叶梅、紫荆等花灌木进行花后修剪及枝条更新，并对乔灌木进行抹芽，去除干蘖及根蘖；在绿地和树堰内，及时除去杂草，防止雨季出现草荒；维护巡查；雨季前检查和剪伐危险树木，防止暴风雨造成倒伏。

4. 盛夏（7月份至9月份）养护

高温多雨，树木生长由旺盛逐渐变缓，主要养护工作是：病虫防治；常绿树移植，争取在雨季初期完工；做好中耕除草、绿篱修剪、夏季修剪工作；汛期排水防涝，组织防汛抢险队，对地势低洼和易涝树种在汛期前做好排涝准备工作；对树冠大、根系浅的树种采取疏、截结合方法修剪，增强抗风力，配合架空线修剪和绿篱整形修剪；对倾斜树木进行扶直支撑；维护巡查；及时清除绿地内杂草，防止草荒出现；结果树和花灌木施基肥或追肥，以恢复树势。

5. 秋季（10月份至11月份）养护

气温逐渐降低，树木将休眠越冬，主要养护工作为：在树木落叶后即可进行秋季栽树，栽植后要浇三遍水然后封堰。树干涂白，灌冻水，树木大部分落叶、土地封冻前普遍充足灌溉后封堰；对不能露地过冬的树木及新植的雪松、龙柏、玉兰、石榴、紫薇、木槿、大叶黄杨等树木和花灌木要及时采取防寒措施确保其安全过冬；施底肥，珍贵树种、古树名木复壮或重点地块在树木休眠后施入有机肥料；病虫防治；补植缺株，以耐寒树种为主；维护巡查；清理枯枝、树叶、干草，做好防火工作。

项目测评

为实现本项目目标，要求学生完成表6-4中的作业，并为老师提供充分的评价证据。

表6-4 园林树木自然灾害及损伤养护项目测评标准

任务	合格标准（P）=$\sum P_n$		良好标准（M）=合格标准+$\sum M_n$		优秀标准（D）=良好标准+$\sum D_n$	
任务一	P_1	冻害的表现及造成冻害的因素有哪些？	M_1	树木遭受风害的影响因素、风害的防治	D_1	调查城区周边绿化树种自然灾害情况，并提出解决方案
	P_2	结合实践简述园林树木冬季防寒措施				
任务二	P_3	如何治疗树木伤口？	M_2	分析园林树木保护和修补的意义及具体方法	D_2	为什么要保护古树名木？采取哪些措施达到古树复壮？
	P_4	结合实践简述树干涂白的作用和方法				
任务三	P_5	园林树木养护管理质量标准	M_3	结合当地园林绿化实践，制定四季养护管理作业历	D_3	分析如何养护不同用途园林树木

课外研究

园林植物引种中的问题

园林植物引种推广是城市绿化部门提高绿化水平和质量的重要途径，通过引种改变了原来物种的单一，丰富了城市绿地植物景观，提高了城市绿地的生态功能和景观效果。引种在美化城市的同时，由此而至的生物入侵和原有乡土物种的协调、对养护管理的要求等问题需要人们慎重考虑、科学对待，以确保园林植物引种更好地推动城市绿化建设的发展。目前，园林植物引种存在的问题主要有以下三点。

一、以低温指标划区质疑

近年来，一些文章和书籍上频频出现最低温度指标，将我国划分为若干区域，并以此为标准，介绍引进植物的适宜种植区域。这种标准似乎给人一目了然的感觉，其实是不够科学的。众所周知，对于任何植物的生长，仅在气候一个因素上就涉及温度、降水、光照三大指标。如果最低温度代表生存温度，那么相应地最高温度也应是生存温度，这样简单划分出的种植区域理论上是不成立的。从实践结果来看，引种失败的例子也不在少数。

二、同纬度植物引种的弊端

有人提出同纬度引种理论，这一说法也是片面的。因为植物引种与所在地区的纬度（太阳辐射）、大气环流（分暖流与冷流）、下垫面（海拔、地形等）3个因子紧密相关。同纬度引种说仅考虑太阳辐射因子而忽视对地区有重要影响的环流因子和海拔因子。就我国来说，由于地处欧亚大陆南部，冬季寒流频繁，与世界其他地区相比，同纬度冬季的温度明显偏低，一月份，东北低14 ~ 18℃，华北低10 ~ 14℃，江南低8℃，华南低5℃。此外，海拔每上升100m，温度也会降低0.6℃。

三、不同气候型引种问题

欧美园林植物品种在世界处于一流水平，这是一个不争的事实。但是，将夏旱冬雨地中海气候型生长的植物特别是乔木，引入夏雨冬旱季风气候型的中国就要十分谨慎。全球降雨量及降雨分布很不均匀，就北半球来说，有的集中于夏季，称为夏雨型（中国就是明显的例子），有的集中在冬季，称冬雨型（如欧洲地中海地区），亦有全年分布比较均匀的，称为均匀型。研究结果表明，均匀降雨区的树种可引至同型、夏雨型或冬雨型地区；冬雨区树种可引至均匀降雨区，但不能在有明显冬季干旱的热带、亚热带夏雨区生存。近年来，很多欧洲乔木树种在中国引种不成功的例子就说明了这个问题，但一些适应性强的地被植物多数表现良好。夏雨区树种可以引至同型、均匀降雨区或冬雨区。由此看来，作为世界“园林之母”的中国，植物走向世界从气候类型上来看是可行的。

模块三 园林树木识别与应用

项目七 园林树木的分类

技能目标

能够通过植物检索表鉴定树木和编制植物检索表。能够判断树木的科名。

知识目标

掌握植物的命名方法及植物检索表的编制；掌握植物的主要分类系统。了解各科的形态特征。

任务 制定分类检索表

任务分析

查阅检索表，并结合当地常见树种编制检索表。植物分类检索表是鉴定植物种类的重要资料之一，通过查阅并制定检索表来帮助学生初步确定某一树种的科、属、种名，并能掌握树种的主要识别特征。

任务实施

【材料与工具准备】

放大镜、镊子、解剖针、刀片、尺子和参考书。

【实施过程】

1. 实地观察5～10个树种的形态特征。
2. 在当地植物检索表中查找，并确定各树种的名称。
3. 总结所观察树木的不同特征和相同特征。
4. 编制定距和平行检索表。

【注意事项】

1. 区分定距检索表和平行检索表的制定格式。
2. 恰当把握不同树种的主要相同特征和主要不同特征。

任务考核

任务考核从职业素养和职业技能两方面进行评价，标准见表7-1。

表7-1　制定分类检索表任务的考核标准

考核内容		考核标准	考核分值
职业素养	职业道德 职业态度 职业习惯	忠于职守，乐于奉献；实事求是，不弄虚作假；积极主动，操作认真；善始善终，爱护公物	30
职业技能	任务操作	积极完成调查任务，有调查记录； 恰当编写检索表	30 30
	总结创新	能完成定距和平行检索表格式互换	10

理论认知

自然界的植物约有50万种。它们种类繁多，形态、结构、生态习性等方面各异。我们要认识、利用和改造它们，就必须对它们进行分类，并建立相应的分类系统。

一、植物的分类系统

植物自然分类系统可客观地反映出植物界的亲缘关系和由低级到高级的系统演化关系。自达尔文（1809—1882年）于1859年发表了《物种起源》以后，各国的植物分类学家均致力于探索自然分类系统。

（一）恩格勒系统

这一系统是德国植物学家恩格勒（Engler）和柏兰特（Prantl）在1897年公布的，是植物分类学中比较完整的第一个自然分类系统。

本系统的特点如下：

（1）认为单子叶植物较双子叶植物更为原始。

（2）双子叶植物纲分离瓣花和合瓣花两个亚纲，离瓣花亚纲在前。

（3）离瓣花亚纲中，按无被花、单被花、异被花的次序排序，因此柔荑花序列（无被花和单被花类）作为最原始的双子叶植物处理，放在最前面。

（4）在各类植物中又大致按子房上位→子房半下位→子房下位的次序排列。

世界上除英、法以外，大部分国家采用本系统。《中国植物志》等采用该系统。

（二）哈钦松系统

这是英国植物学家哈钦松（J. Hutchinson）于1926 年和1934年在其《有花植物科志》Ⅰ、Ⅱ中所建立的系统。分别在1959年与1973年修订第二版和第三版，以真花说为理论依据。

（1）两性花比单性花原始；花各部分分离、多数的比连合、定数的为原始；花各部螺旋状排列的比轮状排列的更原始等。

（2）单被花和无被花是次生的，来源于双被花类；柔荑花序类群较进化，起源于金缕梅目。

（3）被子植物是单元起源的，双子叶植物以木兰目和毛茛目为起点，从木兰目演化出一支木本植物，从毛茛目演化出一支草本植物，认为这两支是平行发展的。

（4）单叶和互生是原始性状，复叶和对生为进化性状。

哈钦松系统分科比较小，较易运用和掌握，被子植物在最后修正的系统里有411科。目前在我国，建立较晚的标本室，如中科院昆明植物研究所、华南植物园、广西植物研究所、福建和贵州的经济植物标本室，多用哈钦松系统。南方的高等院校植物标本室也多采用哈钦松系统排列标本。

（三）郑万钧系统

郑万钧系统是我国著名植物学家郑万钧教授于1978年发表的裸子植物分类系统。该系统为我国学者所广泛采用，在国际上也有较大影响。目前我国园林树木分类系统在裸子植物这部分多根据1978年郑万钧编著的裸子植物分类系统（《中国植物志》第7卷）排列；被子植物多采用恩格勒（A. Engler）系统（1897）和哈钦松（J. Hutchinson）系统（1959）进行分类。

二、植物分类单位和植物命名法

（一）植物分类单位

依范围大小和等级高低，植物分类的各级单位依次是界、门、纲、目、科、属、种。按上述的等级次序，以“种”为分类的基本单位和起点，然后集合相近的种为属，集合类似的属为科，以此类推，就形成一个完整的自然分类系统，形似金字塔。每个等级内如果种繁多还可细分一个或两个次等级，如亚门、亚纲、亚目、亚科等。

现以月季为例说明它在分类上所属的各级单位。

界：植物界
门：被子植物门
纲：双子叶植物纲
目：蔷薇目
科：蔷薇科
属：蔷薇属
种：月季

（二）植物命名法

1.种（species）

种是物种的简称，是分类的基本单位。同种植物的个体起源于共同的祖先，具有相似的形态特征，能自然交配产生遗传性相似的后代，所有个体都有着极其近似的形态特征和生理、生态特性，在自然界又占有一定的分布区域。

为了便于不同国籍、不同语言、不同地区之间的准确交流，国际上规定以双名法（Binomial nomenclature）作为植物学名的命名法。此体系是由林奈（Carl von Linne，通常用其笔名Linnaeus）200多年前提出来的。他的《植物种志》（Species Plantarum）1735年出版。后来植物命名的方法得到不断的补充和完善，制定了很多规则，于1867年正式形成了《国际植物命名法规》。以后由国际植物学会的“植物命名委员会”每5年修订一次，并向全世界发布。

这个体系称作林奈双名命名体系，采用两个拉丁化的字（拉丁双名）来命名。第一个字代表“属”（genus）名，第一个字母应大写，多为名词；第二个字代表“种加”（specific epithet）词，多为形容词，要小写。如银白杨的种名*Populus alba*是由Populus（杨属）+alba（白色的）两个字组成。由属名和种加词组合起来构成的物种名，用斜体书写；后面附上命名人的姓氏缩写，用正体书写，其中字母L.通常用来指命名者是林奈（Linnaeus）。

2.“种”下分

（1）亚种（subspecies） 亚种是种内的变异类型，在形态构造上有显著的变化，在地理分布上也有一定较大范围的地带性分布区域，在种加词后加ssp.或subsp.，加亚种加词（斜体）和定名人。如凹叶厚朴 *Magnolia officinnalis* Rehd. Et Wils. ssp. *biloba* Law（厚朴亚种）。

（2）变种（varietas） 变种也是种内的变异类型，在形态构造上有显著的变化，但没有明显的地带性分布区域。拉丁学名的书写是在种名后加var. 后再写上拉丁变种名（斜体）并附命名人姓氏。如山里红 *Crataegus pinnatifida* Bge. var. *major* N. E. Br.（山楂大果变种）。

（3）变型（forma） 变型是指在形态特征上变异比较小的类型，如花色不同、毛的有无等，在种名后加f. 后，再写上拉丁变型名（斜面）并附命名人姓氏。如无刺刺槐 *Robinia pseudoacacia* L. f. *inermis* Rehd.（刺槐变型）。

（4）品种（cultivar）“品种”不是分类单位，这类植物原来不存在于野生植物中，纯属人为创造出来的。当人工培育的植物达到一定数量成为生产资料时即被称为“品种”，在种名后加写cv.，然后将品种名用正体字写出，或不加cv.，而加单引号表示。如龙柏 *Sabina chinensis* cv. Kaizuca或 *Sabina chinensis*‘Kaizuca’（圆柏品种）。

三、分类检索表

植物检索表是鉴定植物的工具，其作用是帮助识别、鉴定植物。其性质犹如查寻汉字时使用的字典。

检索表编制方法常用植物形态比较方法，按照划分科、属、种（在园艺分类上还有品种）的标准和特征，选用一对明显不同的特征，将植物分为两类，如乔木和灌木类，又从每类中再找相对的特征再区分为两类，仿此下去，最后分出科、属、种或品种，常见的植物分类检索表有定距式（级次式）和平行式两种。好的检索表在选择特征上应明显，应用起来才能方便。

1. 定距式（级次式）检索表

这是最常用的一种，每对特征写在左边一定的距离处，前有号码为“1，2，3，……”如此继续逐项列出，逐级向右错开一字格，描写行越来越短，直到科、属或种名出现为止。使用上较为方便，每组对应性状一目了然，便于查找核对。但如编排的种类很多，势必造成偏斜而浪费篇幅。如：

1. 叶单生，螺旋状排列
    2. 球果直立，种鳞脱落，不具叶座…………………… 冷杉属
    2. 球果下垂，种鳞宿存，具突出叶座……………… 云杉属
1. 叶2～多枚簇生在短枝上
    3. 叶2～5针一束，种鳞端加厚 ………………………… 松属
    3. 叶多枚簇生在短枝上，种鳞端扁平
        4. 叶冬季脱落………………………………………… 落叶松属
        4. 叶常绿……………………………………………… 雪松属

2. 平行式检索表

把每一对相对特征的描写，并列在相邻两行里，每一项后面注明往下查的号码或植物名称。

此数字重新列于较低的一行之首，与另一组相对性状平行排列；如此继续下去直至查出所需名称为止。本类检索表排列整齐而美观。但不及定距式检索表那样一目了然。

1. 叶单生，螺旋状排列……………………………… 2
1. 叶2～多枚簇生在短枝上………………………… 3
2. 球果直立，种鳞脱落，不具叶座……………… 冷杉属
2. 球果下垂，种鳞宿存，具突出叶座…………… 云杉属
3. 叶2～5针一束，种鳞端加厚 ………………… 松属
3. 叶多枚簇生在短枝上，种鳞端扁平…………… 4
4. 叶冬季脱落……………………………………… 落叶松属
4. 叶常绿…………………………………………… 雪松属

项目测评

为实现本项目目标，要求学生完成表7-2中的作业，并为老师提供充分的评价证据。

表7–2　园林树木系统分类项目作业测评标准

任务	合格标准（P）=$\sum P_n$		良好标准（M）=合格标准+$\sum M_n$		优秀标准（D）=良好标准+$\sum D_n$	
任务	P_1	教师给定一个检索表，学生进行定距检索表和平行检索表的格式转换	M_1	选定3～5个未知树种，根据其形态特征查找相关检索表，并确定种名	D_1	将本书模块三所有树种归纳相应科属
	P_2	教师给定5～10个树种的形态特征，学生进行检索表的编制				

课外研究

制定植物分类检索表应注意的事项

（1）植物标本必须比较完备且具有代表性。木本植物要有茎、叶、花和果实；草本植物应有根、茎、叶、花和果实。还应附有野外采集原始记录。由于植物有阶段性发育的特点，在实际工作中很难采集到一份根、叶、花和果实同时具备的植物标本，因此，用植物分类检索表鉴定植物时，最好多准备几份标本，以便相互补充。

（2）需备必要的解剖用具，如放大镜、镊子、解剖针、刀片、尺子和参考书，如《中国植物志》、《中国高等植物图鉴》或各地的植物志。

（3）使用植物分类检索表的人必须准确理解植物形态名词术语的含义，并且要认真细致地观察植物的形态特征。

（4）对于尚不知属于何种类群的植物，要按照分类阶层由大到小的顺序检索，即先检索植物分门检索表，依次再查植物分纲、分科、分属和分种检索表。由于多数植物工作者都能凭掌握的植物学知识和经验判断出植物所属的门和纲，因此，植物分类中最常用的检索表是植物分科检索表、植物分属检索表和植物分种检索表。

（5）植物分类检索表中植物出现的顺序取决于编制检索表的人所选取植物特征的先后，并不能反映植物间的亲疏关系。

项目八 园林乔木识别与应用

技能目标

能识别北方常见行道树、独赏树、庭荫树、花果类小乔木、树丛和片林树种；能掌握各乔木园林应用特点并能合理配置。

知识目标

掌握北方常见行道树、独赏树、庭荫树、花果类小乔木、树丛和片林树种的形态特征及分布习性。

任务8.1 调查与识别行道树

任务分析

调查并识别当地行道树的种类及应用效果。通过实地识别与调查，可以了解当地行道树的应用种类及应用效果，掌握行道树常见树种的形态特征及应用，为园林树种的合理配置提供实践依据。

任务实施

【材料与工具准备】

检索表、树木识别手册、记录本、记录笔等。

【实施过程】

1.初步调查树木种类。
2.根据检索表或树木识别手册进行树种确认。
3.教师核对并讲解树种识别要点。
4.总结行道树应用种类及应用效果。

【注意事项】

1.注意整形行道树与自然树形行道树的辨别。
2.注意了解行道树的生态习性与园林应用的协调效果。

任务考核

任务考核从职业素养和职业技能两方面进行评价，标准见表8-1。

表8–1 调查与识别行道树任务的考核标准

考核内容		考核标准	考核分值
职业素养	职业道德 职业态度 职业习惯	忠于职守，乐于奉献；实事求是，不弄虚作假；积极主动，操作认真；善始善终，爱护公物	30
职业技能	任务操作	按要求完成调查树种； 能准确识别10种常见行道树	30 30
	总结创新	识别要点整理及时准确	10

理论认知

1. 银杏

别名：白果、公孙树、鸭脚树。

拉丁学名：*Ginkgo biloba* L.

科属：银杏科，银杏属。

形态特征：银杏为落叶乔木（图8-1），胸径可达4m。树冠广卵形，幼树树皮近平滑，浅灰色，大树树皮灰褐色，不规则纵裂，有长枝与生长缓慢的矩状短枝。叶片在长枝上为单叶互生、在短枝上簇生，短枝密被叶痕。叶片多呈扇形，有二叉状叶脉，顶端常两裂，基部楔形，有长柄。雌雄异株，雄球花柔荑花序下垂，雌球花有长柄，顶端有珠座，上有直生胚珠。无花被，风媒花，花期4～5月份。种子核果状，具长梗，下垂，近球形；外种皮肉质，被白粉，成熟时淡黄色或橙黄色；中种皮白色、骨质，内种皮膜质。

(a)

(b)

(c)

图8–1 银杏

变种、变型：黄叶银杏、裂叶银杏、垂枝银杏、斑叶银杏。品种有佛手类、马铃类、梅核类。

分布与习性：浙江天目山有野生，沈阳以南有栽培。阳性树，寿命长，我国有3000年以上的古树。初期生长较慢，萌蘖性强。雌株一般20年左右开始结实，500年生的大树仍能正常结实。喜适当湿润而又排水良好的深厚沙壤土，不耐积水，较耐旱，耐寒。

园林用途：银杏树姿雄伟壮丽，叶形秀美，寿命长，又少病虫害，最适合作庭荫树、行道树或独赏树。街道绿化时，应选雄株，以免种实污染行人衣物。

2. 法桐

别名：三球悬铃木。

拉丁学名：*Platanus orientalis* L.

科属：悬铃木科，悬铃木属。

形态特征：落叶大乔木，树冠阔钟形（图8-2），树皮灰褐色至灰白色，呈薄片状剥离，一年生枝之字形曲折，灰绿色或褐色，节部膨大；单叶互生，有星状毛。叶掌状5～7裂，深裂达中部；

叶基部阔楔形或截形，叶缘有齿牙，掌状脉；托叶圆领状。花序头状，黄绿色。多数坚果聚合成球形，3～6个球一串，宿存花柱长，呈刺毛状。冬季落叶后叶痕互生，圆环形；具环状托叶痕；叶迹5～6。无顶芽，侧芽单生，芽鳞1，帽状；柄下芽。花期4～5月份；果9～10月份成熟。

(a)

(b)

(c)

图8-2 法桐

分布与习性：原产欧洲，印度及小亚细亚也有分布，我国也有栽培。喜阳光充足，喜温暖湿润气候，略耐寒，较能耐湿及耐干。生长迅速，寿命长，适生于微酸性或中性、排水良好的土壤，微碱性土壤虽能生长，但易发生黄化。根系分布较浅，台风时易受害而倒斜。

园林用途：树形雄伟端正，叶大荫浓，树冠广阔，干皮光洁，繁殖容易，生长迅速，具有极强的抗烟、抗尘能力，有“行道树之王”的美称。

3. 英桐

别名：二球悬铃木。

拉丁学名：*Platanus acerifolia* (*Ait.*) Willd.

科属：悬铃木科，悬铃木属。

形态特征：落叶乔木，高可达20m（图8-3）。树冠阔卵形，枝条开展，幼枝密生褐色绒毛，干皮呈片状剥落。叶片广卵形至三角状广卵形，叶裂较浅，球状果序常两球串生。

(a)

(b)

(c)

图8-3 英桐

品种：有银斑英桐（叶有白斑）、金斑英桐（叶有黄色斑）、塔形英桐（树冠呈狭圆锥形）。

分布与习性：世界各地多有栽培，中国各地栽培的也多为本种。阳性树，喜温暖气候，有一定的抗寒力，在北京可露地栽植，对土壤的适应能力极强，能耐干旱、瘠薄。萌芽力强，耐重剪。

园林用途：同法桐。

4. 美桐

别名：一球悬铃木。

拉丁学名：*Platanus occidentalis* L.

科属：悬铃木科，悬铃木属。

形态特征：大乔木，树高可达40m左右（图8-4）。树冠圆形或卵圆形。叶3～5浅裂，中裂片宽大于长。球状果序常单生，稀两个串生，与悬铃木的主要区别为5浅裂，中央裂片宽大于长。

图8-4　美桐

变种：有光叶美桐，叶背无毛，叶形较小。

分布与习性：原产北美东南部，中国有少量栽培。耐寒力比法桐稍差。

园林用途：同法桐。

5. 国槐

别名：槐树、家槐。

拉丁学名：*Sophora japonica* L.

科属：豆科，槐属。

形态特征：落叶乔木，树高可达25m（图8-5）；树皮纵裂；小枝绿色，皮孔明显。奇数羽状复叶，小叶卵状披针形，叶端尖，叶背有白粉及柔毛。圆锥花序顶生，浅黄绿色。荚果念珠状，熟后不开裂，经冬不落。冬季落叶后叶痕互生，V形或三角形，有托叶痕，叶迹3。无顶芽，侧芽为柄下芽，半隐藏于叶痕内，极小，被褐色粗毛。花期6～8月份，果期9～10月份。

变种：龙爪槐、紫花槐、五叶槐。

分布与习性：原产中国北部，北自辽宁，南至广东、台湾，东自山东，西至甘肃均有分布。喜光，略耐阴，喜干冷气候，喜深厚、排水良好的沙质土壤。生长速度中等，根系发达，为深根性树种，萌芽力强，寿命极长。

园林用途：国槐树冠宽广，枝叶繁茂，寿命长且耐城市环境，是良好的行道树和庭荫树，是夏季重要的蜜源植物。

(a)

(b)

(c)

图8-5　槐树

6. 合欢

别名：马缨花、绒花树。

拉丁学名：*Albizia julibrissin* Durazz.

科属：豆科，合欢属。

形态特征：落叶乔木（图8-6）。树高可达16m；小枝无毛；2回偶数羽状复叶，小叶镰刀状长圆形，两侧常不对称，中脉在一边，总叶柄下有腺体。头状花序，多数排成伞房状，花黄绿色，不显，花丝粉红色，观赏性强。荚果扁条形，花期6～7月份，果9～10月份成熟。

分布与习性：产于亚洲及非洲，广泛分布于我国东北南部至华南地区。适应性强，喜光，但树干皮薄怕暴晒。耐寒性略差，耐干旱、瘠薄，但不耐水涝，生长迅速，枝条开展，树冠常偏斜，分枝点较低。

园林用途：合欢树姿优美，叶形雅致，盛夏绒花满树，有色有香，能形成轻柔舒畅的气氛，宜作庭荫树、行道树，植于林缘、草坪、山坡等地。

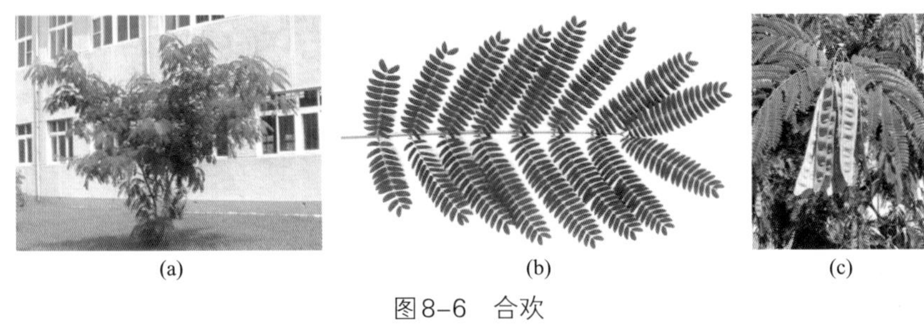

(a) (b) (c)

图8-6 合欢

7. 毛白杨

拉丁学名：*Populus tomentosa* Carr.

科属：杨柳科，杨属。

形态特征：落叶乔木（图8-7），树高可达30m，树冠宽卵形。中幼龄时树皮灰绿色，皮孔菱形；老树树皮深纵裂。一年生小枝灰绿色，幼时被白绒毛，或无毛；实心髓，切面五角形。单叶互生，三角状卵形，叶缘有锯齿或缺刻（不裂）；幼时叶背密被白绒毛，老叶背面毛脱落。雌雄异株，柔荑花序，蒴果。冬季落叶后叶痕互生，半圆形或圆形；叶迹3；有托叶痕。顶芽卵状圆锥形，侧芽三角状卵形，贴枝或成30°角张开，花芽宽卵形，芽鳞5～7，密被灰白色绒毛。

分布与习性：中国特产，主要分布于黄河流域，北至辽宁南部，南达江苏、浙江，西至甘肃东部，西南至云南均有分布。喜光，要求凉爽和较湿润气候，对土壤要求不严，一般在20年生之前高生长旺盛，而后加粗生长变快。寿命为杨属中最长的树种。

园林用途：毛白杨树干灰白，端直，树形高大广阔，颇具雄伟气概，大型深绿色的叶片在微风吹拂时能发出欢快的响声，给人以豪爽之感。在园林绿地中很适宜作行道树或庭荫树。

(a) (b) (c)

图8-7 毛白杨

8. 银白杨

拉丁学名：*Populus alba* L.

科属：杨柳科，杨属。

形态特征：落叶乔木（图8-8），树高可达25m，叶掌状3～5浅裂，裂片先端钝尖；老叶背面仍有白毛。树冠宽大，广卵形或圆球形。树皮灰白色，光滑，基部常纵裂。长枝叶广卵形至三角状卵形，掌状裂，缘有粗齿或缺刻。花期3～4月份，果期4～5月份。

(a)

(b)

(c)

图8-8　银白杨

变种：新疆杨（*Populus alba* var.*pyramidalis*），叶掌状3～5裂或深裂，老叶背面仍被白毛（图8-9）；树冠圆柱形，树皮灰绿色，老时灰白色，平滑。与银白杨的区别主要为枝直立向上，形成圆柱形树冠。主要分布在新疆，尤以南疆较多。喜光，耐干旱，耐盐碱，耐寒性不如银白杨。生长快，根系较深，萌芽性强。

图8-9　新疆杨

分布与习性：新疆有野生天然林分布，西北、华北、辽宁南部及西藏等地有栽培。喜光，不耐阴，抗寒性强，耐干旱，但不耐湿热。较耐瘠薄。深根性，根系发达，根萌蘖力强。正常寿命可达90年以上。

园林用途：银白杨的叶片和灰白色的树干与众不同，叶子在微风中飘动有特殊的闪烁效果，高大的树形及卵圆形的树冠颇为美观。在园林中用作庭荫树、行道树，或于草坪孤植、丛植均宜。

9. 银中杨

拉丁学名：*Populus alba* × *Populus berolinensis*

科属：杨柳科，杨属。

形态特征：银中杨（图8-10），以熊岳的银白杨为母本、中东杨为父本，人工杂交选育，选择雄性无性系。树干通直，皮灰绿色，被白粉；树冠细圆锥形。树姿优美，叶大型，叶片两色，叶面墨绿色，叶背面银白色，密生绒毛。高15～30m，银中杨基部常粗糙。一年生枝被白绒毛。萌发枝和长枝叶宽卵形，掌状3～5深裂，长5～10cm、宽3～8cm，顶端渐尖，基部近心形，叶缘具不规则齿，雄花序长5～8cm，苞片长约5mm，雄蕊6～10个，花药浅褐红色。

分布与习性：北起黑龙江，南至华北各省区，均有引种栽培，表现良好。具速生、抗病虫能力强、耐寒、耐瘠薄等优良特性。主要抗灰斑病、青杨锈病、杨干象甲、白杨透翅蛾。抗寒性优于新疆杨。

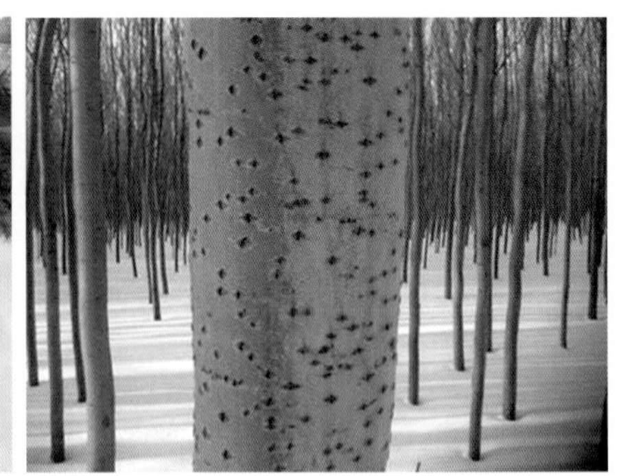

图8–10　银中杨

园林用途：常用于行道树、衬景树及旅游景点。可净化美化环境，树形美观，既是营造速生丰产林的优良树种，也是城乡绿化的常用树种。

10. 胡杨

别名：胡桐。

拉丁学名：*Populus euphratica* Oliv.

科属：杨柳科，杨属。

图8–11　胡杨

形态特征：落叶乔木（图8-11），高达30m，胸径可达1.5m；树皮灰褐色，呈不规则纵裂沟纹。长枝和幼苗、幼树上的叶线状披针形或狭披针形，长5～12cm，全缘，顶端渐尖，基部楔形；短枝上的叶卵状菱形、圆形至肾形，长25cm，宽3cm，先端具2～4对楔形粗齿，基部截形，稀近心形或宽楔形；雌雄异株；苞片菱形，上部常具锯齿，早落；雄花序长1.5～2.5cm，雄蕊23～27，具梗，花紫红色；雌花序长3～5cm，子房具梗、柱头宽阔，紫红色；果穗长6～10cm。蒴果长椭圆形，长10～15mm，2裂，初被短绒毛，后光滑。花期5月份，果期6～7月份。

分布与习性：胡杨分布在北纬30°～50°之间的亚洲中西部、北非和欧洲南部干旱性荒漠地区。在我国主要分布在新疆、甘肃、内蒙古、青海和宁夏等地。据统计，世界上的胡杨绝大部分生长在中国，而中国90%以上的胡杨又生长在新疆的塔里木河流域。目前被誉为世界最古老、面积最大、保存最完整、最原始的胡杨林保护区则在新疆轮台县。

胡杨是亚非荒漠地区典型的潜水旱中生至中生植物，长期适应极端干旱的大陆性气候；对温度大幅度变化的适应能力很强，喜光，喜土壤湿润，耐干旱，耐高温，也较耐寒；适生于10℃以上积温2000～4500℃之间的暖温带荒漠气候。能够忍耐极端最高温45℃和极端最低温–40℃的袭击。

园林用途：沙荒地、盐碱地的重要绿化树种，是沙漠地区绿洲的主要树种。

11. 加拿大杨

别名：加杨、欧美杨。

拉丁学名：*Populus canadensis* Moench.

科属：杨柳科，杨属。

形态特征：乔木（图8-12），高达30m，树冠开展呈卵圆形。树皮灰褐色，粗糙，纵裂。小枝在叶柄下具3条棱脊，冬芽先端不贴紧枝条。叶近正三角形，长7～10cm；叶基部截形，先端渐尖，边缘半透明，具钝齿；叶柄长且扁平，顶端有时具1～2腺体。花期4月份，果熟期5月份。

分布与习性：原产欧、亚、美各洲。19世纪中叶引入我国，喜温暖湿润气候，耐瘠薄及微碱性土壤。

园林用途：加拿大杨夏季绿荫浓密，很适合作行道树、庭荫树及防护林用。同时，也是工矿区绿化及“四旁”绿化的好树种。

图8-12　加拿大杨

12. 旱柳

别名：柳树、河柳、江柳、立柳、直柳。

拉丁学名：*Salix matsudana* Koidz.

科属：杨柳科，柳属。

形态特征：落叶乔木（图8-13），高达20m。树冠倒卵形。大枝斜展，枝细长，直立或斜展，嫩枝有毛后脱落，淡黄色或绿色。髓心切面呈圆形。叶披针形或条状披针形，先端渐长尖，长5～10cm，叶柄短，2～4mm，基部窄圆或楔形，无毛，下面略显白色，细锯齿，嫩叶有丝毛后脱落。雄蕊2，花丝分离，基部有长柔毛，腺体2。冬季叶落后叶痕互生，有托叶痕；叶迹3。无顶芽，侧芽单生，芽鳞1，帽状，黄褐色或带紫色；叶芽卵形，花芽长椭圆形。花期4月份，果熟期4～5月份。

(a)

(b)

(c)

图8-13　旱柳

变种与品种：

馒头柳（f. *umbraculifera*），分枝密，端梢整齐，形成半圆形，状如馒头。

绦柳（f. *pendula*），枝条细长下垂，与垂柳相似，本变型小枝黄色，叶为披针形，下面苍白色或带白色；但垂柳的小枝褐色，叶为狭披针形或线状披针形，下面带绿色。

龙须柳（f. *tortuosa*），枝条扭曲向上，易衰老，寿命短。

分布与习性：中国分布甚广，三北地区及长江流域各省有分布，以黄河流域为中心，是我国北方地区最常见的树种。喜光，不耐阴，喜水湿，耐干旱。对土壤要求不严。生长快，寿命达50～70年，萌芽力强，根系发达，主根深，侧根和须根广布于各土层中。

园林用途：柳树枝叶柔软嫩绿，树冠丰满多姿，给人以亲切优美之感。为重要的园林和绿化树种，但由于柳絮繁多、飘扬时间长，故以种植雄株为宜。

13. 垂柳

别名：垂枝柳、倒挂柳。

拉丁学名：*Salix babylonica* L.

科属：杨柳科，柳属。

形态特征：落叶乔木（图8-14），高达18m；树冠倒广卵形。小枝细长下垂，淡褐色、淡褐黄色或带紫色，无毛。芽线形，先端急尖。叶狭披针形至线状披针形，长9～16cm，先端渐长尖，缘有细锯齿，表面绿色，背面蓝灰绿色；叶柄长约1cm；托叶扩镰形，早落。雄花具2雄蕊，2腺体；雌花子房仅腹面具1腺体。花期3～4月份；蒴果，果熟期4～5月份。

(a)

(b)

(c)

图8–14 垂柳

分布与习性：全国各地均有分布或栽培，主要分布于长江流域及以南各省，华北和东北也有分布，是平原水边常见树种。喜光，喜温暖湿润气候及潮湿深厚的酸性及中性土壤。较耐寒，特耐水湿，萌芽力强，根系发达，生长迅速，寿命短，30年后渐趋衰老。

园林用途：垂柳枝条细长，柔软下垂，随风飘荡，姿态优美潇洒，植于河岸及湖池边最为理想，柔条依依拂水，别有风致，自古即为重要的庭院观赏树。也可用作行道树、庭荫树、固岸护堤树及平原造林树种。

14. 臭椿

别名：椿树、木砻树。

拉丁学名：*Ailanthus altissima*（Mill.）Swingle.

科属：苦木科，臭椿属。

形态特征：落叶乔木（图8-15），树高可达30m，树冠呈扁球形或伞形。树皮灰白色或灰黑色，平滑，稍有浅裂纹。枝条粗壮，髓心海绵质，淡褐色。奇数羽状复叶，互生，小叶近基部具少数粗齿，卵状披针形，叶总柄基部膨大，齿端有1腺点，有臭味。雌雄同株或雌雄异株。圆锥花序顶生，花小，杂性，白绿色，花瓣5～6，雄蕊10。种子位于翅果中央。叶落后叶痕盾形或肾形；无托叶痕；叶迹7～13，常9，排成V形。无顶芽；侧芽球形，黄褐色或褐色，被黄色绒毛或无毛；芽鳞2～4。

图8–15 臭椿

品种：千头椿（*Ailanthus altissima* 'Qiantou'）（图8-16），枝条直立生长，分支角度小于45°，枝干密集，无明显主干；黑椿，树皮黑灰色，厚而粗糙；白椿，树皮灰白色，薄而较平滑；无味臭椿，腺点臭味极轻或无臭味。

图8-16　千头椿

分布与习性：分布于东北南部、华北、西北至长江流域各地。喜光，适应性强，对烟尘与SO_2的抗性较强，能耐干旱及盐碱。不耐水湿，喜排水良好的沙壤土。有一定的耐寒力，根系发达，为深根性树种。萌蘖性强，生长较快。

园林用途：臭椿树干通直而高大，树冠圆整如半球状，颇为壮观，叶大荫浓，秋季红果满树，虽叶及开花时微臭，但并不严重，仍是一种很好的观赏树、庭荫树和行道树。欧洲称之为天堂树。

15. 洋白蜡

别名：美国红梣、毛白蜡。

拉丁学名：*Fraxinus pennsylvanica* March.

科属：木樨科，白蜡树属。

形态特征：落叶乔木，株高20m。树皮灰黑色，树冠圆锥形。小枝有毛或无毛。奇数羽状复叶（图8-17），小叶5～9枚，卵状长椭圆形至披针形，长8～14cm，顶生小叶与侧生小叶几等大，先端渐尖或急尖，基部阔楔形，叶缘具不明显钝锯齿或近全缘，下面疏被绢毛。圆锥花序腋生于二年生枝，花密集，雄花与两性花异株，与叶同时开放；有花萼，无花瓣。翅果狭倒披针形，长3～6cm，果翅下延达果体1/2以上。花期4月份，果期8～10月份。

图8-17　洋白蜡

分布与习性：原产美国东部和中部。我国可在北至黑龙江及内蒙古南部，南至云南、广西、广东北部的区域内生长。喜光，耐寒，耐低湿，耐干旱。

园林用途：树干通直，树形端庄，枝叶繁茂，秋叶橙黄，是优良的行道树、孤植树和庭荫树。

16. 白蜡树

别名：青榔木、白荆树。

拉丁学名：*Fraxinus chinensis* Roxb.

科属：木樨科，白蜡树属。

形态特征：落叶乔木，树冠卵圆形，树皮黄褐色（图8-18）。小枝光滑无毛。奇数羽状复叶，对生，小叶5～9枚，通常7枚，卵圆形或卵状披针形，长3～10cm，先端渐尖，基部狭，不对称，缘有齿及波状齿，表面无毛，背面沿脉有短柔毛。圆锥花序侧生或顶生于当年生枝上，大而疏松；椭圆花序顶生及侧生，下垂，夏季开花。花萼钟状；无花瓣。翅果倒披针形，长3～4cm。花期3～5月份；果10月份成熟。

图8–18 白蜡树

分布与习性：我国北至东北中南部，南至广东，西至甘肃均有分布。喜光、稍耐阴，喜湿耐涝，对土壤要求不严，抗烟尘，对SO_2、Cl_2有较强抗性。萌蘖力强，耐修剪，生产快，寿命长。

园林用途：树干通直，树形端庄，枝叶繁茂，秋叶橙黄，是优良的行道树、孤植树和庭荫树。

17. 栾树

别名：大夫树、灯笼树。

拉丁学名：*Koelreuteria paniculata* Laxm.

科属：无患子科，栾树属。

形态特征：落叶乔木，树冠近球形（图8-19）。树皮灰褐色，细纵裂。奇数羽状复叶互生，有时呈不完全的2回羽状复叶，长40cm，小叶7～15枚，卵形或卵状椭圆形，缘有不规则粗齿。圆锥花序，花黄色。蒴果三角状卵形，顶端尖，成熟时红褐色或橘红色。花期6～7月份，果期9月份。

图8–19 栾树

分布与习性：产于中国北部及中部，以华北最为常见。喜光，耐半阴，耐寒，耐干旱、瘠薄，喜生于石灰质土壤，也能耐盐渍及短期水涝。深根性，萌蘖力强。生长速度中等。

园林用途：本种树形端正，枝叶茂密而美丽，春季嫩叶多为红色，入秋叶色变黄，夏季开花，满树金黄，十分美丽，是理想的绿化、观赏树种。宜作庭荫树、行道树及园景树。

18. 侧柏

拉丁学名：*Platycladus orientalis* (Linn.)Franco

科属：柏科，侧柏属。

形态特征：常绿乔木，树皮薄，浅褐色，呈薄片状剥离（图8-20）。大枝斜出。小枝直展扁平，叶全为鳞片状。雌雄同株，球花单生枝顶。球果卵形，熟前绿色，肉质种鳞，顶端反曲尖头，熟后木质，开裂，红褐色。种子无翅。

(a)

(b)

(c)

图8–20　侧柏

品种：千头柏、金塔柏、洒金千头柏、北京侧柏、金叶千头柏等。

窄冠侧柏cv. Zhaiguancebai：乔木，树冠窄狭，枝条向上伸展或微斜伸展，叶光绿。

圆枝侧柏cv. Yuangzhicebai：乔木，冠圆锥形，小枝细长，圆柱形。

分布与习性：原产东北、华北，现全国各地均有栽培。喜光，有一定的耐阴力，喜温暖湿润气候，也耐旱，较耐寒，喜排水良好而湿润的深厚土壤。幼年、青年期生长较快，至成年期后变缓慢，寿命极长，可达2000年以上。抗烟尘，抗SO_2、HF等有害气体。

园林用途：侧柏是我国应用最广泛的园林树种之一，常栽于寺庙、陵墓和庭院中。

19. 榆树

别名：白榆、家榆、榆钱树、春榆、粘椰树。

拉丁学名：*Ulmus pumila* L.

科属：榆科，榆属。

形态特征：落叶乔木，树皮暗灰色，纵裂，粗糙（图8-21）。小枝细长，排成两列状。单叶互生；叶卵状长椭圆形，长2～6cm，先端尖，基部歪斜，缘有不规则单锯齿，羽状脉。早春叶前开花，簇生于去年生老枝上。翅果近圆形，种子位于翅果中部。

(a)

(b)

(c)

图8–21　榆树

分布与习性：产于东北、华北、西北及华东等地。喜光，耐寒，抗旱，能适应干凉气候；不耐水湿，但能耐干旱瘠薄和盐碱土。生长较快，寿命可达百年以上。萌芽力强，耐修剪。主根深，侧根发达，抗风、保土力强。

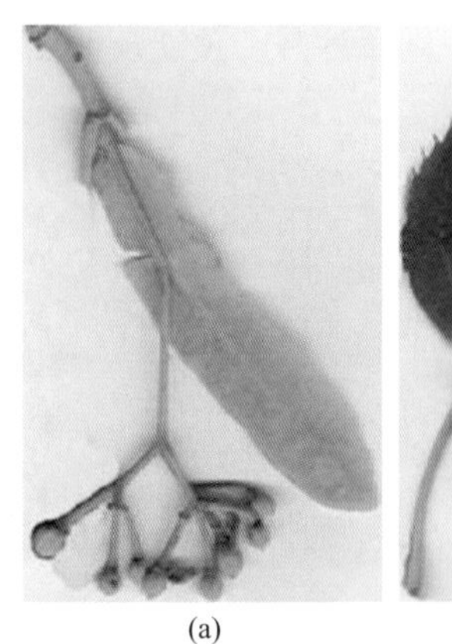
(a)

(b)

图8-22 糠椴

图8-23 车梁木

园林用途：榆树树干通直，树形高大，绿荫较浓，适应性强，生长快，是城乡绿化的重要树种，栽作行道树、庭荫树、防护林及“四旁”绿化均可，也可用作绿篱、盆景。

20. 糠椴

别名：大叶椴、菩提树。

拉丁学名：*Tilia mandschurica* Rup.et Maxim.

科属：椴树科，椴树属。

形态特征：落叶乔木（图8-22），树冠广卵形。树皮暗灰色，有浅纵裂。当年生枝黄绿色，密生灰白色星状毛。单叶互生，广卵形，基部歪心形，叶缘锯齿粗而有突出尖头，表面有光泽，背面密生灰色星状毛。聚伞花序下垂，有苞片与花柄下部相连。核果球形，密被黄褐色星状毛。

分布与习性：产于东北三省、内蒙古自治区及河北、山东等省。喜光，也相当耐阴，耐寒性强，喜冷凉气候及深厚、肥沃而湿润的土壤。适宜于山沟、山坡或平原生长。

园林用途：本种树冠整齐，枝叶茂密，遮阴效果好，花黄色而芳香，是北方优良的庭荫树及行道树，但目前城市绿地及园林中应用较少。

21. 车梁木

别名：毛梾木。

拉丁学名：*Cornus walteri* Wanger.

科属：山茱萸科，梾木属。

形态特征：落叶乔木（图8-23）。单叶对生，椭圆形，长4～9cm，宽3～5cm，叶全缘叶端渐尖，基部广楔形，侧脉4～5对。伞房状聚伞花序顶生，花小，直径10mm，白色，有香气，花期5月份。果球形，直径6～7mm，黑色，果期9～10月份。

分布与习性：分布于黄河流域及附近地区。性喜阳光，耐旱，耐寒。在自然界常散生于向阳山坡及岩石缝间。

园林用途：本种枝叶茂密，白花可观赏，在园林中可作行道树。

22. 枫杨

别名：麻柳、蜈蚣柳。

拉丁学名：*Pterocarya stenoptera* C. DC.

科属：胡桃科，枫杨属。

形态特征：落叶乔木（图8-24），树皮老时深纵裂。裸芽，叶多为偶数或稀奇数羽状复叶，小叶10～16枚（稀6～25枚），无小叶柄，对生或稀近对生，长椭圆形至长椭圆状披针形，顶端常钝圆或稀急尖，基部歪斜，上方一侧楔形至阔楔形，下方一侧圆形，边缘有向内弯的细锯齿，上面被有细小的浅色疣状凸起，叶轴有翼。坚果具两翅。花期4～5月份，果成熟期8～9月份。

分布与习性：广布于华北、华中、华南和西南各省，在长江流域和淮河流域最为常见。喜光，喜温暖湿润气候，也较耐寒，叶面耐湿性强，不宜长期积水，对土壤要求不严。深根性，主根明显，侧根发达。萌芽力强。

(a)

(b)

(c)

(d)

图8-24　枫杨

园林用途：枫杨树冠宽广，枝叶茂密，生长快，适应性强，在江淮流域多作为庭荫树或行道树。又因枫杨根系发达、较耐水湿，常作水边护岸固堤及防风林树种。

任务8.2　调查与识别独赏树

任务分析

调查并识别当地独赏树的种类及应用效果。通过实地识别与调查，可以了解当地独赏树的应用种类及应用效果，掌握独赏树常见种类的形态特征及应用，为园林树种的合理配置提供实践依据。

任务实施

【材料与工具准备】

检索表、树木识别手册、记录本、记录笔等。

【实施过程】

1.初步调查树木种类。
2.根据检索表或树木识别手册进行树种确认。
3.教师核对并讲解树种识别要点。
4.总结独赏树应用种类及应用效果。

【注意事项】

1.注意独赏树的主要观赏特点。
2.注意了解独赏树的生态习性和观赏效果与园林应用的协调效果。
3.注意了解独赏树的其他园林应用效果。

任务考核

任务考核从职业素养和职业技能两方面进行评价，标准见表8-2。

表8-2 调查与识别独赏树任务的考核标准

考核内容		考核标准	考核分值
职业素养	职业道德 职业态度 职业习惯	忠于职守，乐于奉献；实事求是，不弄虚作假；积极主动，操作认真；善始善终，爱护公物	30
职业技能	任务操作	按要求完成调查树种； 能准确识别10种常见独赏树	30 30
	总结创新	识别要点整理及时准确	10

理论认知

1. 雪松

别名：喜马拉雅松。

拉丁学名：*Cedrus deodara*（Roxb.）Lord.

科属：松科，雪松属。

形态特征：常绿乔木（图8-25）。塔形树冠。大枝平展，小枝常下垂。叶针状，灰绿色，幼时被白粉，在长枝上互生，在短枝上簇生。雌雄异株。球果椭圆状卵形，较大，次年成熟；种鳞木质，成熟时与种子同落。花期10～11月份，果实成熟期翌年10月份。

品种：银梢雪松、银叶雪松、金叶雪松、直立雪松、垂枝雪松等。

分布与习性：原产于喜马拉雅山西部，长江中下游各地多有栽培，最北至大连。阳性树，有一定的耐阴性，幼苗期耐阴力较强，喜温凉气候，有一定的耐寒力，喜土层深厚而排水良好的土壤，忌积水，畏烟。浅根性，抗风性弱，寿命长。不耐烟尘，对HF、SO_2反应极为敏感，可作大气检测树种。

园林用途：雪松树体高大，树形优美，为世界著名观赏树，常作独赏树。

(a)

(b)

(c)

图8-25 雪松

2. 金钱松

别名：金松。

拉丁学名：*Pseudolarix amabilis* (Nelson) Rehd.

科属：松科，金钱松属。

形态特征：落叶乔木（图8-26）。树干端直，树枝有长枝和短枝。叶在长枝上互生、在短枝上轮状簇生，长短不齐。叶条形较宽，柔软。球果卵形，当年成熟，浅红褐色；种鳞木质，熟时脱落。

品种：垂枝金钱松、矮生金钱松、矮丛金钱松。

分布与习性：产于长江中下游地区。性喜光，幼时稍耐阴，喜温凉湿润气候和中性或微酸性土壤，能耐–20℃的低温，抗风力强，不耐干旱、积水，生长速度中等偏快。

(a)　(b)

图8–26　金钱松

园林用途：本树为世界五大公园树之一，体形高大，树干端直，入秋叶变为金黄色，极为美丽，可作行道树、孤植或丛植。国家二级重点保护植物。

3. 北美乔松

别名：美国白松、美国五针松。

拉丁学名：*Pinus strobus* Linn.

科属：松科，松属。

形态特征：大乔木，高可达30m，冠宽10m，小树圆锥形，大树接近圆柱形，树皮暗灰褐色，块状裂片状脱落，轮生枝，枝干不下垂，稍向上扬状，枝干大多呈45°，小枝绿褐色，初时有毛，后脱落。叶5针一束，蓝绿色，叶细而柔软，球果光滑，圆柱形下垂。种子有长翅。花期4～5月份，果实于翌年秋季成熟（图8-27）。

(a)　(b)　(c)

图8–27　北美乔松

分布与习性：原产于美国东部地区，我国各地引进栽培。喜阳光充足的环境，稍耐阴，耐寒性强，耐干旱能力较好，对土壤要求不严格。

园林用途：可孤植、丛植、列植于路旁、草坪边缘等地。

4. 华山松

别名：青松、五须松。

拉丁学名：*Pinus armandii* Franch.

科属：松科，松属。

形态特征：常绿乔木（图8-28）。树高达35m。树冠阔圆锥形，幼树树皮灰绿色，老树树皮成方块状固着树上。小枝平滑无毛。叶5针一束，长8～15cm，柔软，边缘锯齿较红松细，树脂道多为3，中生或背面2个边生，腹面1个中生，叶鞘早落。球果圆锥状长卵形，成熟时种鳞张开，种子脱落。种子无翅。

分布与习性：生于海拔1000～3000m处，我国南北均有分布。阳性树，喜光，幼苗稍耐阴，喜温和凉爽、湿润气候，耐寒力强，喜排水良好，不耐盐碱土。

园林用途：华山松高大挺拔，针叶苍翠，冠形优美，生长迅速，是优良的庭园绿化树种，可用作园景树、庭荫树、行道树及林带树。

(a)

(b)

(c)

图8-28 华山松

5. 日本五针松

别名：五钗松、日本五须松、五针松。

拉丁学名：*Pinus parviflora* Sieb. Et Zucc.

科属：松科，松属。

形态特征：常绿乔木（图8-29），树冠圆锥形；幼树树皮淡灰色，平滑，大树树皮暗灰色，裂成鳞状块片脱落；枝平展，一年生枝幼嫩时绿色，后呈黄褐色，密生淡黄色柔毛；冬芽卵圆形，无树脂。针叶5针一束，微弯曲，长3.5～5.5cm，叶鞘早落。球果卵圆形或卵状椭圆形，几无梗，熟时种鳞张开，鳞盾淡褐色或暗灰褐色，近斜方形，先端圆，鳞脐凹下，种子有翅，为不规则倒卵圆形。

图8-29 日本五针松

分布与习性：我国南北各地引种栽培。阳性树，较耐阴，喜生于深厚、排水良好的土壤，生长速度缓慢，不耐移植。

园林用途：树形美观，可作行道树、园景树。

6. 水杉

别名：水桫。

拉丁学名：*Metasequoia glyptostroboides* Hu et Cheng.

科属：杉科，水杉属。

形态特征：落叶乔木。叶基部扭转排成2列，呈羽状（图8-30）。树皮灰褐色或深灰色，裂成条片状脱落；大枝近轮生，小枝对生或近对生，下垂。叶交互对生，在绿色脱落的侧生小枝上排成羽状二列，线形，柔软，几乎无柄。上面中脉凹下，下面沿中脉两侧有4～8条气孔线。雌雄同株，球果下垂，当年成熟，果蓝色，可食用，近球形或长圆状球形，微具四棱。种鳞极薄，透明；苞鳞木质，盾形，背面横菱形，有一横槽，熟时深褐色；种子倒卵形，扁平，周围有窄翅，先端有凹缺。每年2月份开花，果实11月份成熟。

(a)

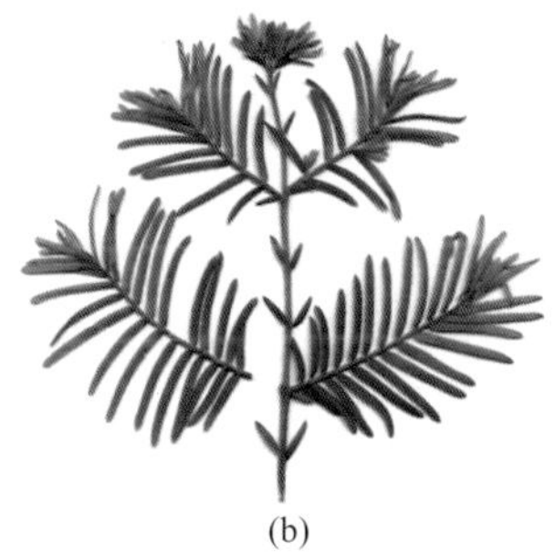
(b)

图8-30　水杉

分布与习性：产于四川、湖北及湖南等地。阳性树，喜温暖湿润气候，最低气温-8℃，具有一定的抗寒性，喜深厚肥沃而又排水良好的酸性土，不耐涝，不耐旱，生长速度较快，在一般条件下10年开始见花，15～20年成材，40～60年大量结果。

园林用途：水杉树冠呈圆锥形，姿态优美，叶色秀丽，秋叶转棕褐色，都很美观。在园林中孤植、丛植或列植，也可成片林植。

7. 核桃

别名：胡桃。

拉丁学名：*Juglans regia* L.

科属：胡桃科，胡桃属。

形态特征：树皮灰白色，老时深纵裂。小枝无毛（图8-31）。复叶互生，小叶5～9，椭圆形、倒卵状椭圆形，长6～14cm，基部盾圆或偏斜，全缘，幼树或萌芽枝上之叶有锯齿，侧脉常在15对以下，表面光滑，背面脉腋有簇毛。雄花为柔荑花序，雌花顶生成穗状花序。核果球形；果核近球形，先端盾，有2脊及不规则浅刻纹。

分布与习性：原产中国新疆及阿富汗、伊朗一带。各地广泛栽培，品种很多。喜光，喜温暖凉爽气候，耐干冷，不耐湿热。喜深厚、肥沃、湿润而排水良好的微酸性至微碱性土壤。深根性，有粗大的肉质直根，故怕水淹。

园林用途：胡桃树冠庞大雄伟，枝叶茂密绿荫覆地，加上灰白洁净的树干也很宜人，是良好的庭院树种。孤植、丛植于草地或园中隙地都很合适，也可成林栽植于风景疗养区等。

(a)

(b)

图8–31 核桃

8. 核桃楸

别名：胡核楸、楸子。

拉丁学名：*Juglans mandshurica* Maxim.

科属：胡桃科，胡桃属。

形态特征：落叶乔木。树皮灰色，浅纵裂。小枝有毛。叶互生，奇数羽状复叶，小叶9～17，叶缘有锯齿，小叶几无柄（图8-32）。核果卵形，顶端尖，有腺毛；果核长卵形，具8条纵脊。

图8–32 核桃楸叶片

产地与分布：主产中国东北东部山区，多散生于沟谷两岸及山麓。

习性：强阳性，不耐荫，耐寒性强。喜湿润、深厚、肥沃而排水良好的土壤。根系庞大，深根性，能抗风，有萌蘖性。生长速度中等。

园林用途：胡桃楸树干通直，树冠宽卵形，枝叶茂密，可作庭荫树。孤植、丛植于草坪，或列植路边均可。

9. 水榆花楸

别名：凉子木。

拉丁学名：*Sorbus aloifolia* var. *alnifolia*

科属：蔷薇科，花楸属。

形态特征：落叶乔木。树皮光滑，灰色；小枝圆柱形，具灰白色皮孔，幼时微具柔毛，二年生枝暗红褐色，老枝暗灰褐色，无毛；冬芽卵形，先端急尖，外具数枚暗红褐色无毛鳞片。单叶互生（图8-33），叶卵形至椭圆状卵形，先端锐尖，基部圆形，缘有不规则尖锐重锯齿。复伞房花序，白色。梨果卵形，红色或黄色。花期5月份，果期8～9月份。

图8–33 水榆花楸叶片

分布与习性：东北至长江中下游及陕、甘南部。耐阴，耐寒。喜湿润、微酸性或中性土。

园林用途：本种树形圆锥形，秋天叶先变黄后转红，又结果累累，颇为美观，可作园林风景树栽植。

10. 白桦

别名：桦树、桦木、桦皮树。

拉丁学名：*Betula platyphylla* Sukats.

科属：桦木科，桦木属。

形态特征：落叶乔木，树皮白色（图8-34），纸状分层剥离，皮孔黄色。树冠卵圆形，小枝细，红褐色，无毛，外被白色蜡层。单叶互生，叶三角状卵形或菱状卵形，基部广楔形，叶缘有不规则重锯齿，侧脉5～8对。雄花为下垂柔荑花序，果序单生，圆柱形。坚果小而扁，膜质翅与果等宽或较果稍宽。

分布与习性：产于大、小兴安岭及长白山和华北高山地区。强阳性，耐严寒，喜酸性土，耐瘠薄，适应性强。深根性，生长速度中等，寿命较短，萌芽力强，天然更新良好。

园林用途：白桦枝叶扶疏，姿态优美，尤其是树干修直，洁白雅致，十分引人注目。孤植、丛植于庭园、公园的草坪、池畔、湖滨或列植于道旁均可。

(a)

(b)

(c)

图8–34　白桦

11. 板栗

别名：栗、中国板栗。

拉丁学名：*Castanea mollissima* Bl.

科属：山毛榉科，栗属。

形态特征：落叶乔木。小枝有灰色绒毛，无顶芽。单叶互生，叶椭圆形至椭圆状披针形；先端渐尖，基部圆形或广楔形，缘齿尖芒状，背面常有灰白色柔毛。雌雄同株，雄花为直立柔荑花序，雌花单独或数朵生于总苞内。坚果1～3个包裹于球形总苞内，熟时开裂，总苞密被长针刺（图8-35）。

(a)

(b)

(c)

图8–35　板栗

分布与习性：中国特产树种，栽培历史悠久，以华北和长江流域栽培较集中，其中河北省是著名产区。喜光，北方品种较耐寒，南方品种则喜温暖而不怕炎热。对土壤要求不严，喜微酸性或中性土壤，幼年生长较慢，以后加快，实生苗一般5～7年开始结果。深根性根系发达，根萌蘖力强。寿命长，可达200～300年。

园林用途：板栗树冠圆广，枝茂叶大，在公园草坪及坡地孤植或群植均适宜；也可用作山区绿化造林和水土保持树种，是绿化结合生产的良好树种。

12. 蒙古栎

别名：柞栎。

拉丁学名：*Quercus mongolica* Fisch.

科属：山毛榉科，栎属。

形态特征：落叶乔木，高达30m，树皮灰褐色，纵裂。幼枝紫褐色，有棱，无毛。叶长7～20cm，缘具深波状缺刻，侧脉8～15对；叶背无毛或仅背脉上有毛；叶柄有毛。雄花序生于新枝下部，长5～7cm，花序轴近无毛，坚果卵形；总苞浅碗状，鳞片呈瘤状，果脐微突起（图8-36）。花期4～5月份，果期9月份。

分布与习性：主要分布于东北、华北、西北各地。喜光，耐寒性强，喜凉爽气候，耐干旱、瘠薄，喜中性至酸性土壤。多生于向阳干燥的山坡。生长速度中等偏慢，树皮厚，抗火性强。

园林用途：是北方荒山造林树种之一。叶可养柞蚕。因树形饱满，叶形奇特，近几年广泛应用于园林绿化上，主要用作孤植或片林种植。

13. 辽东栎

拉丁学名：*Quercus liaotungensis* Koidz.

科属：山毛榉科，栎属。

形态特征：落叶乔木。树皮暗灰色，深纵裂。幼枝无毛，灰绿色。叶5～14cm，缘有波状疏齿（图8-37），侧脉5～7对。坚果卵形，总苞碗状，鳞片背部不呈瘤状突起。

图8-36 蒙古栎

图8-37 辽东栎

分布与习性：产东北东部及南部至黄河流域各省。喜光，耐寒，抗旱性特强。

园林用途：同蒙古栎。

14. 榔榆

别名：小叶榆、秋榆。

拉丁学名：*Ulmus parvifolia* Jacq.

科属：榆科，榆属。

形态特征：落叶乔木，高达25m。树冠广圆形，树干基部有时呈板状根，树皮灰色或灰褐，裂成不规则鳞状薄片剥落，露出红褐色内皮，近平滑，微凹凸不平（图8-38）；当年生枝密被短柔毛，深褐色；冬芽卵圆形，红褐色，无毛。叶质地厚，披针状卵形或窄椭圆形，稀卵形或倒卵形，叶基部偏斜，楔形或一边圆，叶面深绿色，有光泽，中脉凹陷处有疏柔毛，侧脉部凹陷，叶背色较浅。叶缘有整齐而钝的单锯齿，稀重锯齿（如萌发枝的叶），聚伞花序，翅果椭圆形或卵状椭圆形，两侧的翅比果核窄，果核部分位于翅果的中上部，花果期8～10月份。

分布与习性：我国各省均有分布。日本、朝鲜也有分布。喜光，耐干旱，适应各种土壤，但以气候温暖，土壤肥沃、排水良好的中性土壤为佳。

园林用途：榔榆树皮斑驳，干略弯，小枝婉垂，叶色秋季变红，常孤植成景，适宜种植于池畔、亭榭附近，可配于山石之间，也可作工厂绿化、“四旁”绿化的观赏树种。

图8-38 榔榆

15. 刺楸

别名：鸟不宿、钉木树、丁桐皮。

拉丁学名：*Kalopanax septemlobus* (Thunb.) Koidz.

科属：五加科，刺楸属。

形态特征：落叶乔木，高可达10m（图8-39）。干、枝具皮刺。叶纸质，近圆形，单叶互生，掌状5～7裂，裂片三角状卵圆形至狭长椭圆形，先端长尖，边缘具细锯齿，基部截形至心脏形，上面深绿色，无毛，下面淡绿色，仅脉上具淡棕色软毛，叶柄较叶片长。伞形花序聚生成顶生圆锥花序，花小。核果近球形。

(a)

(b)

图8-39 刺楸

分布与习性：我国东北、华北及长江流域、华南、西南均有分布。喜光，对气候适应性较强，喜深厚湿润的酸性土和中性土。多生于山地疏林中。生长快。

园林用途：本种叶大干直，树形颇为壮观并富有野趣，宜植于自然风景区，也宜在园林中孤植或作庭荫树，又是低山地区重要的造林树种。

16. 灯台树

别名：瑞木、女儿木、六角树。

拉丁学名：*Bothrocaryum controversum* (Hemsl.) Pojark.

科属：山茱萸科，灯台树属。

形态特征：落叶乔木，树枝层层平展，形如灯台，枝暗紫红色（图8-40）。单叶互生全缘，簇生于枝梢，叶端突渐尖，基部圆形，侧脉6～8对，弧形。伞房状聚伞花序生于新枝顶端，长9cm，白色。核果近球形，花期在5～6月份，果期9～10月份。

(a)

(b)

图8-40 灯台树

分布与习性：主产于长江流域及西南各省。性喜阳光，稍耐阴，喜温暖湿润气候，有一定的耐寒性，喜肥沃湿润而排水良好的土壤。

园林用途：灯台树树形整齐，大侧枝呈层状生长宛如灯台，形成美丽的圆锥状树冠。宜独植于庭园草坪观赏，也可植为庭荫树及行道树。

17. 暴马丁香

别名：暴马子、白丁香、荷花丁香、阿穆尔丁香。

拉丁学名：*Syringa reticulata* Blume.

科属：木樨科，丁香属。

形态特征：落叶小乔木（图8-41），高达8m。树皮紫灰色或紫灰黑色，粗糙，具细裂纹，常不开裂；枝条带紫色，有光泽，皮孔灰白色。单叶对生，叶片多为卵形或广卵形，厚纸质至革质，先端突尖或短渐尖，基部通常圆形，上面绿色，下面淡绿色，两面无毛，全缘。圆锥花序大而稀疏，常侧生；花冠白色，花冠筒短；蒴果长椭圆形，先端常钝，外具疣状突起，2室，每室具2枚种子；种子周围有翅。花期6～7月份；果期9～10月份。

(a)

(b)

(c)

(d)

图8-41 暴马丁香

分布与习性：分布于东北、华北、西北东部。喜光，喜温暖湿润气候，耐严寒，对土壤要求不严。

园林用途：公园、庭院及行道较好的绿化观赏树种。

任务8.3 调查与识别庭荫树

任务分析

调查并识别当地庭荫树的种类及应用效果。通过实地识别与调查，可以了解当地庭荫树的应用种类及应用效果，为园林树种的合理配置提供实践依据。

任务实施

【材料与工具准备】

检索表、树木识别手册、记录本、记录笔等。

【实施过程】

1.初步调查树木种类。
2.根据检索表或树木识别手册进行树种确认。
3.教师核对并讲解树种识别要点。
4.总结庭荫树应用种类及应用效果。

【注意事项】

1.注意了解庭荫树的其他园林应用效果。
2.注意了解庭荫树的生态习性和观赏效果与园林应用的协调效果。

任务考核

任务考核从职业素养和职业技能两方面进行评价，标准见表8-3。

表8-3 调查与识别庭荫树任务的考核标准

考核内容		考核标准	考核分值
职业素养	职业道德 职业态度 职业习惯	忠于职守，乐于奉献；实事求是，不弄虚作假；积极主动，操作认真；善始善终，爱护公物	30
职业技能	任务操作	按要求完成调查树种； 能准确识别10种常见庭荫树	30 30
	总结创新	识别要点整理及时准确	10

理论认知

1. 小叶朴

别名：黑弹朴。

拉丁学名：*Celtis bungeana* Blume.

科属：榆科，朴属。

形态特征：落叶乔木（图8-42），高达15m，树皮灰褐色，平滑。树冠倒广卵形至扁球形。单叶互生，叶片卵形或卵状椭圆形，先端渐尖，叶缘中部以上具锯齿。核果近球形，熟时紫黑色。花期在6月份，果期在10月份。

分布与习性：产于东北南部、华北，经长江流域至西南、西北各地。稍耐阴，耐寒；喜深厚、湿润的中性黏质土壤。深根性，萌蘖力强，生长较慢。

园林用途：可孤植、丛植作庭荫树，可列植作行道树，又是厂区绿化树种。

(a)

(b)

图8–42 小叶朴

2. 桑树

拉丁学名：*Morus alba* L.

科属：桑科，桑属。

形态特征：落叶乔木，树皮灰褐色。单叶互生（图8-43），叶卵形或卵圆形，长6～15cm，先端尖，基部圆形或心形，锯齿粗钝，幼树之叶有时分裂，表面光滑，有光泽，背面脉腋处有簇毛。雌雄异株，小瘦果包藏于肉质花被内，集成圆柱形聚花果——桑葚，熟时红色、紫黑色或近白色。

变种：垂枝桑和龙桑。

分布与习性：原产中国中部，现南北各地广泛栽培，尤以长江中下游分布多。喜光，喜温暖，适应性强，耐寒，耐干旱瘠薄和水湿，在微酸性、中性、石灰质和轻盐碱土壤上均能生长。深根性，根系发达，萌芽力强，耐修剪，易更新，生长快，抗风力强，寿命中等。

(a)

(b)

图8–43 桑树

园林用途：本种树冠宽阔，枝叶茂密，秋季叶色变黄，颇为美观，且能抗烟尘及有害气体，适于城市、工矿区及农村四旁绿化。我国古代人民有在房前屋后栽种桑树和梓树的传统，所以常用“桑梓”代表故乡。

3. 鹅掌楸

别名：马褂木。

拉丁学名：*Liriodendron chinensis*（Hemsl.）Sarg.

科属：木兰科，鹅掌楸属。

形态特征：落叶乔木，高40m，树冠圆锥形。叶互生（图8-44），形如马褂，叶片的顶部平截，犹如马褂的下摆；叶片的两侧平滑或略微弯曲，好像马褂的两腰；叶片的两侧端向外突出，仿佛是马褂伸出的两个袖子。花黄绿色，聚合果长7～9cm，翅状小坚果，花期5～6月份，果熟期10月份。

(a)

(b)

(c)

图8-44　鹅掌楸

分布与习性：产于长江流域。性喜光，喜温和湿润气候，有一定的耐寒性，可经受-15°低温而完全不受伤害。喜深厚肥沃、适湿而排水良好的酸性或微酸性土壤，忌低湿水涝。生长速度快。

园林用途：树形端正，叶形奇特，是优美的庭荫树和行道树，花淡黄绿色，美而不艳，最宜植于园林中的安静休息区的草坪上，秋叶呈黄色，很美丽，可独植或群植。

4. 杜仲

别名：丝楝树皮、丝棉皮、棉树皮、胶树。

拉丁学名：*Eucommia ulmoides* P. E.

科属：杜仲科，杜仲属。

形态特征：本科仅1属1种，为我国特有。落叶乔木，高达20m。树冠圆球形。皮深灰色，片状髓。枝叶果及树皮断裂时有白色弹性胶丝相连。小枝光滑，无顶芽。单叶互生，羽状脉，老叶脉下陷，皱纹状；叶椭圆状卵形（图8-45），长7～14cm，先端渐尖，基部圆形或广楔形，缘有锯齿。翅果顶端2裂，种子1粒。果期10～11月份。

(a)

(b)

(c)

图8-45　杜仲

分布与习性：原产中国中部及西部。喜光，不耐荫，喜温暖湿润气候及肥沃、湿润、深厚而又排水良好的土壤。耐寒力强，在酸性、中性及微碱性土壤上均能正常生长。根系较浅而侧根发达，萌蘖性强，生长速度中等。

园林用途：杜仲树干端直，枝叶茂密，树形整齐优美，是良好的庭荫树及行道树。

5. 山皂荚

别名：山皂角。

拉丁学名：*Gleditsia japonica* Miq.

科属：豆科，皂荚属。

形态特征：落叶乔木，高可达14m。树皮糙而不裂，干及枝上分歧有枝刺（图8-46）。枝无顶芽，侧芽叠生。枝刺扁。偶数羽状复叶。穗状花序。荚果薄而扭曲。花期5～6月份；果期6～10月份。

(a) (b) (c)

图8-46 山皂荚

产地与分布：分布极广，自中国北部至南部以及西南等地均有分布。

习性：喜光而稍耐阴，喜温暖湿润气候及深厚肥沃适当湿润的土壤，对土壤要求不严。深根性，播种后7～8年可开花。

园林用途：树冠广宽，叶密荫浓，宜作庭荫树及"四旁"绿化或造林用。

6. 皂荚

别名：鸡栖子、皂角、大皂荚、长皂荚、悬刀、长皂角、大皂角、乌犀。

拉丁学名：*Gleditsia sinensis* Lam.

科属：豆科，皂荚属。

形态特征：落叶乔木（图8-47），高可达30m；枝灰色至深褐色；刺粗壮，圆柱形，常分枝，多呈圆锥状。叶为偶数羽状复叶，小叶6～18枚，纸质，卵状披针形至长圆形，先端急尖或渐尖，顶端圆钝，具小尖头，基部圆形或楔形，有时稍歪斜，边缘具细锯齿，上面被短柔毛，下面中脉上稍被柔毛；网脉明显，在两面凸起；总状花序腋生或顶生，花杂性，黄白色，荚果带状，长12～37cm，宽2～4cm，直条或扭曲，种子多颗，长圆形或椭圆形，长11～13mm，棕色，光亮。花期4～5月份，果熟期10月份。

分布与习性：原产中国长江流域，现我国北部至南部及西南均有分布。性喜光而稍耐阴，喜温暖湿润气候及深厚肥沃适当湿润土壤，但对土壤要求不严，在石灰质及盐碱甚至黏土或沙土均能正常生长。皂荚寿命很长，可达六七百年。属于深根性树种。

园林用途：皂荚冠大荫浓，寿命较长，非常适宜作庭荫树及"四旁"绿化树种。

(a)

(b)

图8-47 皂荚

7. 枣树

拉丁学名：*Zizyphus jujuba* Mill.

科属：鼠李科，枣属。

形态特征：落叶乔木，高10m。树皮灰褐色，条裂。枝有长枝、短枝与脱落性小枝之分。长枝红褐色，呈“之”字形弯曲，光滑，有托叶刺或不明显，脱落性小枝较纤细，无芽，簇生于短枝上，秋后与叶俱落。叶卵形至卵状长椭圆形（图8-48），先端钝尖，边缘有细锯齿，近革质，有光泽，三出脉。聚伞花序腋生，花淡黄色或微带绿色。核果卵形至长圆形，熟时暗红色，果核坚硬、两端尖。花期在5～6月份，果期8～9月份。

(a) (b) (c)

图8-48 枣树

产地与分布：在中国分布很广，而以黄河中下游、华北平原栽培最普遍。强阳性，抗旱，耐贫瘠土壤，能抗风沙。根系发达，深而广，根萌蘖力强，树生长慢。

园林用途：园林结合生产用树，宜丛植、片植，也可栽作庭荫树。

8. 黄檗

别名：元柏、檗木、檗皮、黄菠萝。

拉丁学名：*Phellodendron amurense* Rupr.

科属：芸香科，黄檗属。

形态特征：落叶乔木（图8-49），树皮厚，浅灰色，网状深纵裂，木栓质发达，内皮鲜黄色。奇数羽状复叶，小叶5～13枚，卵状椭圆形至卵状披针形，叶基稍不对称，叶表光滑，叶背中脉基部有毛。顶生圆锥花序，花小，黄绿色。核果。

(a)

(b)

(c)

图8-49 黄檗

分布与习性：产于中国小兴安岭南坡、长白山区及河北省北部。性喜光，不耐阴，喜适当湿润、排水良好的中性或微酸性壤土。深根性，主根发达，抗风力强。

园林用途：树冠宽阔，秋季叶变黄色，故可植为庭荫树或成片栽植。在自然风景区中可与红松、兴安落叶松、花曲柳等混植。

9. 元宝枫

别名：平基槭、色树、元宝树、枫香树。

拉丁学名：*Acer truncatum* Bunge.

科属：槭树科，槭树属。

形态特征：元宝枫干皮灰黄色，浅纵裂，小枝灰黄色（一年生枝嫩绿色），光滑无毛；单叶对生（图8-50），掌状5～7裂，裂片全缘，基部常截形，稀心形。伞房花序，翅果扁平，张开约成直角，翅长度等于或略长于果核。叶痕对生，C形，叶痕间有连接线；无托叶痕；叶迹3。具顶芽；芽卵形，芽鳞2～3对，棕色或淡褐色。

分布与习性：主产黄河中下游各省、东北南部及江苏北部，安徽南部也有分布。弱阳性，耐半阴，喜生于阴坡及山谷，喜温凉气候及肥沃、湿润而排水良好的土壤，有一定的耐寒力，但不耐涝。萌蘖性强，深根性，有抗风雪能力。

园林用途：本种冠大荫浓，树姿优美，叶形秀丽，嫩叶红色，秋季叶又变成橙黄色或红色，是北方重要的秋色叶树种。华北各省广泛栽作庭荫树和行道树。

(a) (b) (c)

图8–50 元宝枫

10. 五角枫

别名：锦槭、色木、丫角枫、五角槭。

拉丁学名：*Acer elegantulum* Fang et P. L. Chiu.

科属：槭树科，槭树属。

形态特征：落叶乔木（图8-51），高20m，冬芽紫褐色，有短柄。单叶对生，基部心形或浅心形，通常5裂，裂深达叶片中部，有时3裂或7裂，裂片卵状三角形，顶部渐尖或长尖，全缘，表面绿色，无毛，背面淡绿色，基部脉腋有簇毛。花多数，伞房花序。翅果开展成钝角，花期在5月份，果期在9月份。

分布与习性：广布于东北、华北及长江流域各省，是我国槭树科中分布最广的一种。弱阳性，稍耐阴，喜温凉湿润气候，对土壤要求不严，生长速度中等，深根性，很少病虫害。

园林用途：本种树形优美，叶、果秀丽，入秋叶色变为红色或黄色，宜作山地及庭园绿化树种，与其他秋色树种或常绿树配植，彼此衬托掩映，可增加秋景色彩，也可用作庭荫树、行道树或防护林。

(a)

(b)

(c)

图8-51　五角枫

11. 糖槭

别名：复叶槭。

拉丁学名：*Acer negundo* L.

科属：槭树科，槭树属。

形态特征：落叶乔木，树高达10m。小枝绿色，有白粉。奇数羽状复叶对生（图8-52），小叶3～5枚，卵形或椭圆状披针形，缘有不规则缺刻。翅果狭长，张开成锐角。

(a)

(b)

(c)

图8-52　糖槭

分布与习性：原产北美东南部，中国东北、华北、华东地区及内蒙古、新疆都有栽培。喜光，喜冷凉气候，耐干冷，喜深厚、肥沃、湿润土壤，稍耐水湿，在中国东北地区生长良好。生长较快，寿命较短。

园林用途：本种枝叶茂密，入秋叶色金黄，颇为美观，宜作庭荫树、行道树及防护树种。在北方也常作“四旁”绿化树种。

12. 毛泡桐

别名：紫花桐、冈桐、日本泡桐。

拉丁学名：*Paulownia tomentosa* (Thunb.) Steud.

科属：玄参科，泡桐属。

形态特征：落叶乔木，高达20m，树皮褐灰色，有白色斑点。小枝有明显皮孔，幼时常具黏质短腺毛。单叶对生（图8-53），大而有长柄，叶柄常有黏性腺毛，叶全缘或具3～5浅裂；聚伞圆锥花序的侧枝不发达，花萼浅钟状，密被星状绒毛，花冠漏斗状钟形，外面淡紫色，有毛，内面白色，有紫色条纹；蒴果卵圆形，先端锐尖，外果皮革质；花期5～6月份，果期8～9月份。

分布与习性：辽宁南部、河北、河南、山东、江苏、安徽、湖北、江西等地常栽培。强阳性树种，不耐荫，根系近肉质，怕积水而较耐干旱。不耐盐碱，喜肥。根系发达，分布较深，自花不孕或同株异花不孕。

园林用途：毛泡桐树干端直，树冠宽大，叶大荫浓，花大而美，宜作行道树、庭荫树、“四旁”绿化，也是重要的速生经济树种。

(a)

(b)

图8-53 毛泡桐

13. 白花泡桐

别名：大果泡桐。

拉丁学名：*Paulownia fortunei* (Seem.) Hemsl.

科属：玄参科，泡桐属。

形态特征：落叶乔木，高可达27m，树冠宽阔，广卵形或圆形。树皮灰褐色，平滑，有突起的皮孔，老时纵裂。幼枝、叶、花序各部和幼果均被黄褐色星状绒毛，但叶柄、叶片上面和花梗渐变无毛。小枝粗壮，中空。单叶对生（图8-54），有时三叶轮生。叶大，卵形或长椭圆形，基部心脏形，顶端长渐尖或锐尖头，其凸尖长达2cm，全缘或微呈波状。圆锥状聚伞花序，大型，3～4月份先叶开花，花冠乳白色，内有紫斑，有香气。蒴果长圆有尖，较大，果熟期9～10月份，种子小而薄，有翅。种子连翅长6～10mm。

(a) (b)

图8-54 白花泡桐

分布与习性：我国长江流域以南各省，东起我国江苏、浙江、台湾，西南至四川、云南，南至广东、广西；东部在海拔120～240m，西南至海拔2000m。山东、河南及陕西均有引种栽培。为强阳性树种，喜温凉气候。不耐阴，不耐寒，不耐水涝，不宜在黏重土壤生长。

园林用途：白花泡桐树冠宽阔、叶大荫浓，先叶而开放的花朵色彩雅致，满树白花，宜作庭荫树和行道树，也可绿化厂区。

14. 梓树

别名：梓、水桐、河楸、臭梧桐、黄花楸、水桐楸、木角豆。

拉丁学名：*Catalpa ovata* G. Don.

科属：紫葳科，梓树属。

形态特征：落叶乔木（图8-55）。树冠倒卵形或椭圆形，树皮褐色或黄灰色。单叶对生或3枚轮生，叶广卵形或近圆形，长10～30cm，通常3～5浅裂，叶有毛，背面基部脉腋有紫斑。圆锥花序顶生。蒴果细长如筷。

分布与习性：分布很广，东北、华北、华南等地均有，以黄河中下游为分布中心。喜光，稍耐阴，适生于温带地区，颇耐寒，喜深厚、肥沃、湿润土壤，不耐干旱瘠薄，能耐轻盐碱土。

(a)

(b)

图8-55　梓树

园林用途：梓树树冠宽大，可作行道树、庭荫树及村旁、宅旁绿化树。

15. 千金榆

别名：穗子榆。

拉丁学名：*Carpinus cordata* Bl.

科属：桦木科，鹅耳枥属。

形态特征：落叶乔木，塔状树冠。高达18m，冠幅可达12m。树皮灰色，小枝棕色或橘黄色，具沟槽，初时疏被长柔毛，后变无毛。单叶互生，叶椭圆形，厚纸质，羽状脉，顶端渐尖，具刺尖，基部斜心形，边缘具不规则的刺毛状重锯齿，上面疏被长柔毛或无毛，下面沿脉疏被短柔毛，侧脉15～20对。花单性同株，无花瓣；雄葇荑花序生于短侧枝之顶，花单生于苞腋内，无萼；雌葇荑花序生于具叶的长枝之顶，每一苞片内有花2朵，苞片和小苞片后来发育成叶状。果序下垂，长5～12cm，果苞宽卵状矩圆形，无毛，外侧的基部无裂片，内侧的基部具一矩圆形内折的裂片，全部遮盖着小坚果，中裂片外侧内折，其边缘的上部具疏齿，内侧的边缘具明显的锯齿，顶端锐尖。如图8-56所示。

(a)

(b)

图8-56　千金榆

分布与习性：产于东北、华北、河南、陕西、甘肃。生于海拔500～2500m的较湿润、肥沃的阴山坡或山谷杂木林中。喜光。适应多种土壤，对土壤pH值无特别要求。最喜排水好的湿润土壤。耐旱、耐热。

园林用途：冠形优美，枝叶非常紧密，夏季叶色突出，秋色美丽，落叶迟。适宜城市环境，可用作行道树和庭院树种。

16. 香椿

别名：香椿铃、香铃子、香椿子。

拉丁学名：*Toona sinensis*（A. Juss.）Roem.

科属：楝科，香椿属。

形态特征：香椿是多年生的落叶乔木，树木可高达10m以上（图8-57)。树皮条片状剥落。复聚伞花序，白色。偶数羽状复叶，稀奇数羽状复叶，小叶10～20枚，长椭圆形至广披针形，先端长渐尖，基部不对称，全缘或具不明显钝锯齿。蒴果狭椭圆形或近卵形，长2cm左右，成熟后呈红褐色，果皮革质，开裂成钟形。种子椭圆形，上有木质长翅。6月份开花，10～11月份果实成熟。

分布与习性：原产中国中部，现辽宁南部、华北至东南和西南各地均有分布。喜光，不耐庇荫，适生于深厚、肥沃、湿润的沙质壤土上。较耐水湿，有一定的耐寒力，深根性，萌芽、萌蘖力强。生长速度中等偏快。

园林用途：香椿为我国人民熟知和喜爱的特产树种，栽培历史悠久，是华北、华中和西南等地重要的用材及四旁绿化树种。枝叶茂密，树干耸直，树冠庞大，嫩叶红艳，是良好的行道树和庭荫树。

(a)

(b)

图8-57 香椿

任务8.4 调查与识别观花乔木

任务分析

调查并识别当地观花乔木的种类及应用效果。通过实地识别与调查，可以了解当地观花乔木的应用种类及应用效果，掌握观花乔木常见种类形态特征，为园林树种的合理配置提供实践依据。

任务实施

【材料与工具准备】

检索表、树木识别手册、记录本、记录笔等。

【实施过程】

1.初步调查树木种类。

2.根据检索表或树木识别手册进行树种确认。

3.教师核对并讲解树种识别要点。
4.总结观花乔木应用种类及应用效果。

【注意事项】

1.了解观花乔木的物候期变化，掌握花果观赏特点。
2.了解观花乔木的生态习性和观赏效果与园林应用的协调效果。

任务考核

任务考核从职业素养和职业技能两方面进行评价，标准见表8-4。

表8-4　调查与识别观花乔木任务的考核标准

考核内容		考核标准	考核分值
职业素养	职业道德 职业态度 职业习惯	忠于职守，乐于奉献；实事求是，不弄虚作假；积极主动，操作认真；善始善终，爱护公物	30
职业技能	任务操作	按要求完成调查树种； 能准确识别10种常见观花乔木	30 30
	总结创新	识别要点整理及时准确	10

理论认知

1. 玉兰

别名：白玉兰、望春花、玉兰花。

拉丁学名：*Magnolia denudata* Desr.

科属：木兰科，木兰属。

形态特征：落叶乔木（图8-58），树高一般2～5m。花纯白色，大型、芳香、杯状，先叶开放，花期10天左右。中国著名的花木，北方早春重要的观花树木。幼枝及芽均有毛。叶倒卵状长椭圆形，长10～15cm，先端突尖而短钝，基部广楔形或近圆形，幼时背面有毛。花萼、花瓣相似，共9片。

分布与习性：原产中国中部山野中，现国内外庭院常见栽培。喜光，稍耐阴，颇耐寒，北京地区背风向阳处能露地越冬，喜肥沃、适当湿润而排水良好的弱酸性土壤。根肉质，畏水淹。生长速度较慢。

园林用途：玉兰花大、洁白而芳香，是我国著名的早春花木，宜列植堂前、点缀中庭。如配植于纪念性建筑物前有“玉洁冰清，品格高贵”之意，也可植于草坪或针叶树前，能形成春光明媚的景象，给人以青春活力之感。

(a)

(b)

(c)

(d)

图8-58　玉兰

2. 二乔玉兰

别名：朱砂玉兰，紫砂玉兰。

拉丁学名：*Magnolia soulangeana* Soul.

科属：木兰科，木兰属。

形态特征：二乔玉兰高6～10m。为玉兰和木兰的杂交种。小枝紫褐色。单叶互生，有时呈螺旋状，宽倒卵形至倒卵形，长10～18cm，宽6～12cm，先端圆宽，平截或微凹，具短突尖，故又称凸头玉兰；中部以下渐狭楔形，全缘。表面有光泽，背面叶脉上有柔毛，淡绿色。叶基部有托叶或附属物，托叶有两种，枝端芽末的托叶贴生于幼茎上与叶柄分离，呈覆瓦状；叶部托叶散生，瓦刀状，黏着叶柄基部两侧，幼枝上残存环状托叶痕；花枝开展，花大（图8-59），单生枝顶，钟状，花大而芳香，外面呈淡紫红色，内面白色，萼片3，花瓣状，花瓣6，稍短。聚合果圆筒状，红色至淡红褐色，果成熟后裂开，种子具鲜红色肉质状外种皮。花芽窄卵形，密被灰黄绿色长绢毛；花期4月份，果期9月份。

(a)

(b)

(c)

(d)

图8-59 二乔玉兰

分布与习性：我国华北、华中及江苏、陕西、四川、云南等地均有栽培。性喜阳光和温暖湿润的气候。对温度很敏感，能在–20℃条件下安全越冬。肉质根，不耐积水，低洼地与地下水位高的地区都不宜种植。

园林用途：二乔木兰是早春色香俱全的观花树种，宜配植于庭院、室前，或丛植于草地边缘。

3. 厚朴

别名：厚皮、重皮、赤朴、烈朴、川朴、紫油厚朴。

拉丁学名：*Magnolia officinalis* Rehd et Wils.

(a)

(b)

图8-60 厚朴

科属：木兰科，木兰属。

形态特征：落叶乔木，高达20m；树皮厚，褐色，不开裂；冬芽大，4～5cm，有黄褐色绒毛。叶簇生于枝端。花顶生（图8-60），白色，有芳香，径14～20cm，萼片与花瓣一共9～12枚或更多。叶倒卵状椭圆形，叶大，长30～45cm，宽9～20cm，叶表光滑，叶背初时有毛，后有白粉，网状脉上密生柔毛，侧脉30对以上，叶柄粗，托叶痕达叶柄中部以上。聚合果圆柱状。花期5月份，先叶后花。

分布与习性：分布于长江流域和陕西、甘肃南部。喜光，但能耐侧方庇荫，喜生于空气湿润、气候温暖之处，不耐严寒酷暑。喜湿润而排水良好的酸性土壤。

园林用途：厚朴叶大荫浓，可作庭荫树栽培。

4. 凹叶厚朴

拉丁学名：*Magnolia officinalis* subsp. *biloba* (Rehd. et Wils.) Cheng et Law.

科属：木兰科，木兰属。

形态特征：落叶乔木，高达15m，小枝粗壮，幼时有绢毛。树皮较厚朴薄。叶先端凹缺成2钝圆浅裂是与厚朴唯一明显的区别特征（图8-61），花叶同放。花期5～6月份，果期8～10月份。

图8–61　凹叶厚朴

分布与习性：分布于我国东南部、南部暖带落叶阔叶林区，北亚热带落叶、常绿阔叶混交林区和中亚热带常绿、落叶阔叶林区。中性偏阴，喜凉爽湿润气候及肥沃排水良好的酸性土壤，畏酷暑和干热。

园林用途：树形雄伟，花大，是优良的园林绿化树种，可作庭荫树、独赏树等。凹叶厚朴的树皮也作药用。

5. 天女花

别名：小花木兰、天女木兰。

拉丁学名：*Magnolia sieboldii* K. Koch.

科属：木兰科，木兰属。

形态特征：落叶小乔木。枝细长无毛（图8-62），小枝及芽有柔毛。叶宽椭圆形或倒卵状长圆形，叶背有白粉；叶柄幼时有丝状毛。花单生，花瓣6，白色，径7～10cm；花萼3，浅粉红色，反卷；花柄细长，4～8cm。花期6月份。

(a)

(b)

(c)

(d)

图8–62　天女花

分布与习性：分布于辽宁凤凰山及草河口区北大䃰子山及安徽的黄山。喜凉爽湿润气候和肥沃土壤。

园林用途：天女花花柄长，盛开时随风飘荡、芬芳扑鼻，有如天女散花。

6. 山楂

别名：山里果，山里红，酸里红。

拉丁学名：*Crataegus pinnatifida* Bge.

科属：蔷薇科，山楂属。

形态特征：落叶小乔木，树皮灰褐色，浅纵裂。常具短枝。一年生枝黄褐色，无毛。二年生枝灰绿色，枝密生，有细刺，幼枝有柔毛。单叶互生（图8-63），叶三角状卵形至菱状卵形，羽状裂。伞房花序，白色。核果梨果状，红色，有白色皮孔。髓切面圆形。叶痕扁三角形或新月形；叶迹3。顶芽近球形，红褐色，无毛；侧芽开展。花期5～6月份，果期9～10月份。

变种：大果山楂 var. *major* N. E. Br.，又名山里红，果实较大，叶浅裂，作果树栽培。

分布与习性：产于东北、华北等地。喜光，稍耐阴，耐寒，适应能力强，抗洪涝能力超强，根系发达，萌蘖性强。

(a)

(b)

图8-63 山楂

园林用途：树冠整齐，花繁叶茂，果实鲜红可爱，是观花、观果和园林结合生产的良好树种。可作庭荫树和园路树。

7. 花楸树

拉丁学名：*Sorbus pohuashanensis*（Hance）Hedl.

科属：蔷薇科，花楸属。

形态特征：乔木，高达8m；小枝粗壮，圆柱形，灰褐色，具灰白色细小皮孔，嫩枝具绒毛，逐渐脱落，老时无毛；冬芽长大，长圆卵形，先端渐尖，具数枚红褐色鳞片，外面密被灰白色绒毛。奇数羽状复叶，小叶片5～7对，基部和顶部的小叶片常稍小，卵状披针形或椭圆披针形，先端急尖或短渐尖，基部偏斜圆形，边缘有细锐锯齿，基部或中部以下近于全缘，上面具稀疏绒毛或近于无毛，下面苍白色，有稀疏或较密集绒毛，间或无毛，侧脉9～16对，在叶边稍弯曲，下面中脉显著突起；叶轴有白色绒毛，老时近于无毛；托叶草质，宿存，宽卵形，有粗锐锯齿。复伞房花序具多数密集花朵，总花梗和花梗均密被白色绒毛，成长时逐渐脱落；花梗长3～4mm；花直径6～8mm；萼筒钟状，外面有绒毛或近无毛，内面有绒毛；花瓣宽卵形或近圆形，白色，内面微具短柔毛；雄蕊几与花瓣等长；花柱较雄蕊短。果实近球形，直径6～8mm，红色或橘红色，具宿存闭合萼片（图8-64）。花期6月份，果期9～10月份。

图8-64 花楸树

分布与习性：产自黑龙江、吉林、辽宁、内蒙古、河北、山西、甘肃、山东。常生于山坡或山谷杂木林内，海拔900～2500m。

园林用途：木材可做家具，花叶美丽，入秋红果累累，有观赏价值。果可制酱酿酒及入药。

8. 西府海棠

别名：海红、子母海棠、小果海棠。

拉丁学名：*Malus micromalus* Makino.

科属：蔷薇科，苹果属。

形态特征：落叶乔木，高可达8m；小枝圆柱形，直立（图8-65），幼时红褐色，被短柔毛，老时暗褐色，无毛；叶片椭圆形至长椭圆形，先端渐尖或圆钝，基部宽楔形或近圆形，边缘有紧贴的细锯齿，有时部分全缘；叶柄1.5～3cm，托叶膜质，披针形，全缘。花序近伞形，被稀疏柔毛；花直径4～5cm；花瓣卵形，基部具短爪，初开放时粉红色至红色；雄蕊的长度为花瓣的一半，萼裂片宿存；果梗细长，先端较肥厚。花期4～5月份，果期9月份。

分布与习性：原产我国，现辽宁、河北、山西、山东、陕西、甘肃、云南等地均有栽培。喜光，耐寒，耐干旱，忌水湿，对土质和水分要求不高，最适生于肥沃、疏松又排水良好的沙质壤土。

园林用途：西府海棠树态峭立，花色艳丽，果实鲜美诱人，孤植、列植、丛植均可。

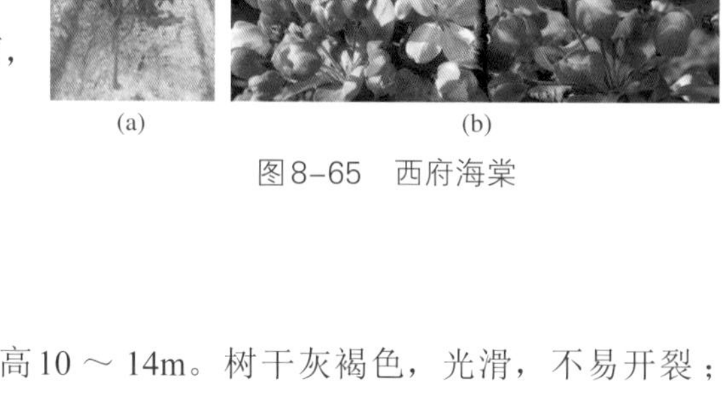

(a)　(b)

图8-65　西府海棠

9. 山丁子

别名：山定子、林荆子。

拉丁学名：*Malus baccata* (Linn.) Borkh.

科属：蔷薇科，苹果属。

形态特征：落叶小乔木或灌木（图8-66），高10～14m。树干灰褐色，光滑，不易开裂；小枝细弱，新梢黄褐色，无毛，嫩梢绿色微带红褐。单叶互生，叶片椭圆形，先端渐尖，基部楔形至圆形，叶缘锯齿细尖；伞形总状花序，花瓣倒卵形，白色或淡红色；果实近球形，直径0.8～1cm，红或黄色，果柄长为果实的3～4倍。种皮褐色或近黑色，微小。冬芽卵形，外被数枚覆瓦状鳞片。花期4月份，果熟期9月份。

分布与习性：原产东北、华北、西北及内蒙古东部地区山区，现西南地区也有野生分布。喜光，耐寒性极强（有些类型能抗–50℃的低温），耐旱，耐瘠薄，不耐盐，怕水湿；深根性，寿命长。

(a)

(b)

(b)

图8-66　山丁子

园林用途：春季观花，秋季观果，常栽作庭院观赏树。

10. 海棠果

别名：楸子、柰子、八棱海棠。

拉丁学名：*Malus prunifolia* (Willd.) Borkh.

科属：蔷薇科，苹果属。

图8-67　海棠果

形态特征：落叶小乔木（图8-67），高3～8m；老枝灰紫色或灰褐色，小枝粗壮，幼时有毛；叶卵圆至椭圆形，先端渐尖或急尖，基部宽楔形，边缘有细锐锯齿；花序伞形或近伞形，具4～10朵白色或稍带红色的小花，花瓣5，倒卵状椭圆形，果圆形或卵圆形，直径2～2.5cm，红色，梗细长，肥厚萼裂片宿存。花期4～5月份，果期8～9月份。

分布与习性：分布于华北及辽宁、陕西、甘肃、山东、河南等地。树性强健，喜光，抗旱，耐涝、耐盐，抗寒力强。深根性，生长快。

园林用途：海棠果花美果艳，常栽作庭院观赏树。

11.垂丝海棠

拉丁学名：*Malus halliana*（Voss.）Koehne.

科属：蔷薇科，苹果属。

形态特征：落叶小乔木，树冠广卵形。树皮灰褐色、光滑。枝开张，幼枝褐色，有疏生短柔毛，后变为赤褐色。叶互生，椭圆形至长椭圆形，先端略为渐尖，基部楔形，边缘有平钝锯齿，表面深绿色而有光泽，背面灰绿色并有短柔毛，叶柄细长，基部有两个披针形托叶。花5～7朵簇生，伞总状花序，未开时红色，开后渐变为粉红色，多为半重瓣，也有单瓣花，萼片5枚，三角状卵形。花瓣5片，倒卵形，雄蕊20～25枚，花药黄色，4～5月份开放。梨果球状，黄绿色，果实先端肥厚，内含种子4～10粒（见图6-68）。

(a) (b)

图8-68 垂丝海棠

分布与习性：原产我国西南、中南、华东等地，云南、甘肃、陕西、山东、山西、河北、辽宁等地有栽培。性喜阳光，不耐阴，也不甚耐寒，爱温暖湿润环境，适生于阳光充足、背风之处，土壤要求不严，微酸或微碱性土壤均可成长，但以土层深厚、疏松、肥沃、排水良好略带黏质的生长更好。

园林用途：花色艳丽，绰约多姿，妩媚动人，孤植、列植、丛植均可。

12.杏

别名：杏子。

拉丁学名：*Prunus mume* Mill.

科属：蔷薇科，李属。

形态特征：树大，树冠开展，叶阔卵形或圆卵形，深绿色，边缘有钝锯齿；近叶柄顶端有两腺体；淡粉色花单生或2～3个同生（图8-69）。短枝每节上生一个或两个果实，果圆形或长圆形，稍扁，果皮多为金黄色，向阳部有红晕和斑点；暗黄色果肉，味甜多汁；核面平滑没有斑孔，核缘厚而有沟纹。

(a) (b) (c)

图8-69 杏

图8-70 陕梅杏

变种：陕梅杏，别名重瓣杏、光叶重瓣花杏。系实生变异品种。1983年辽宁省果树研究所在陕西省眉县发现。树冠丛状形，树姿直立。多年生枝灰褐色。1年生枝粗壮，紫红色，节间长1.5cm。重瓣花，每朵花花瓣70余枚，花萼紫红色，花瓣粉红色，花冠直径4.5cm。叶片圆形，基部宽楔形，先端急尖；叶片长7.7cm、宽6.1cm，叶柄长2.6cm；叶色浓绿，叶缘单锯齿。果实较小；粘核，仁苦。3月下旬至4月上旬花芽萌动，4月中下旬开花，花期10天。陕梅杏抗寒，耐干旱，适应性强。花多而大，开放时十分壮观，与辽梅杏同栽，树形花期互补，构成北方的“梅花”群（见图8-70）。

分布与习性：杏在中国分布范围很广，除南部沿海及台湾省外，大多数省区皆有。

园林应用：杏树是观花、观果的观赏树种，同时也是防风固沙、水土保持的生态先锋树种。

13. 梅

拉丁学名：*Prunus mume* Sieb.

科属：蔷薇科，李属。

形态特征：落叶乔木，高3～10m。树干褐紫色，小枝多为绿色，叶广卵形或近卵形，长4～10cm。每花序有花1～2朵（图8-71），具短梗，淡粉或白色，有芳香，在冬季或早春于叶前开花。果卵球形，被柔毛，果肉粘核。花期12月至翌年3月份，果期4～6月份。

(a)

(b)

图8-71 梅

变种：杏梅系，仅有杏梅一种类型。枝叶均似山杏或杏。花呈杏花形，多为复瓣，几无香味。辽宁地区以辽梅和陕梅为主。樱梅系，仅有樱李梅一类，主要有美人梅的“美人品种”。

分布与习性：野生于西南山区，栽培的梅树在黄河以南地区可露地越冬，华北以北只见盆栽。喜阳光，性喜温暖而略潮湿的气候，有一定的耐寒力，对土壤要求不严。怕积水，忌在风口栽植。寿命达数百年至上千年。

图8-72 东京樱花

园林用途：梅为中国传统的果树和名花，树姿古朴，花色素雅、花态秀丽、果实丰盛，可孤植、丛植及群植，或与松、竹配植为“岁寒三友”。

14. 东京樱花

别名：仙樱花、福岛樱、青肤樱。

拉丁学名：*Prunus yedoensis* Yu et Li.

科属：蔷薇科，李属。

形态特征：落叶乔木（图8-72）。树高

4～16m，树皮暗褐色，平滑。小枝常为栗褐色，幼时有毛。单叶互生，叶卵状椭圆形至倒卵形，先端渐尖或骤尾尖。叶柄上有腺点。总状花序，花梗长2cm，花白色或浅粉色。核果卵球形。花期4月份，果期5月份。

变种：翠绿东京樱花（新叶、花柄、萼片均为绿色）、垂枝东京樱花（小枝长而下垂）、重瓣白樱花（花白色、重瓣）、垂直樱花（花粉红色，枝开展而下垂）、瑰丽樱花（花大，淡红色，重瓣，有长梗）。

分布与习性：原产于日本，中国多有栽培，尤以华北及长江流域各城市为多。喜光，较耐寒，在北京可露地越冬。生长较快但树龄较短。用嫁接法繁殖。砧木用樱桃、山樱花、尾叶樱及桃、杏等的实生苗。栽培管理较简单。

园林用途：春天开花时繁花如雪，宜植于山坡、庭院、建筑物前及园路旁。

15. 山樱花

拉丁学名：*Prunus serrulata*（Lindl.）G. Don ex London

科属：蔷薇科，李属。

形态特征：乔木，高3～8m，树皮灰褐色或灰黑色。小枝灰白色或淡褐色，无毛。冬芽卵圆形，无毛。叶片卵状椭圆形或倒卵椭圆形，长5～9cm，宽2.5～5cm，先端渐尖，基部圆形，边有渐尖单锯齿及重锯齿，齿尖有小腺体；叶柄长1～1.5cm，无毛，先端有1～3圆形腺体；托叶线形，长5～8mm，边有腺齿，早落。花序伞房总状或近伞形，有花2～3朵；花梗长1.5～2.5cm，无毛或被极稀疏柔毛；萼筒管状，萼片三角披针形；花瓣白色，稀粉红色，倒卵形，先端下凹；雄蕊约38枚；花柱无毛。核果球形或卵球形，紫黑色，直径8～10mm。花期4～5月份，果期6～7月份。

变种：日本晚樱var. *lannesiana*（Carr.）Makino（图8-73），高约10m，树皮淡灰色。叶倒卵形，缘具长芒状齿；花单或重瓣、下垂，粉红或近白色，芳香，2～5朵聚生，花期4月份。

(a)

(b)

图8-73 日本晚樱

分布与习性：产自我国黑龙江、河北、山东、江苏、浙江、安徽、江西、湖南、贵州。生于山谷林中，或栽培在海拔500～1500m。日本、朝鲜也有分布。

园林用途：春天开花时繁花如雪，宜植于山坡、庭院、建筑物前及园路旁。

16. 稠李

别名：臭李子。

拉丁学名：*Prunus padus* L.

科属：蔷薇科，李属。

形态特征：落叶乔木（图8-74），高达15m。树皮黑褐色，浅纵裂。小枝紫褐色，有棱，幼枝灰绿色，近无毛，叶椭圆形或倒卵形，基部扩楔形或圆形，先端渐尖，边缘有钝锯齿，叶柄近端有两个腺体。花白色，组成总状花序，呈下垂状，有花10～20朵，花部无毛，略有异味。核果近球形，黑色。花期4月份，与叶同时开放；果9月份成熟。

(a)

(b)

图8–74　稠李

分布与习性：分布于东北、内蒙古、河北、河南、山西、陕西、甘肃等地。喜光也耐阴，耐寒性较强，喜湿润土壤，在河岸沙壤土上生长良好。用播种法繁殖。

园林用途：稠李花序长而美丽，秋叶变黄红色，果成熟时亮黑色，是良好的观花、观叶、观果的树种。

17. 紫叶稠李

别名：加拿大红樱。

拉丁学名：*Prunus virginiana* Canada Red

科属：蔷薇科，李属。

形态特征：落叶小乔木（图8-75），高8～10m。小枝平滑，短枝开花，单叶，互生，先端阔大成椭圆，叶宽相当于叶长的2/3，初生叶为绿色，进入5月后随着温度升高，逐渐转为紫红绿色至紫红色，秋天变成红色，成为变色树种。花序长4～6cm，花白色，花期4～5月份，果实紫红色光亮。

(a)

(b)

(c)

图8–75　紫叶稠李

分布与习性：原产于北美洲，是一种速生植物。喜光和温暖、湿润的气候环境，在湿润、肥沃疏松而排水良好的沙质壤土上长势好。

园林用途：可孤植、丛植、群植，又可片植，或植成大型彩篱，及大型的花坛模纹，又可作为城市道路二级行道树以及小区绿化的风景树使用。

18. 山桃

别名：京桃。

拉丁学名：*Prunus davidiana*（Carr.）C. de. Vos ex Henry.

科属：蔷薇科，李属。

形态特征：落叶小乔木（图8-76），高达10m，主干皮紫褐色，有光泽，小枝红褐色，无毛。常具横向环纹，老时纸质剥落。叶狭卵状披针形，长6～10cm。锯齿细尖，稀有腺体，花淡粉红色或白色，果近球形，径3cm左右，肉薄而干燥。花期3～4月份，果期7～8月份。

(a)

(b)

(c)

图8–76 山桃

分布与习性：主要分布于我国黄河流域、内蒙古及东北南部，西北也有，多生于向阳的石灰岩山地。喜光，耐寒，耐干旱、瘠薄，怕涝，一般土质都能生长，对自然环境适应性很强。播种繁殖。

园林用途：山桃耐寒和抗旱性强，是退耕还林、荒山造林的良好树种，在园林绿化中可作片林观赏。

19. 碧桃

别名：粉红碧桃、千叶桃花。

拉丁学名：*Prunus persica* L. var. *duplex* Rehd.

科属：蔷薇科，李属。

形态特征：落叶小乔木（图8-77），高可达8m，小枝红褐色或绿色，表面光滑；叶椭圆状披针形，长7 ～ 15cm，先端渐尖，叶缘具粗锯齿，叶基部有腺体；花单生或两朵生于叶腋，重瓣，粉红色，先开花后展叶。冬芽上具白色柔毛。芽并生，中间多为叶芽，两侧为花芽。

(a)

(b)

图8–77 碧桃

常见栽培：白碧桃，花径3 ～ 5cm，白色半重瓣，花瓣圆形。撒金碧桃，花径约4.5cm，半重瓣，花瓣长圆形，常呈卷缩状，在同一花枝上能开出两色花，多为粉色或白色，呈皱褶状。垂枝碧桃，枝条柔软下垂，花重瓣，有浓红、纯白、粉红等色。

分布与习性：碧桃原产中国，世界各国均已引种栽培。喜光、耐旱，要求土壤肥沃、排水良好。耐寒能力不如果桃，在北京背风处可以越冬。

园林用途：碧桃树姿婀娜，花朵妩媚，是北方园林中早春不可缺少的观赏树种，孤植、群植于湖滨、溪流均较适宜。

20. 紫叶李

别名：红叶李。

拉丁学名：*Prunus cerasifera* cv. *atropurpurea* Jacq.

科属：蔷薇科，李属。

形态特征：落叶小乔木（图8-78）。高达8m，枝干为紫灰色，嫩芽淡红褐色。叶常年紫红，单叶互生，叶卵圆形或长圆状披针形，叶子光滑无毛，叶缘具尖锐重锯齿。花蕊短于花瓣，花瓣为单瓣。核果扁球形，腹缝线上微见沟纹，无梗洼，熟时黄、红或紫色，光亮或微被白粉，花叶同放，花期3～4月份，果常早落。

(a)

(b)

图8-78　紫叶李

分布与习性：原产中亚及中国新疆天山一带，现栽培分布于北京以及山西、陕西、河南、江苏、山东、辽宁等地的各大城市。喜光也稍耐阴，抗寒，适应性强，以温暖湿润的气候环境和排水良好的沙质壤土最为有利。怕盐碱和涝洼。浅根性，萌蘖性强，对有害气体有一定的抗性。

园林用途：紫叶李树枝广展，红褐色且光滑，叶自春至秋呈红色，尤以春季最为鲜艳，宜于建筑物前及园路旁或草坪角隅处栽植。

21. 紫叶矮樱

拉丁学名：*Prunus*×*cistena*

科属：蔷薇科，李属。

形态特征：为落叶灌木或小乔木，是紫叶李和矮樱的杂交种。株高1.8～2.5m，冠幅1.5～2.8m，枝条幼时紫褐色，老枝有皮孔。单叶互生，叶长卵形或卵状长椭圆形，长4～8cm，先端渐尖，叶紫红色或深紫红色，叶缘有不整齐的细钝齿。花单生，中等偏小，淡粉红色，花瓣5片，微香，花期4～5月份（见图8-79）。

(a)

(b)

(c)

图8-79　紫叶矮樱

分布与习性：紫叶矮樱适应性强，在排水良好、肥沃的沙土、沙壤土、轻度黏土上生长良好。性喜光，耐寒能力较强，在辽宁、吉林南部小气候好的建筑物前避风处，冬季可以安全越冬。抗病力强，耐修剪，半阴条件仍可保持紫红色。

园林用途：紫叶矮樱在整个生长季节内其叶片呈紫红色，亮丽别致，树形紧凑，叶片稠密，整株色感表现好，是城市园林绿化优良的彩叶配置树种。在盆栽应用方面，可制成中型和微型盆景。

22. 四照花

别名：山荔枝。

拉丁学名：*Dendrobenthamia japonica* var. *chinensis*.

科属：山茱萸科，四照花属。

形态特征：落叶小乔木（图8-80）。高达9m。枝细，绿色，后变褐色，光滑，嫩枝被白色短绒毛。叶纸质，对生，卵形或卵状椭圆形，表面浓绿色，疏生白柔毛，叶背粉绿色，有白柔毛，并在脉腋簇生，侧脉弧形。头状花序近球形，白色的总苞片4枚，花瓣状，卵形或卵状披针形，花期5～6月份；核果聚为球形的聚合果，肉质，9～10月份成熟后变为紫红色，俗称“鸡素果”。

(a)

(b)

图8-80 四照花

分布与习性：产于长江流域各省及河南、陕西、甘肃等地。喜光，稍耐阴，喜温暖湿润气候，有一定的耐寒力，喜湿润而排水良好的沙质壤土。常用分蘖及扦插法繁殖。也可用种子繁殖，种子有隔年萌发的现象。

园林用途：四照花树形整齐，初夏开花，白色总苞覆盖全树，秋季红果满树，是一种美丽的庭园观花观果树种。配植时可孤植或列植，也可用常绿树为背景而丛植于草坪、路边或林缘等。

23. 丝棉木

别名：明开夜合、白杜、桃叶卫矛。

拉丁学名：*Euonymus bungeanus* Maxim.

科属：卫矛科，卫矛属。

形态特征：小乔木，高达6m。叶卵状椭圆形、卵圆形或窄椭圆形（图8-81），先端长渐尖，基部阔楔形或近圆形，边缘具细锯齿，有时极深且锐利；叶柄通常细长，常为叶片的1/4～1/3，但有时较短。聚伞花序3至多花，花序梗略扁，长1～2cm，黄绿色；雄蕊花丝细长，花药紫红色。蒴果倒圆心状，4浅裂，成熟后果皮粉红色；种子长椭圆状，棕黄色，假种皮橙红色，全包种子，成熟后顶端常有小口。花期5～6月份，果期9月份。

(a)

(b)

(c)

图8-81 丝棉木

分布与习性：北起黑龙江，南到长江南岸各省区，西至甘肃，除陕西、西南和两广未见野生外，其他各省区均有，但长江以南常以栽培为主。喜光、耐寒、耐旱、稍耐阴，也耐水湿，对土壤要求不严，为深根性植物，根萌蘖力强，生长较慢。

园林用途：丝棉木枝叶秀丽，红果密集，可长久悬挂枝头，到了秋季，红绿相映煞是美丽，是园林绿地的优美观赏树种。宜植于林缘、草坪、路旁、湖边及溪畔，也可用作防护林或工厂绿化树种。

24. 石榴

别名：安石榴、若榴、丹若、金罂、金庞、涂林 、天浆。

拉丁学名：*Punica granatum* Linn.

科属：石榴科，石榴属。

形态特征：石榴是落叶灌木或小乔木（图8-82），在热带为常绿树。树高3～4m，但矮生石榴高约1m或更矮。树干呈灰褐色，上有瘤状突起。树冠丛状自然圆头形。树根黄褐色。嫩枝有棱，多呈方形。小枝柔韧，不易折断，具小刺。旺树多刺，老树少刺。芽色随季节而变化，有紫、绿、橙三色。叶对生或簇生，呈长披针形至长圆形，或椭圆状披针形，表面有光泽，背面中脉凸起；有短叶柄。花两性，花瓣倒卵形，与萼片同数而互生，覆瓦状排列。花有单瓣、重瓣之分。重瓣品种雌雄蕊多瓣化而不孕，花瓣多达数十枚；花多红色，也有白、黄、粉红、玛瑙等色。浆果，每室内有多个籽粒；外种皮肉质，呈鲜红、淡红或白色，多汁，甜而带酸，即为可食用的部分；内种皮为角质。果石榴花期5～6月份，果期9～10月份。

(a)

(b)

(c)

图8–82 石榴

分布与习性：石榴原产于伊朗、阿富汗等国家，现在伊朗、阿富汗和阿塞拜疆以及格鲁吉亚共和国的海拔300～1000m的山上仍为常见。我国陕西、安徽、山东、江苏、河南、四川、云南及新疆等地较多。京、津一带在小气候条件好的地方可栽培。

园林用途：石榴既可观花又可观果。石榴花可栽种于高原山地、市镇乡村的房舍前后，还可栽植于海滨城市的公园、花园等园林绿地。

25. 文冠果

别名：文冠木、文官果、土木瓜、木瓜、温旦。

拉丁学名：*Xanthoceras sorbifolia* Bunge.

科属：无患子科，文冠果属。

形态特征：落叶小乔木或灌木（图8-83）。奇数羽状复叶互生，小叶9～19，长椭圆形至披针形，先端尖，基部楔形，缘有锯齿，无柄，多对生。总状花序，多为两性花，分孕花和不孕花，生于枝顶花序的中上部为孕花，多能结实；腋生花序和顶生花序的下部花多为不孕花，不能结实。花白色，基部有斑晕，花5瓣，美丽而具香气；花盘5裂，裂片背面有一橙色角状附属物；雄蕊8枚。蒴果椭球形，具木质厚壁，瓣裂。

分布与习性：原产中国北部。喜光，也耐半阴，耐干旱，不耐涝，耐瘠薄、耐盐碱，抗寒能力强，深根性，主根发达，萌蘖力强，生长快。

(a)

(b)

(c)

(d)

图8-83 文冠果

园林用途：文冠果花大而花朵密，春天白花满树，花期可持续20多天，且有秀丽光洁的绿叶相衬，更显美观，是难得的观花小乔木，也适于大面积绿化造林。

26. 玉玲花

拉丁学名：*Styrax obassia* Sieb. et Zucc.

科属：野茉莉科，玉玲花属。

形态特征：小乔木（图8-84），皮剥裂。枝栗褐色，稍呈“之”字形弯曲。小枝下部的叶较小而对生，上部叶大，互生，叶片椭圆形至广倒卵形。总状花序顶生或腋生，具10余朵花。花下垂，花冠白色。果实卵形或球状卵形。花期在5～6月份，果期8月份。

分布与习性：我国吉林、辽宁、山东、浙江、安徽、江西及湖北等省。朝鲜、日本也有分布。喜光，喜温暖湿润气候，稍耐寒。

园林用途：花芳香美丽，可在庭园、公园内孤植、丛植。

图8-84 玉玲花

任务8.5 调查与识别树丛和片林树种

任务分析

调查并识别当地树丛和片林树种的种类及应用效果。通过实地识别与调查，可以了解当地树丛和片林树种的应用种类及应用效果，掌握常见丛林类树种的形态特征，为园林树种的合理配置提供实践依据。

任务实施

【材料与工具准备】

检索表、树木识别手册、记录本、记录笔等。

【实施过程】

1.初步调查树木种类。
2.根据检索表或树木识别手册进行树种确认。
3.教师核对并讲解树种识别要点。
4.总结树丛和片林树应用种类及应用效果。

【注意事项】

1.注意了解树丛和片林树的其他园林应用效果。
2.注意了解树丛和片林树的生态习性和观赏效果与园林应用的协调效果。

任务考核

任务考核从职业素养和职业技能两方面进行评价，标准见表8-5。

表8-5　调查与识别树丛和片林树种任务的考核标准

考核内容		考核标准	考核分值
职业素养	职业道德 职业态度 职业习惯	忠于职守，乐于奉献；实事求是，不弄虚作假；积极主动，操作认真；善始善终，爱护公物	30
职业技能	任务操作	按要求完成调查树种； 能准确识别10种常见行道树	30 30
	总结创新	识别要点整理及时准确	10

理论认知

1. 落叶松

别名：兴安落叶松。

拉丁学名：*Larix gmelinii* Rupr.

科属：松科，落叶松属。

形态特征：落叶乔木，高可达35m，树干通直。树皮纵裂成较厚的块片。小枝规则互生，分长枝与短枝两型。叶条形较窄（图8-85），柔软，在长枝上互生，在短枝上呈轮生状，长短相近，上面中脉多少隆起，下面两侧有数条气孔线，叶内通常有两个边生的树脂道。雌雄同株。球果卵圆形较小，当年成熟，不脱落；种鳞革质，宿存。

分布与习性：分布于大、小兴安岭和辽宁。喜光，极耐寒，耐干旱瘠薄的浅根性树种，对土壤要求不严，有一定的耐水湿能力，生长较快。易受松毛虫和尺蠖虫害，不宜与松树混植，最好与阔叶树混植。

(a)

(b)

图8-85 落叶松

园林用途：树冠整齐呈圆锥形，叶轻柔而潇洒，可形成美丽的片林景区。

2. 长白落叶松

别名：黄花松、黄花落叶松、朝鲜落叶松。

拉丁学名：*Larix olgensis* Henry.

科属：松科，落叶松属。

形态特征：落叶乔木（图8-86），高可达30m，树干通直。树皮纵裂，内皮紫红色。1年生长枝有散生长毛。叶条形，长1.5 ～ 2.5cm，球果革质，种鳞16 ～ 40，宿存。花期5月份，种熟期9 ～ 10月份。

(a)

(b)

图8-86 长白落叶松

分布与习性：北部暖温带落叶阔叶林区，喜光，耐寒。

园林用途：同落叶松。

3. 华北落叶松

拉丁学名：*Larix principis-rupprechtii* Mayr.

科属：松科，落叶松属。

形态特征：落叶乔木（图8-87），高达30m，树冠圆锥形。树皮暗灰褐色，呈不规则鳞状裂开，大枝平展，小枝下垂，1年生长枝有毛，后脱落。叶条形，长1.5 ～ 3cm。球果长卵形或卵圆形，长2 ～ 4cm，径约2cm，种鳞26 ～ 45，背面光滑无毛，边缘不反曲，成熟时不张开。苞鳞短于种鳞，暗紫色；种子灰白色，有褐色斑纹，有长翅。花期5月份，种熟期10月份。

(a)

(b)

图8-87 华北落叶松

分布与习性：产于河北、山西、内蒙古南部；此外，辽宁、山东、甘肃、宁夏、新疆等地有引种栽培。强阳性树，能耐严寒，喜深厚湿润而排水良好的酸性或中性土壤。

园林用途：树冠整齐呈圆锥形，叶轻柔，秋季变红。适合于较高海拔和较高纬度地区的配置应用。

4. 日本落叶松

拉丁学名：*Larix kaempferi* (Lamb.) Carr.

科属：松科，落叶松属。

形态特征：为落叶针叶乔木（图8-88），高达30m，干皮鳞片状剥落，枝平展，有长枝、短枝之分，当年生长枝淡红褐色或紫褐色，被白粉和褐色柔毛，后转灰褐色，冬芽紫褐色，近球形；叶扁平条形，短枝上叶簇生，长枝上叶螺旋状散生。为雌雄同株异花，球花于短枝顶端单生，球果小，卵圆形，种鳞薄革质，种鳞上部边缘明显向外反曲，鳞背有小疣状突起，密被腺毛。种子倒卵圆形，具膜质种翅，花期4～5月份，果熟秋季。

图8–88 日本落叶松

分布与习性：原产日本，1909年前后引入我国山东，现河北、河南、江西以及北京、天津、西安等地均有栽培。喜光照充足、喜肥、喜水、喜温暖湿润的气候环境，抗风力差，不耐干旱，不耐积水；枝条萌芽力较强。

园林用途：日本落叶松塔形树冠，姿态优美，小枝淡红褐色或紫褐色，叶片扁平翠绿，园林配置中可用作丛植及片林景区。

5. 油松

别名：短叶松、短叶马尾松、东北黑松。

拉丁学名：*Pinus tabuliformis* Carr.

科属：松科，松属。

形态特征：常绿乔木。树冠幼年塔形或圆锥状，中年卵形，孤立老年树冠平顶呈扁圆形或伞形等。干粗壮直立，有时也能长成弯曲多姿的树干，显得苍劲挺拔。树皮灰棕色（图8-89），鳞片状开裂，裂缝红褐色。冬芽红褐色。叶2针一束，粗硬，长10～15cm，树脂道边生。球果卵形，长4～9cm，熟时淡黄或淡黄褐色，宿存多年；种鳞的鳞盾肥厚，横脊显著，鳞脐有刺。

(a)

(b)

图8–89 油松

分布与习性：主产于东北、华北、西北等地。强阳性树，幼苗能在林下生长，强健而耐寒，对土壤要求不严，不耐盐碱，为深根性树种，寿命长。油松的吸收根上有共生的菌根，因此在栽培条件上有一定的要求。

园林用途：树干挺拔苍劲，四季常春，树冠开展，老枝斜生，枝叶婆娑，苍翠欲滴，有庄严肃静、雄伟宏博的气势，象征坚贞不屈、不畏强暴的气质。适于作丛植、群植，树形好的可作孤植。

6. 樟子松

别名：海拉尔松、蒙古赤松、西伯利亚松、黑河赤松。

拉丁学名：*Pinus sylvestnis* var. *mongolica* Litv.

科属：松科，松属。

形态特征：常绿乔木，树冠幼时尖塔形（图8-90），老时圆或平顶。老树皮较厚有纵裂，黑褐色，常鳞片状开裂：树干上部树皮很薄，褐黄色或淡黄色，薄皮脱落。轮枝明显，一年生枝条淡黄色，大枝基部与树干上部的皮色相同。芽圆柱状、椭圆形或长圆卵状不等，尖端钝或尖，黄褐色或棕黄色，表面有树脂。叶2针一束，稀有3针，刚硬扭曲，树脂道 7 ～ 11 条。冬季叶变为黄绿色，花期5月中旬至6月中旬；1年生小球果下垂，绿色，第三年春球果开裂，鳞脐小，疣状凸起，有短刺，易脱落，每鳞片上生两枚种子，种翅为种子的3 ～ 5倍长，种子大小不等。

(a)

(b)

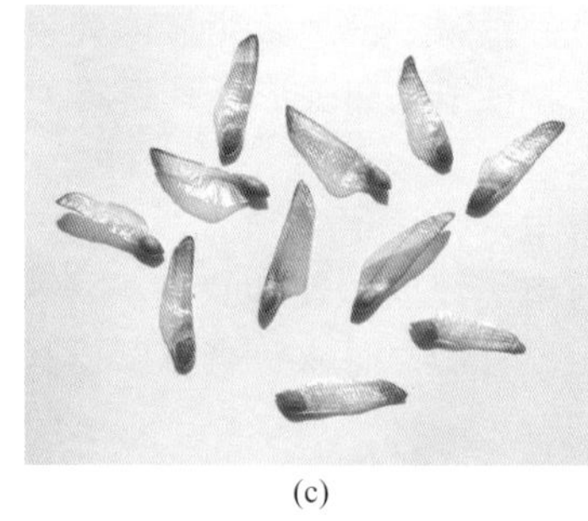
(c)

图8–90 樟子松

分布与习性：樟子松主要分布在中国的大兴安岭北部、海拉尔等地。此外河北、陕西榆林、新疆等地引种栽培。耐寒性强，能忍受–50 ～ –40℃低温，极喜光，适应严寒干旱的气候，为我国松属中最耐寒的树种之一。播种繁殖。

园林用途：适于作丛植、群植。

7. 红松

别名：海松、果松、红果松、朝鲜松。

拉丁学名：*Pinus koraiensis* S. et Z.

科属：松科，松属。

形态特征：树皮灰褐色，不规则长方形裂片。小枝有毛。叶5针一束（图8-91），粗、硬、直，深绿色，缘有细锯齿，长6 ～ 12cm，树脂道3个，叶鞘早落。球果圆锥状长卵形，黄褐色，鳞背三角形，鳞脐顶生而反卷。种子大，无翅，球果成熟时种鳞不开张或略开张。花期6月份，球果翌年9 ～ 10月份成熟。

(a)

(b)

(c)

图8–91 红松

品种：斑叶红松、温顿红松（灌木）、龙爪红松。

分布与习性：产于东北地区，在长白山、完达山等地极多。阳性树，较耐阴，要求温和凉爽的气候，在土壤pH5.5 ～ 6.5生长好。耐寒性强，浅根性，生长速度中等偏慢。

园林用途：树形雄伟高大，宜作北方森林风景区材料，或配植于庭园中用作庭荫树、行道树。

8. 黑松

别名：白芽松。

拉丁学名：*Pinus thunbergii* Parl.

科属：松科，松属。

形态特征：常绿乔木，树冠幼时呈狭圆锥形（图8-92），老时呈扁平的伞状。树皮灰黑色。冬芽银白色。叶2针一束，刚强而粗，长6 ～ 12cm，叶肉中有3个树脂管，树脂道中生。叶鞘由20多个鳞片形成。花单生，雌花生于新芽的顶端，呈紫色，雄花生于新芽的基部，呈黄色，球果卵形，长4 ～ 6cm，鳞背稍厚，横脊显著，鳞脐微凹，有短刺，种子有薄翅。花期4月份，球果至翌年秋天成熟。

(a)

(b)

(c)

图8-92　黑松

分布与习性：黑松原产日本及朝鲜半岛东部沿海地区。我国山东、江苏、浙江、福建等沿海各省普遍栽培。阳性树，喜温暖湿润的海洋性气候，耐海雾，抗海风，也可在海滩盐土地上生长，抗病虫能力强，生长慢，寿命长。

园林用途：黑松为著名的海岸绿化树种，可用作海滨浴场附近的风景林，树针叶浓绿，四季常青，冠形整齐，因此也可作行道树或庭荫树。

9. 白皮松

别名：白骨松、三针松、白果松、虎皮松、蟠龙松。

拉丁学名：*Pinus bungeana* Zucc. ex Endl.

科属：松科，松属。

形态特征：常绿乔木（图8-93）。高可达30m。树皮淡灰绿色或粉白色，不规则鳞片状脱落。一年生枝灰绿色，无毛；冬芽红褐色，卵圆形，无树脂。针叶3针一束，粗硬，长5 ～ 10cm，叶背及腹面两侧均有气孔线，先端尖，边缘有细锯齿；横切面扇状三角形或宽纺锤形；叶鞘脱落。花期4 ～ 5月份，雄球花卵圆形或椭圆形，长约1cm，多数聚生于新枝基部成穗状。球果通常单生，初直立，后下垂，成熟前淡绿色，熟时淡黄褐色，卵圆形或圆锥状卵圆形，长5 ～ 7cm，径4 ～ 6cm，有短梗或几无梗；鳞盾多为菱形，横脊显著，鳞脐背生，有三角状短尖刺。种子灰褐色，近倒卵圆形，长约1cm，径5 ～ 6mm，种翅短，赤褐色，有关节易脱落，长约5mm；球果第二年10 ～ 11月份成熟。

分布与习性：为中国特产，是东亚唯一的三针松，在陕西蓝田有片林，各地多栽培。阳性树，稍耐阴，幼树略耐半阴，耐寒性不如油松，喜生于排水良好而又适当湿润的土壤上，耐干旱。深根性，寿命长。

(a) (b) (c)

图8-93 白皮松

园林用途：白皮松是我国特产的珍贵树种，树干皮呈斑驳状的乳白色，极为醒目，衬以青翠的树冠，可谓独具奇观。宜孤植，也宜团植成林，或列植成行，或对植堂前。

10. 杉松

别名：辽东冷杉。

拉丁学名：*Abies holoiphylla* Maxim.

科属：松科，冷杉属。

形态特征：常绿乔木（图8-94）。树冠宽，圆锥形，树皮灰褐色，浅重裂，一年生枝黄灰色至淡黄褐色，无毛，枝上有圆叶痕。叶条形，中脉下凹，端突尖或渐尖。球果圆柱形，生于叶腋直立，当年成熟，成熟时种子与种鳞、苞鳞同落。

分布与习性：产于中国东北。阴性树，抗寒能力较强，喜土层肥厚的阴坡，浅根性，幼苗生长缓慢，十余年后开始加速。

园林用途：树冠尖圆形，宜列植或成片种植，也可与云杉等混交种植。

(a) (b) (c)

图8-94 杉松

11. 红皮云杉

别名：虎尾松。

拉丁学名：*Picea koraiensis* Nakai.

科属：松科，云杉属。

形态特征：常绿乔木（图8-95），树冠尖塔形或圆锥形。枝条轮生。小枝上有明显的叶枕。叶条形四棱，先端尖，生于叶枕上，多辐射伸展，上下两面中脉突起，横切面菱形，四面有气孔线。雌雄同株。果实圆柱形，生于枝顶，下垂，当年成熟。

分布与习性：大、小兴安岭，长白山等地山地。耐寒，有一定的耐阴性，喜冷凉湿润气候，浅根性，要求排水良好，喜微酸性深厚土壤。

园林用途：树冠尖塔形，苍翠壮丽，材质优良，生长较快，可用作行道树和风景林等。

(a)

(b)

(c)

图8-95　红皮云杉

12. 青杆

别名：杆松、细叶云杉。

拉丁学名：*Picea wilsonii* Mast.

科属：松科，云杉属。

形态特征：常绿乔木（图8-96），高达50m，胸径1.3m；树冠圆锥形，一年生小枝淡黄绿、淡黄或淡黄灰色，无毛，罕疏生短毛；以后变为灰色、暗灰色。冬芽卵圆形，无树脂，芽鳞排列紧密，小枝基部宿存的芽鳞不反卷（与同属其他植物的重要区别）。叶较细、较短，长0.8～1.3（1.8）cm，横断面菱形或扁菱形，各有气孔线4～6条。球果卵状圆柱形或圆柱状长卵形，成熟前绿色，熟时黄褐色或淡褐色，长4～8cm，径2.5～4.0cm。花期4月份，果10月份成熟。

(a)

(b)

图8-96　青杆

分布与习性：我国特产树种。分布于内蒙古、河北、陕西、湖北、甘肃、青海等地。性强健，适应力强，耐阴性强，耐寒，喜凉爽湿润气候，在500～1000mm降水量地区均可生长，喜排水良好、适当湿润之中性或微酸性土壤，但在微碱性土壤中亦可生长。在自然界中有纯林，常与白桦、白杄、红桦、臭冷杉、山杨等混生。

园林用途：青杄树形整齐、枝叶细密、下部枝条不脱落，是优美的园林绿化树种。北京、太原、西安等地常用作行道树或片林栽培，有较高的观赏价值。

13. 白杄

别名：麦氏云杉、毛枝云杉。

拉丁学名：*Picea meyeri* Rehd.et Wils.

科属：松科，云杉属。

形态特征：乔木（图8-97），高约30m，树冠狭圆锥形。树皮灰色，呈不规则薄鳞状剥落，大枝平展，一年生枝黄褐色。叶四棱状条形，横断面棱形，弯曲，呈有粉状青绿色。

(a)

(b)

(c)

图8-97 白杄

分布与习性：我国华北地区应用多，各地引种栽培。耐寒，耐阴，喜空气湿润气候，喜生于中性及微酸性土壤，为浅根性树种。

园林用途：同青杄。

14. 鱼鳞云杉

别名：鱼鳞松。

拉丁学名：*Picea jezoensis* Carr. var. *microsperma*

科属：松科，云杉属。

形态特征：鱼鳞云杉树干高大、圆满、通直，高达40～50m，大枝平展成圆锥形树冠，树皮暗褐色，老时呈灰褐色，鳞状剥裂（图8-98）。1年生枝褐色、淡黄褐色或淡褐色，无毛或疏生

(a)

(b)

(c)

图8-98 鱼鳞云杉

短毛，冬芽圆锥形。叶横断面扁平或扁三角形，仅背面有两条气孔带。球果呈圆柱形或长圆形，长4～6cm，果鳞卵状椭圆形或菱状椭圆形。种子卵形，黑色，翅椭圆形，果期9～10月份。

分布与习性：产于我国大、小兴安岭及松花江中下游林区，俄罗斯也有分布。阴性，耐寒力强，不耐干旱、瘠薄、盐碱。喜生于土层深厚、湿润、肥沃、排水良好的微酸性棕色森林土壤上；浅根性，抗风力弱。播种、嫁接、扦插或压条法繁殖。

园林用途：鱼鳞云杉树形优美，冠形美观，球花也很别致，宜栽作园林绿化树种，可丛植、片植观赏，同时其材质优良，是东北林区的重要用材树种。

15. 青海云杉

别名：泡松。

拉丁学名：*Picea crassifolia* Kom.

科属：松科，云杉属。

形态特征：青海云杉为常绿针叶乔木，高达20m，树冠塔形（图8-99）。一年生枝淡绿色，二年生枝呈淡粉红色或褐黄色，老枝淡褐色至褐色；叶四棱状条形，顶端钝或具钝尖头，横切面四棱形。球果圆锥状，幼球果紫红色，直立；成熟时褐色。种子倒卵形，淡褐色，具翅。花期5月份，球果9月份成熟。

(a)

(b)

图8-99　青海云杉

分布与习性：分布于甘肃、宁夏、青海东部、内蒙古中部。适应性强，耐旱，耐瘠薄，可耐–30℃低温。喜中性土壤，忌水涝，浅根性树种，抗风力差。

园林用途：可作为庭园观赏树种，适于在园林中孤植、群植，同时为高山区重要森林更新树种和荒山造林树种。

16. 臭冷杉

别名：华北冷杉、臭松、东陵冷杉。

拉丁学名：*Abies nephrolepis* Maxim.

科属：松科，冷杉属。

形态特征：臭冷杉为常绿乔木（图8-100），树冠尖塔形，树干通直，高度可达30m；幼树树皮通常平滑，灰白色，具浅纹，常有多数明显的树脂瘤，老时呈灰色，长条状块裂或不规则鳞片状裂；一年生枝淡黄褐色或淡灰褐色，密生淡褐色毛，二年生、三年生枝灰褐色或淡灰褐色，具圆形叶痕；冬芽圆球形，有树脂。叶通常排成两列，条形，先端凹缺或微裂，表面光滑绿色，背面具两条白色气孔带；果球单生叶腋直立，无柄，卵状圆柱形或圆柱形，熟时紫褐色，无梗，种鳞肾形或扇状肾形，种子倒卵状三角形，微扁，种翅楔形，花期4～5月份；球果10月份成熟。

分布与习性：臭冷杉自然分布于华北、东北各地。阴性，喜冷湿环境，棕壤土生长好，浅根性。

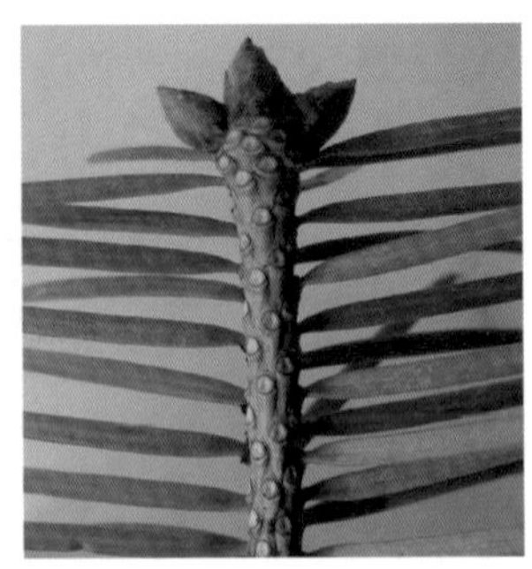

图8-100 臭冷杉

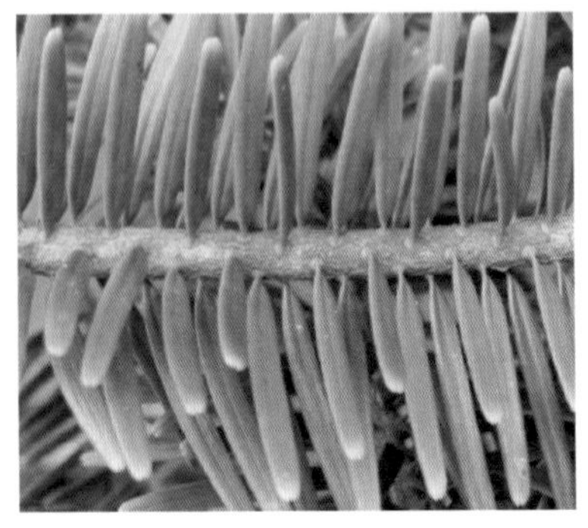

图8-101 日本冷杉

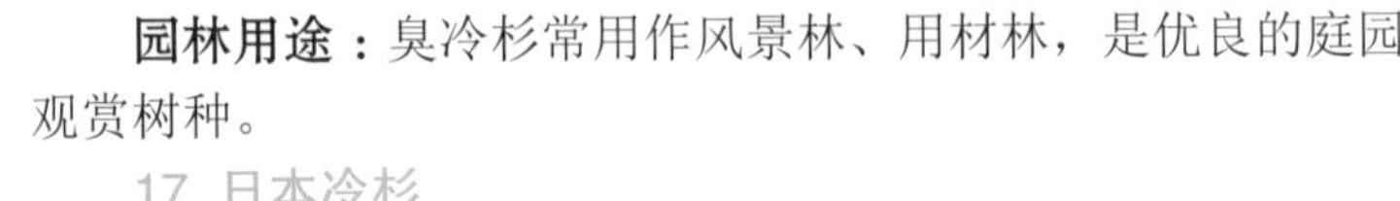

园林用途：臭冷杉常用作风景林、用材林，是优良的庭园观赏树种。

17. 日本冷杉

拉丁学名：*Abies firma* Siebold et Zucc.

科属：松科，冷杉属。

形态特征：常绿乔木（图8-101），高达50m，树冠幼时为尖塔形，老树则为广卵状圆形，树皮粗糙或裂成鳞片状；小枝具纵沟及圆形平叶痕。叶条形，在幼树或徒长枝上叶长2.5～3.5cm，先端成二叉状，在果枝上叶长1.5～2cm，先端钝或微凹。球果圆筒形，长12～15cm，径5cm，苞鳞外露，先端有长约3mm的三角状尖头。

分布与习性：原产日本，我国大连、青岛、北京、南京、杭州、庐山、台湾等地引种栽培。耐阴，喜凉爽、湿润气候，在酸性土壤长势好，不耐烟尘，生长较快。

园林用途：树形优美，树冠参差，园林中适宜在草坪、林缘及疏林空地中成群栽植，极为葱郁优美，其木材是建筑、家具、造纸的优良材料。

18. 圆柏

别名：桧柏、刺柏。

拉丁学名：*Sabina chinensis*（L.）Ant.

(a)

(b)

图8-102 圆柏

科属：柏科，圆柏属。

形态特征：常绿乔木，树冠尖塔形或圆锥形（图8-102），树皮灰褐色，呈浅纵条剥离，时有扭转状。老枝扭曲状。幼树之叶全为刺形，老树之叶刺形或鳞形或二者兼有；球花雌雄异株或同株，单生短枝顶；雄球花长圆形或卵圆形；雄蕊4～8对，交互对生；雌球花有4～8对交互对生的珠鳞，或3枚轮生的珠鳞；胚珠1～6枚，生于珠鳞内面的基部；球果球形，种鳞合生，肉质，种鳞与苞鳞合生，仅苞鳞尖端分离，熟时不开裂。

野生变种和变型：垂枝圆柏，小枝下垂。

栽培品种：龙柏，全为鳞形叶，树形圆柱状，小枝略扭曲上伸。塔柏，树冠圆柱形，枝向上直伸。

分布与习性：原产中国东北南部及华北等地。喜光但耐阴性很强，耐寒，耐热，对土壤要求不严，深根性，侧根也很发达。

园林用途：圆柏树形优美，老树枝干扭曲，奇姿古态，堪为独景。多配置于庙宇、陵墓作甬道和纪念树，可群植、丛植。

19. 香柏

别名：美国侧柏。

拉丁学名：*Thuja occidentalis* L.

科属：柏科，崖柏属。

形态特征：树冠圆锥形（图8-103）。小枝平展。鳞叶先端突尖，较侧柏肥大，表面暗绿色，背面黄绿色，主枝上的叶有腺体，芳香；侧枝上的叶无腺体或很小。球花单性，雌雄同株。雄球花长卵圆形或椭圆状卵圆形，雌球花卵圆形，球果长椭圆形，种鳞较薄，革质，扁平；种子近三角状，种翅宽大，比种子长。

(a)

(b)

图8–103　香柏

分布与习性：原产北美。我国中西部各省引种栽培。阳性树，有一定耐阴力，耐寒，对土壤适应性强，生长较慢。

园林用途：香柏在园林用于配植，可作绿篱、列植、丛植，其盆景常用于岩石园。

20. 日本花柏

拉丁学名：*Chamaecyparis pisifera* (Sieb. et Zucc.) Endl.

科属：柏科，扁柏属。

形态特征：日本花柏是常绿乔木，高达20m，原产地高可达50m；树冠圆锥形，树皮深灰色或暗红褐色，稍光滑，有时成狭条纵裂脱落；近基部的大枝水平开展，小枝扁平，排成一平面；叶深绿色，2型，鳞叶叠瓦状密生，先端钝，叶背有白色线纹，微被白粉，刺叶通常3叶轮生，排列疏松。雌雄同株，球花单生枝端，7～8月份开花，10～11月份果熟。种子三角状卵形，两侧有宽翅。球果球形，径5～6mm，熟时变褐，种鳞5～6对，顶部的中央微凹，内有突起的小尖头（见图8-104）。

图8–104　日本花柏

分布与习性：原产日本。中国东部、中部及西南地区引种栽培。中性树，喜阳光，稍耐阴。抗寒力强，可耐–10℃低温，耐修剪。不耐干燥干旱，喜肥沃湿润土壤。

园林用途：日本花柏四季苍翠，枝繁叶密，在园林上适宜丛植或列植，叶可修剪成球形或作绿篱。

21. 东北红豆杉

别名：紫杉。

拉丁学名：*Taxus cuspidata* Sieb. et Zucc.

科属：红豆杉科（紫杉科），红豆杉属。

形态特征：乔木（图8-105）。树皮赤褐色，片状剥离。枝条平展或斜上直立，密生；小枝基部有宿存芽鳞，一年生枝绿色，秋后呈淡红褐色。叶条形，排成不规则的两列，斜上伸展，约成45°角，长1.0～2.5cm，先端突尖；主枝上的叶螺旋状排列，侧枝上的叶不规则而近于“V”形排列。雌雄异株，种子坚果状，卵形，微扁，有3～4纵棱脊，赤褐色，假种皮浓红色，杯形。花期5～6月份，种子9～10月份成熟。

(a) (b) (c) (d)

图8–105 东北红豆杉

品种：矮丛紫杉（枷罗木，半球状密纵灌木）、微型紫杉（高度在15cm以下）。

分布与习性：产于吉林及辽宁东部长白山区林中。阴性树，耐寒，喜生于富含有机质的潮湿土壤上，浅根性，侧根发达，生长缓慢，寿命极长。

园林用途：东北红豆杉树形端正，东北及华北地区的庭园树，可孤植或群植，又可作绿篱，是高纬度地区园林绿化的良好材料。

22. 赤杨

别名：拟赤杨、水冬瓜。

拉丁学名：*Alnus japonica* (Thunb.) Steud.

科属：桦木科，赤杨属。

形态特征：树皮鳞状开裂。单叶互生（图8-106），叶长椭圆形，长3～10cm，先端渐尖，基部楔形，缘有细尖单锯齿。雄花序为柔荑花序。果序球果状，坚果小而扁，两侧有窄翅。

(a) (b) (c)

图8–106 赤杨

分布与习性：产于中国东北南部及山东、江苏、安徽等省。喜光，耐水湿，生长快，萌芽性强。

园林用途：适于低湿地、河岸、湖畔绿化用，能起护岸、固土及改良土壤等作用。

23. 大果榆

别名：黄榆、山榆、毛榆。

拉丁学名：*Ulmus macrocarpa* Hance.

科属：榆科，榆属。

形态特征：落叶乔木，高达10m。小枝淡黄褐色，有时具2（4）条木栓质翅，有毛。叶倒卵形或椭圆形（图8-107），长5～9cm，先端突尖，基部歪斜，具不规则重锯齿，质地粗厚，有短硬毛。翅果大，径2.5～3.5cm，具黄褐色长毛。

分布与习性：主产于中国东北及华北地区。喜光，抗寒，耐干旱瘠薄，稍耐盐碱。深根性，侧根发达；萌蘖性强，生长速度较慢，寿命长。

园林用途：大果榆树体高大，冠大荫浓，常群植于草坪、山坡或密植作树篱，列植于公路及人行道，也是防风固沙、水土保持和盐碱地造林的重要树种。

(a)　(b)

图8-107　大果榆

24. 构树

别名：构桃树、构乳树、楮树、谷浆树。

拉丁学名：*Broussonetia papyrifera* (L.) Vent.

科属：桑科，构属。

形态特征：落叶乔木，高达16m；树冠开张，卵形至广卵形；树皮平滑，浅灰色或灰褐色，不易裂，具紫色斑块。一年生枝灰绿色，密生灰白色刚毛。髓心海绵状，白色。全株含乳汁。单叶互生（图8-108），有时近对生，叶卵圆至阔卵形，先端尖，基部圆形或近心形，边缘有粗齿，3～5深裂（幼枝上的叶更为明显），两面有厚柔毛；叶柄长3～5cm，密生绒毛。聚花果球形，熟时橙红色或鲜红色。叶落后叶痕对生、近对生或两列互生，半圆形或圆形；叶迹5，排成环形。无顶芽。侧芽扁圆锥形或卵状圆锥形，芽鳞2～3，被疏毛，具缘毛。花期4～5月份，果期7～9月份。

(a)

(b)

图8-108　构树

分布与习性：构树分布于中国黄河、长江和珠江流域地区。强阳性树种，适应性特别强，耐旱、耐瘠、耐修剪、抗污染性强。根系浅，侧根分布很广，生长快，萌芽力和分蘖力强。

园林用途：构树枝叶茂密，适合用作矿区及荒山坡地绿化，也可选作庭荫树及防护林用。

25. 刺槐

别名：洋槐。

拉丁学名：*Robinia pseudoacacia* L.

科属：豆科，刺槐属。

形态特征：落叶乔木（图8-109），高10～20m。树皮灰黑褐色，纵裂；小枝灰褐色，无毛或幼时具微柔毛，枝具托叶刺；奇数羽状复叶，互生。小叶椭圆形至卵状长圆形，先端圆或微凹，具小刺尖，全缘，表面绿色，被微柔毛，背面灰绿色被短毛。总状花序，白色蝶形花，芳香。荚果扁平，线状长圆形，长3～11cm，褐色，光滑。花果期5～9月份。

(a)

(b)

(c)

(d)

图8-109 刺槐

变种、变型：无刺槐，树形帚状，无托叶刺；球槐，树冠呈球状或卵圆形，分枝细密；粉花刺槐，花色为略晕粉色。

分布与习性：原产北美，现欧、亚各国广泛栽培。为强阳性树，较耐干旱瘠薄，对土壤适应性很强，畏积水，浅根性，侧根发达，萌蘖性强，寿命较短。

园林用途：刺槐树冠高大，叶色鲜绿，花、叶绿白相映，素雅芳香，可作片林、庭荫树及行道树，同时是绿化工矿区、荒山、荒地的先锋树种。

26. 黄栌

拉丁学名：*Cotinus coggygria* Scop.

科属：漆树科，黄栌属。

形态特征：小乔木或灌木。单叶互生（图8-110），倒卵形，先端圆形或微凹，基部圆形或阔楔形，全缘，两面或叶背显著被灰色柔毛，侧脉6～11对，先端常叉开；叶柄长，1～4cm。圆锥花序，顶生花杂性，紫绿色羽毛状细长花梗宿存。果序长5～20cm。核果肾形，径3～4mm。花期4～5月份；果熟期6～7月份。

变种：毛黄栌，小枝有短柔毛；垂枝黄栌，枝条下垂；紫叶黄栌（图8-111），叶紫色，花序有暗紫色毛。

(a)

(b)
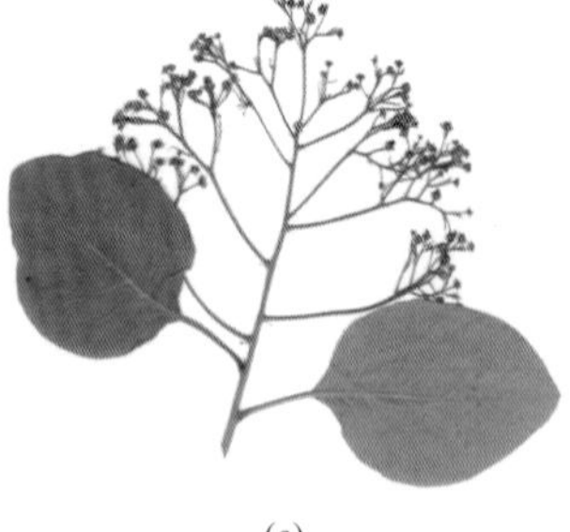
(c)

图8-110 黄栌

图8-111 紫叶黄栌

分布与习性：产于中国西南、华北和浙江等地。喜光，也耐半阴，耐干旱瘠薄和碱性土壤，较强抗SO_2能力，喜深厚、肥沃而排水良好的沙壤土，不耐水湿。根系发达，萌蘖性强，长势快。

园林用途：黄栌为重要的观赏红叶树种，叶片秋季变红，鲜艳夺目，初夏花后有淡紫色羽毛状的花梗宿存树梢很久，在园林中适宜丛植于草坪、土丘或山坡。

图8–112　茶条槭

27. 茶条槭

别名：茶条、华北茶条槭。

拉丁学名：*Acer ginnala* Maxim.

科属：槭树科，槭树属。

形态特征：落叶小乔木，树皮灰褐色。幼枝绿色或紫褐色，老枝灰黄色。单叶对生（图8-112），纸质，卵形或长卵状椭圆形，常3裂，中裂片特大，基部圆形或近心形，边缘为不整齐疏重锯齿，近基部全缘，叶柄细长；花杂性同株，顶生伞房花序，多花；小坚果扁平，长圆形，具细脉纹，幼时有毛；翅长约2cm，有时呈紫红色，果翅张开成锐角或近平行。花期5～6月份，果熟期9月份。

分布与习性：产于东北、内蒙古、华北及长江中下游各省。弱阳性，耐半阴，耐寒，在深厚而排水良好的沙质壤土下生长良好，在烈日下树皮易受灼害，萌蘖性强，深根性。

园林用途：茶条槭树干直而洁净，花有清香，夏季果翅红色美丽，秋季叶色红艳，宜植于庭园观赏，尤其适合作为秋色树种来点缀园林及山景，也可修剪成绿篱和整形树。

28. 鸡爪槭

别名：鸡爪枫。

拉丁学名：*Acer palmatum* Thunb.

科属：槭树科，槭树属。

形态特征：落叶小乔木，树冠伞形，树皮深灰色，平滑。小枝细，当年生枝淡紫绿色；多年生枝淡灰紫色或深紫。叶对生（图8-113），纸质，掌状7～9裂，基部截形或心形。裂片先端尾状，边缘有不整齐锐齿或重锐齿，深达叶片直径的1/2或1/3；嫩叶密生柔毛，老叶平滑无毛。花紫色，杂性，伞房花序，4月份开放。翅果张开成钝角，向上弯曲，10月份成熟。

(a)

(b)

图8–113　鸡爪槭

分布与习性：长江流域各省，北至山东，南达浙江。抗寒性较强，耐酸碱，能忍受较干旱的气候条件，喜疏阴，在富含腐殖质的土壤长势好。

园林用途：鸡爪槭叶形美观，入秋后转为鲜红色，为优良的观叶树种。宜丛植于草坪或植于土丘、溪边、池畔和路隅、墙边、亭廊、山石旁。

29. 三花槭

别名：拧筋槭、拧筋子。

拉丁学名：*Acer triflorum* Thunb.

科属：槭树科，槭树属。

形态特征：落叶乔木。树皮灰褐色，薄片状剥裂。小枝灰褐色（图8-114），有圆形点状皮孔。叶为3出复叶，小叶纸质，长圆卵形或长圆披针形，稀长圆倒卵形，表面绿色，背面黄绿色，脉上有白色长毛，叶柄细瘦，淡紫色。伞房花序，花杂性，黄绿色，雄花与两性花异株，花梗有褐色柔毛。小坚果凸起，近于球形，翅黄褐色，张开成锐角或近于直角。花期4～5月份，果期9月份。

(a)

(b)

(c)

图8-114 三花槭

分布与习性：分布于我国东北三省及朝鲜北部。耐寒，喜光，稍喜阴，喜湿润肥沃土壤。

园林用途：三花槭入秋后叶色变红，为点缀庭园的良好观叶树种。

30. 火炬树

别名：火炬漆、加拿大盐肤木。

拉丁学名：*Rhus typhina* Nutt.

科属：漆树科，盐肤木属。

形态特征：落叶小乔木（图8-115），高达12m。分枝少，小枝粗壮并密生褐色茸毛，柄下芽。奇数羽状复叶，小叶19～23（少见11～31），长椭圆状至披针形，长5～13cm，先端长渐尖，基部圆形或广楔形，缘有整齐锯齿；叶表面绿色，背面粉白，均被密柔毛，老时脱落。圆锥花序顶生、密生茸毛，花淡绿色，雌花序及果穗鲜红色，形同火炬。花期6～7月份，果期9～11月份。

(a)

(b)

(c)

图8-115 火炬树

分布与习性：原产北美，常在开阔的沙土或砾质土上生长。中国各地引种栽培。阳性树种，耐寒，耐干旱瘠薄，耐水湿，耐盐碱，水平根系发达，萌蘖性强，适应性极强，生长速度快，一年可成林。

园林用途：火炬树果实红艳似火炬，夏秋缀于枝头，秋叶鲜红色，是优良的秋景树种。宜丛植于坡地、公园角落，也是固堤、固沙、保持水土的好树种。

31. 鼠李

别名：红皮绿树。

拉丁学名：*Rhamnus davurica* Pall.

科属：鼠李科，鼠李属。

形态特征：落叶小乔木，多分枝，枝端常具刺（图8-116）。单叶互生或近对生，倒卵状椭圆形至卵状椭圆形，先端锐尖，缘有粗圆齿。花3～5朵簇生叶腋。核果球形，熟时紫黑色。花期5月份，果熟期7～9月份。

(a)

(b)

图8-116　鼠李

分布与习性：产于东北、华北等地。多生于山坡、沟旁或杂木林中。适应性强，耐寒，耐阴，耐干旱瘠薄，无需特殊管理。

园林用途：本种枝叶茂密，入秋有累累黑果，可植于庭园观赏。

32. 水曲柳

拉丁学名：*Fraxinus mandshurica* Rupr.

科属：木樨科，白蜡属。

形态特征：树干通直，树皮灰褐色，浅纵裂。小枝略呈四棱形。奇数羽状复叶对生（图8-117），小叶7～13枚，叶轴有沟槽，具极窄的翼；与小叶连接处密生褐色绒毛。叶椭圆状披针形或卵状披针形，锯齿细尖，端长渐尖。花序侧生于二年生小枝上。翅果稍扭曲，长圆状披针形，长2～3.5cm，宽5～7mm，先端钝圆或微凹。

(a)

(b)

图8-117　水曲柳

分布与习性：分布于东北、华北等地，以小兴安岭最多。喜光，幼时稍能耐阴，耐寒，喜潮湿但不耐水涝，喜肥，稍耐盐碱。主根浅，侧根发达，萌蘖性强，生长较快，寿命较长。

园林用途：水曲柳适宜作风景林、庭荫树、行道树，同时也是经济价值高的优良用材树种。

项目测评

为实现本项目目标，要求学生完成表8-6中的作业，并为老师提供充分的评价证据。

表8-6　园林乔木识别与应用项目作业测评标准

任务	合格标准（P）=$\sum P_n$		良好标准（M）=合格标准+$\sum M_n$		优秀标准（D）=良好标准+$\sum D_n$	
任务一	P_1	调查当地行道树种类，并总结冬季和生长季识别要点	M_1	总结行道树共同特征，图示并熟练识别15种	D_1	能熟练识别80种园林乔木树种，并能根据形态特征确定其园林应用
	P_2	能够熟练识别10种行道树				
任务二	P_3	调查当地独赏树种类，并总结冬季和生长季识别要点	M_2	总结独赏树的观赏特点，图示并熟练识别10种		
	P_4	能够熟练识别5种独赏树				
任务三	P_5	调查当地庭荫树种类，并总结冬季和生长季识别要点	M_3	调查庭荫树树形特点，图示并熟练识别10种		
	P_6	能够熟练识别5种庭荫树				
任务四	P_7	调查当地用于树丛和片林种类，并总结冬季和生长季识别要点	M_4	调查树丛和片林配置形式，图示并熟练识别20种	D_2	调查一个城市绿地园林乔木种类及应用特点，分析优缺点，并给出合理配置建议
	P_8	能够熟练识别10种林丛乔木				
任务五	P_9	调查当地观花乔木种类，并总结冬季和生长季识别要点	M_5	调查观花乔木的其他园林应用形式，图示并熟练识别15种		
	P_{10}	能够熟练识别10种观花乔木				

课外研究

有趣的树木

你知道下面树木的学名吗？研究一下吧。

1. 过敏树

辽宁省东部的桓仁山区，生长着一种能使某些人产生过敏反应的树，当地群众称它为“咬人的树”。这种树树干像楸树，叶子肥大，呈柳叶形，春天时枝头生长出一簇簇绿里透红的枝叶。如果有人接触它的枝叶，或采食其嫩芽，皮肤就会起疙瘩，浑身肿胀，皮破淌黄水，黄水流到哪里，哪里的肉便腐烂，痒痛难忍，不能行动。冬季，如果有人拾了它的干枝烧火，也会被它“咬”伤。凡被“咬伤”者，轻则3日，重则两三个月才能康复。当地人见了这种树都望而却步。

2. 棉花树

云南省有一种“棉花树”，树上结出的“棉桃”可以纺纱、织布，用来做衣服。“棉花树”是一种锦葵科的半乔木，高 3～5m，每年春秋各结“棉桃”1次,3年的树每次可结“棉桃”300多个，以后逐年增加，10年可达1500个左右。这种木棉纤维长达30～40cm，品质轻柔，能纺 60支以上的细纱；缺点是纤维长短不一、不够洁白。

3. 布树

乌干达有一种“树皮布”树。一棵生长 10 年左右的树，其皮可加工成长5m、宽2m多的一块布，可以做衣服、床单等。当地农民经常加工这种“树皮布”。黑龙江沿岸居民，用缝连起来的桦树皮在架子上制成的小船在水上航行，可容纳 1～2 人。19 世纪中叶以前，东欧一些地区的农民主要用桦树皮编织成鞋。

4. 味精树

云南省贡山独龙族怒族自治县青拉筒山寨中，有一棵高约27m的奇特的大树，它状如古柏，叶大如掌，叶肉厚实，皮和叶具有类似味精的鲜味。人们煮肉或炒菜时，只要摘一片树叶或刮一点树皮放入锅内，菜肴便会格外鲜美。多少年来，当地居民把这棵树的叶和皮当做味精来食用，人们称它为公用的“味精树”。

5. 泌油树

陕西省有一种叫“白乳木”的树，只要撕破它的叶子或扭断其枝条，破损处就会流出一种白色的油液。这种油既可食用，也可作燃料。

项目九　园林灌木识别与应用

技能目标

能识别北方常见各种园林灌木树种；能掌握各灌木树种的园林应用特点并能合理配置。

知识目标

掌握北方常见园林花灌木、绿篱和整形灌木以及屋基种植灌木等树种的形态特征及分布习性。

任务9.1　调查与识别花灌木

任务分析

调查并识别当地花灌木的种类及应用效果。通过实地识别与调查，可以了解当地花灌木的应用种类及应用效果，掌握常见花灌木种类的形态特征及应用，为园林树种的合理配置提供实践依据。

任务实施

【材料与工具准备】

检索表、树木识别手册、记录本、记录笔等。

【实施过程】

1.初步调查树木种类。
2.根据检索表或树木识别手册进行树种确认。
3.教师核对并讲解树种识别要点。
4.总结灌木的应用种类及应用效果。

【注意事项】

1.注意了解灌木的开花物候期。
2.注意了解灌木的生态习性和观赏效果与园林应用的协调效果。

任务考核

任务考核从职业素养和职业技能两方面进行评价，标准见表9-1。

表9-1 调查与识别花灌木任务的考核标准

考核内容		考核标准	考核分值
职业素养	职业道德 职业态度 职业习惯	忠于职守，乐于奉献；实事求是，不弄虚作假；积极主动，操作认真；善始善终，爱护公物	30
职业技能	任务操作	按要求完成调查树种； 能准确识别20种常见花灌木	30 30
	总结创新	识别要点整理及时准确	10

理论认知

1. 银芽柳

别名：棉花柳、银柳。

拉丁学名：*Salix leucopithecia* Kimura.

科属：杨柳科，柳属。

形态特征：落叶灌木（图9-1）。枝条绿褐色，具红晕。冬芽红紫色，有光泽。叶互生，长椭圆形，缘具细锯齿，表面微皱，深绿色，背面密被白毛，半革质。雄花序圆柱状，早春叶前开放，初开时芽鳞舒展，包被于花序基部，红色而有光泽，盛开时花序密被银白色绢毛。花期12月至翌年2月。

(a) (b) (c)

图9-1 银芽柳

分布与习性：原产我国的东北地区。朝鲜半岛、日本也有。中国上海、杭州、南京一带有栽培。喜光，喜湿润土地，较耐寒，北京可露地越冬。适宜在土层深厚、疏松肥沃的土壤中生长。

园林用途：银芽柳在园林中常植于湖滨、池畔、河岸、堤防。花序美观，水养时间久，是春节期间的重要切花材料，常经切枝染色后瓶插观赏。

2. 牡丹

拉丁学名：*Paeonia suffruticosa* Andr.

科属：毛茛科，芍药属。

形态特征：落叶小灌木（图9-2）。生长缓慢，株型小，株高多在0.5～2m。根肉质，粗而长，少分枝和须根，中心木质化，长度一般在0.5～0.8m，极少数根长度可达2m。老茎灰褐色，当年生枝黄褐色。二回三出羽状复叶互生，小叶阔卵形至卵状长椭圆形，先端3～5裂，基部全缘，叶背有白粉，平滑无毛。花单生枝顶，花径大型，花色有红、黄、白、粉、紫及复色，有单瓣、复瓣、重瓣和台阁性花。花萼有5片。蓇葖果成熟时开裂。花期5月份，果熟期8～9月份。

(a)

(b)

(c)

图9-2　牡丹

牡丹的分类方法有多种，按株型分为直立型、开展型和半开张型；按芽型分为圆芽型、狭芽型、鹰嘴型和露嘴型；按分枝习性分为单枝型和丛枝型；按花期分为早花型、中花型、晚花型和秋冬型（有些品种有二次开花的习性，春天开花后，秋冬可再次自然开花，即称为秋冬型）；按花色分红、紫、墨紫（黑）、粉、黄、白、雪青（粉蓝）、绿和复色；按花型分为系、类、组、型四级。四个系即牡丹系、紫斑牡丹系、黄牡丹系和紫牡丹系；两个类即单花类和台阁花类；两个组即千层组和楼子组；组以下根据花的形状分为若干型，如单瓣型、托桂型、荷花型、皇冠型等。

分布与习性：原产中国西部及北部。喜温暖而不酷热的气候，较耐寒，喜光，在弱阴下生长最好。深根性，根肉质，喜深厚肥沃、排水良好、略带湿润的沙质壤土，最忌黏土及积水，较耐碱。栽培管理好时，寿命可达百年以上。

园林用途：牡丹花大美丽，香色俱佳，雍容华贵，富丽端庄，而且品种繁多，更被赏花者赞为“国色天香”、“花中之王”，长期以来被人们当做富贵吉祥、繁荣兴旺的象征。牡丹以洛阳、菏泽牡丹最负盛名。园林中常作专类花园及重点美化用，可植于花台、花池观赏，也可盆栽作室内观赏或作切花瓶插。

3. 紫斑牡丹

拉丁学名：*Paeonia suffruticosa* var. *papaveracea* (Andr.) Kerner.

科属：毛茛科，芍药属。

形态特征：落叶灌木（图9-3），小枝圆柱形。叶互生，通常为二回三出复叶，顶生小叶宽卵形，通常不裂，稀3裂至中部，侧生小叶长卵形或卵形，不裂或2～4浅裂。花单生枝端，花从单瓣、半重瓣到重瓣，花色有红、紫、白、粉、黑、蓝、黄和复色，花型有单瓣型、菊花型、蔷薇型、荷花型、皇冠型、托桂型、绣球型等。花瓣内面基部具有深紫色斑块。蓇葖果。花期5月份，果熟期8～9月份。

图9-3　紫斑牡丹

分布与习性：分布于我国陕西、甘肃和河南西部，大部分品种在黑龙江省可露地栽培。适宜低温和干旱气候，怕水涝，对土壤要求不严。

园林用途：同牡丹。

4. 灌木铁线莲

拉丁学名：*Clematis fruticosa* Turcz.

科属：毛茛科，铁线莲属。

形态特征：直立小灌木（图9-4），高约1m。枝有棱。单叶对生或数叶簇生，叶片薄革质，顶端锐尖，边缘有锯齿或全缘。花单生，或2～3花的聚伞花序，腋生或顶生，萼片4，斜上展

图9-4　灌木铁线莲

呈钟状，黄色，无花瓣。瘦果密生长柔毛，宿存花柱，有黄色长柔毛。花期7～8月份，果期10月份。

分布与习性：原产于陕西、甘肃、山西、河北及内蒙古等地。

园林用途：可丛植林缘，也可植于岩石园。

5. 紫玉兰

别名：辛夷、木笔、木兰。

拉丁学名：*Magnolia liliflora* Desr.

科属：木兰科，木兰属。

形态特征：落叶大灌木或小乔木（图9-5）。树皮灰褐色，小枝紫褐色。单叶互生，叶椭圆形或倒卵状椭圆形，全缘，先端渐尖，基部楔形，背面脉上有毛。托叶痕在叶柄中部以下。花单生枝顶；萼片3，绿色，披针形，长为花瓣的1/3，早落。花瓣6，外面紫色，内面近白色。花期3～4月份，叶前开花或花叶同放。蓇葖果聚合成球果状。

(a)

(b)

(c)

图9-5 紫玉兰

分布与习性：原产中国。喜光，不耐寒，北京小气候良好处可露地越冬。喜肥沃、湿润而排水良好的土壤。根肉质，怕积水。

园林用途：花蕾形大如笔头，有“木笔”之称，为我国传统庭园花木，宜配植于庭院室前，或丛植于草地边缘。

6. 山梅花

拉丁学名：*Philadelphus incanus* Koehne.

科属：虎耳草科，山梅花属。

形态特征：落叶灌木（图9-6）。树皮褐色，薄片状剥落，枝具白髓。小枝幼时密生柔毛，后渐脱落。单叶对生，基部3～5主脉，卵形或卵状长椭圆形，缘具细尖齿，叶背有毛。花白色，5～7朵成总状花序。花期5～7月份。蒴果4瓣裂。

(a)

(b)

(c)

图9-6 山梅花

分布与习性：原产我国陕、粤、豫一带。甘肃南部、四川西部均有自然分布，湖北西部及河南等地均有栽培。喜光，喜温暖也较耐寒，耐旱，怕水湿，不择土壤，生长快。

园林用途：其花朵洁白、美丽，花期长，为优良的观赏花木。宜于庭园、风景区栽植。可作切花材料。宜丛植、片植于草坪、山坡、林缘地带，若与建筑、山石等配植效果也较好。

7. 太平花

别名：北京山梅花、山梅花。

拉丁学名：*Philadelphus pekinensis* Rupr.

科属：虎耳草科，山梅花属。

形态特征：丛生落叶灌木，高可达2m。树皮薄片状剥落，栗褐色；小枝光滑无毛，常带紫褐色，枝具白髓；单叶对生，叶卵状椭圆形，3主脉，先端渐尖或长渐尖，缘疏生小齿，通常两面无毛，或有时背面腺腋有簇毛；叶柄带紫色。总状花序5～9朵（图9-7），花乳白色，有清香。蒴果。花期4～6月份，果期8～10月份。

图9–7　太平花

分布与习性：产于中国北部及西部，朝鲜亦有分布。各地都有栽培。喜光，耐寒，稍耐阴，耐干旱，怕水湿，宜植于湿润肥沃而排水良好的壤土。

园林用途：太平花枝叶繁密，花多而清香美丽。宜丛植于草坪、建筑物前或假山石旁，也可作自然式花篱或大型花坛中心栽植材料。

8. 东陵八仙花

别名：东陵绣球、柏氏绣球。

拉丁学名：*Hydrangea bretschneideri* Dippel.

科属：八仙花科，八仙花属。

形态特征：落叶灌木（图9-8）。树皮通常片状剥落，老枝红褐色。叶对生，卵形或椭圆状卵形，先端渐尖，边缘有锯齿，叶面深绿色，无毛或脉上有疏柔毛，背面密生灰色柔毛；叶柄被柔毛；伞房状聚伞花序、顶生，径10～15cm，边缘着不育花，初白色、后变淡紫色，中间有浅黄色可孕花。蒴果近圆形，种子两端有翅。

(a)

(b)

图9–8　东陵八仙花

分布与习性：产自中国东北地区南部和黄河流域各地。喜光，稍耐阴，耐寒，忌干燥，喜湿润排水良好环境。

园林用途：宜于林缘、池畔、庭园角隅及墙边孤植或丛植。

9. 大花溲疏

别名：华北溲疏。

拉丁学名：*Deutzia grandiflora* Bunge.

科属：虎耳草科，溲疏属。

形态特征：灌木（图9-9），高2m。老枝灰色，小枝褐色或灰褐色，光滑中空。单叶对生，叶片卵形或卵状披针形，边缘有细锯齿，先端短渐尖或锐尖，基部广楔形或圆形，正面被4～6条放射状星状毛，背面被6～9（12）条放射状星状毛，质粗糙。聚伞花序，1～3朵花生于枝顶，花直径2.5～3cm、萼筒密被星状毛，花瓣白色。蒴果半球形，具宿存花柱。花期4月下旬，果熟期6月份。

分布与习性：产于我国湖北、河南、山东、河北、内蒙古、辽宁等省区。耐寒，耐旱，忌低洼积水。喜光，稍耐阴，对土壤要求不严。

园林用途：花大色白，繁密素雅，既可供庭园观赏，也可植花篱。

(a)

(b)

图9-9 大花溲疏

10. 檵木

别名：白花檵木、继花，习惯写作继木、枳木、桎木。

拉丁学名：*Loropetalum chinensis* (R. Br.) Oliv.

科属：金缕梅科，檵木属。

形态特征：通常为灌木或小乔木（图9-10），高达4～12m；小枝有锈色星状毛。单叶互生，叶革质，卵形，全缘，顶端锐尖，基部偏斜而圆，下面密生星状柔毛。苞片线形，花3～8朵簇生于小枝端，花瓣白色，线形。蒴果有星状毛，2瓣裂，每瓣2浅裂。花期5月份，果期8～9月份。

变种：红花檵木（*Loropetalum chinensis* var. *rubrum*）为檵木的变种，与原变种的区别为：叶紫红色，花淡紫红色（图9-11）。

图9-10 檵木

(a)

(b)

图9-11 红花檵木

分布与习性：我国产自长江中下游及其以南、北回归线以北地区，印度北部也有分布。多生于山野及丘陵灌丛中。喜阴植物，但不排斥阳光，常用作绿化苗木，比如篱笆、绿化带。

园林用途：檵木开花繁密如覆雪，特别是其变种红花檵木的叶和花均为紫红色，花期长，观赏价值高。可丛植于草地、林缘或与石山相配合，还可用于绿篱、花境、植物造型、地被等。

11. 珍珠绣线菊

别名：喷雪花。

拉丁学名：*Spiraea thunbergii* Sieb. ex Blume.

科属：蔷薇科，绣线菊属。

形态特征：落叶灌木（图9-12），高可达1.5m。枝条纤细而开展，呈弧形弯曲，小枝有棱角，幼时密被柔毛，褐色，老时红褐色，无毛。单叶互生，叶线状披针形，先端长渐尖，基部狭楔形，边缘有锐锯齿，羽状脉；叶柄极短或近无柄。伞形花序无总梗或有短梗，每花序有3～7花，花白色，花梗细长。蓇葖果。花期4～5月份，果期7月份。

分布与习性：原产华东，陕西、辽宁等省有栽培。喜光，好温暖，宜湿润且排水良好的土壤。

园林用途：本种叶形似柳，花白密集如雪，故又称"雪柳"，叶秋季变红，通常丛植于草坪角隅或作基础种植，也可作切花用。

(a)

(b)

(c)

(d)

图9-12　珍珠绣线菊

12. 三桠绣线菊

别名：三裂绣线菊。

拉丁学名：*Spiraea trilobata* L.

科属：蔷薇科，绣线菊属。

形态特征：灌木，高1～2m。小枝细，开展，幼时褐黄色，无毛，老时暗灰褐色或暗褐色。冬芽小，外被数枚鳞片。单叶互生（图9-13），叶片近圆形、扁圆形或长圆形，基部近圆形、近心形或广楔形，先端钝、通常3裂，边缘自中部以上有少数圆钝锯齿，背面灰绿色，具明显3～5出脉。伞形花序具总梗；花白色15～30朵。雄蕊比花瓣短，花柱比雄蕊短。蓇葖果开展，宿存萼片直立。花期5～6月份，果期7～8月份。

图9-13　三桠绣线菊

分布与习性：产自我国黑龙江、辽宁、内蒙古、山东、山西、河北、河南、安徽、陕西、甘肃。俄罗斯西伯利亚也有分布。生于多岩石向阳坡地或灌木丛中，海拔450～2400m。稍耐阴性健壮，生长迅速。

园林用途：常在庭园栽培供观赏，植于岩石园更为适宜。

13. 粉花绣线菊

别名：日本绣线菊。

拉丁学名：*Spiraea japonica* Linn.

科属：蔷薇科，绣线菊属。

形态特征：直立灌木，高达1.5m；枝条细长，开展，小枝近圆柱形，小枝光滑或幼时有细毛。冬芽卵形，先端急尖，有数个鳞片。单叶互生，卵状披针形至披针形，边缘具缺刻状重锯齿，叶面散生细毛，上面暗绿色，叶背略带白粉。花期6月份，复伞房花序（图9-14），生于当年生枝端，花朵密集，花粉红色，雄蕊较花瓣长。果期8月份，蓇葖果。

(a) (b)

图9-14 粉花绣线菊

分布与习性：原产日本和朝鲜半岛，中国华东、华北、辽宁南部地区有栽培。性强健，喜光，略耐阴，抗寒，耐旱，耐瘠薄。在湿润、肥沃土壤生长旺盛。

园林用途：粉花绣线菊花期正值春末夏初少花季节，花色艳丽，可作花坛、花境、绿篱，或丛植于草坪及园路角隅等处，可作基础种植。

14. 金山绣线菊

拉丁学名：*Spiraea japonica* Gold Mound

科属：蔷薇科，绣线菊属。

形态特征：落叶小灌木（图9-15），高30～60cm，冠幅60～90cm。老枝褐色，新枝黄色，枝条呈折线状，不通直，柔软。叶卵状，互生，叶缘有桃形锯齿。花蕾及花均为粉红色，10～35朵聚成复伞形花，花期5月中旬至10月中旬，盛花期为5月中旬至6月上旬，花期长，观花期5个月。3月上旬开始萌芽，新叶金黄，老叶黄色，夏季黄绿色。8月中旬开始叶色转金黄，10月中旬后，叶色带红晕，12月初开始落叶。色叶期5个月。

图9-15 金山绣线菊

分布与习性：本种为栽培种，适宜在我国长江以北多数地区栽培。喜光，稍耐阴，极耐寒，耐旱，怕水涝，生长快，耐修剪，易成型。

园林用途：适合作观花色叶地被，在花坛、花境、草坪、池畔等地，宜与紫叶小檗、桧柏等配置成模纹，可以丛植、孤植、群植作色块或列植作绿篱，也可作花境和花坛植物。

15. 金焰绣线菊

拉丁学名：*Spiraea ×bumalda* cv. Gold Flame

科属：蔷薇科，绣线菊属。

形态特征：株高0.4～0.6m，冠幅0.7～0.8m（图9-16）。新梢顶端幼叶红色，下部叶片黄绿色，叶卵形至卵状椭圆形，长4cm，宽1.2cm。伞房花序，小花密集，花粉红色，花径5cm。花期长达4个月，从6～9月份，开花4～6次，每次15～20天。生长季剪截新梢后，过20～25天又在分枝上开花，可利用这一特性，人为调整开花数。

图9-16 金焰绣线菊

分布与习性：本种为栽培种，分布在我国东北南部、华北北部地区。喜光，稍耐阴，耐盐碱，耐旱，耐寒，耐修剪，怕涝。

园林用途：金焰绣线菊叶色的季相变化丰富，新叶橙红色，成叶黄色，冬季红叶，感染力强，可单株修剪成球形，或群植作色块、花境、花坛，也可作绿篱。

16. 土庄绣线菊

别名：柔毛绣线菊、土庄花、石蒡子、小叶石棒子。

拉丁学名：*Spiraea pubescens* Turcz.

科属：蔷薇科，绣线菊属。

形态特征：落叶灌木（图9-17），高1～2m。小枝开展拱曲，嫩时褐黄色，被短毛，老时灰褐色，无毛；冬芽卵形或近球形。单叶互生，叶椭圆形至菱状卵形，边缘自中部以上有深刻锯齿或3裂，上面被疏柔毛，下面被短柔毛，先端急尖，基部宽楔形。伞形花序，有总梗，花瓣白色，雄蕊与花瓣近等长，花柱短于雄蕊。蓇葖果开张，有直立宿存的萼片。花期5～6月份，果期7～8月份。

变种：毛果土庄绣线菊（*Spiraea pubescens* Turcz. var. *lasiocarpa* Nakai），分布在陕、甘、皖、川。

分布与习性：分布于华北、东北、内蒙古、甘肃、陕西、湖北和安徽等地。喜凉爽，喜光，耐旱、耐寒，适宜在中性土上栽植。

园林用途：土庄绣线菊花白色而密集，花期长，栽于庭园、公园作观赏花灌木，用作配置绿篱，盛花时宛若锦带。

(a)　(b)　(c)　(d)

图9-17　土庄绣线菊

17. 毛果绣线菊

别名：石蹦子。

拉丁学名：*Spiraea trichocarpa* Nakai

科属：蔷薇科，绣线菊属。

形态特征：落叶灌木（图9-18），株高2m。小枝有棱，暗黑色或灰褐色。单叶互生，叶长圆形或倒卵状长圆形，两面无毛，全缘或叶先端有数个锯齿，先端稍钝或急尖。复伞房花序，着生在侧生小枝的顶端，花白色，密被短柔毛。蓇葖果直立，密被短柔毛。花期5～6月份，果期7～9月份。

(a)　(b)　(c)

图9-18　毛果绣线菊

分布与习性：产于辽宁及内蒙古东部，朝鲜半岛也有分布。喜光，稍耐阴，耐干旱气候，耐寒，对土壤要求不严。

园林用途：可作花篱，也可植于池畔、山坡、路旁、崖边。

18. 风箱果

别名：阿穆尔风箱果、托盘幌。

拉丁学名：*Physocarpus amurensis* Maxim.

科属：蔷薇科，风箱果属。

形态特征：落叶灌木（图9-19），树皮纵向剥裂。小枝幼时紫红色，老时灰褐色。单叶互生，叶片三角卵形至宽卵形，3～5浅裂，缘有锯齿，先端急尖或渐尖，基部心形或近心形，稀截形。花序伞形总状，花白色。蓇葖果膨大，卵形，熟时沿背腹两缝开裂。花期5～6月份，果期7～8月份。

(a) (b) (c) (d)

图9-19 风箱果

相关园艺品种：

金叶风箱果（*Physocarpus opulifolius* var. *luteus*）：叶片生长期金黄色，落前黄绿色，三角状卵形，缘有锯齿。花白色，直径0.5～1cm，花期5月中下旬，顶生伞形总状花序。果实膨大呈卵形，果外光滑。如图9-20所示。

紫叶风箱果（*Physocarpus opulifolius* ‘Summer Wine’）：叶片生长期紫红色，落前暗红色，三角状卵形，缘有锯齿。花白色，直径0.5～1cm，花期5月中下旬，顶生伞形总状花序。果实膨大呈卵形，果外光滑。光照充足时叶片颜色紫红，而弱光或荫蔽环境中则呈暗红色。东北地区能露地越冬。如图9-21所示。

图9-20 金叶风箱果

图9-21 紫叶风箱果

分布与习性：产于我国黑龙江、河北，以及朝鲜北部及俄罗斯远东地区，常丛生于山沟中或阔叶林边。性强健，耐寒，喜生于湿润而排水良好的土壤。

园林用途：风箱果树形开展，花序密集，花色朴素淡雅，夏末初秋果实变红，颇为美观。可植于亭台周围、丛林边缘及假山旁边。金叶和紫叶风箱果叶、花、果均有观赏价值。

19. 珍珠梅

别名：华北珍珠梅、吉氏珍珠梅。

学名：*Sorbaria kirilowii*（Regel）Maxim.

科属：蔷薇科，珍珠梅属。

形态特征：落叶灌木（图9-22）。羽状复叶，小叶13～21枚，卵状披针形，叶缘具重锯齿。顶生圆锥花序，花小，白色。蓇葖果沿腹线开裂。花期6～7月份，果期9～10月份。

(a)

(b)

(c)

图9-22　珍珠梅

分布与习性：分布于黄河流域各省，北京山区有少量分布。各公园、绿地、庭院有栽培。喜光，耐阴，耐寒，性强健，不择土壤。生长迅速，萌蘖性强，耐修剪。

园林用途：夏季开花，花叶兼美，花期长，是园林中应用较多的花灌木。因其耐阴，可在各类建筑物北侧阴面绿化。

20. 东北珍珠梅

别名：山高粱、高楷子、花楸珍珠梅、珍珠梅。

拉丁学名：*Sorbaria sorbifolia* (L.) A. Br.

科属：蔷薇科，珍珠梅属。

形态特征：落叶灌木，高达2m。枝条开展，小枝稍屈曲，无毛或稍被柔毛。奇数羽状复叶互生，小叶11～17枚，叶轴微被柔毛；小叶对生，披针形或卵状披针形，先端渐尖，稀尾尖，基部稍圆，稀偏斜，具尖重锯齿，叶背光滑；圆锥花序顶生、长10～20cm，花小，白色，雄蕊比花瓣长。

分布与习性：原产于我国东北和内蒙古，及俄罗斯、蒙古、日本、朝鲜半岛，我国华北地区多有栽培。喜光，耐阴，耐寒，对环境适应性强，喜肥沃湿润土壤，耐修剪，生长较快，萌蘖性强。

园林用途：可丛植在草坪边缘或水边、房前、路旁，亦可栽植成篱垣。

21. 白鹃梅

别名：白绢梅、金瓜果、茧子花。

拉丁学名：*Exochorda racemosa* (Lindl.) Rehd.

科属：蔷薇科，白鹃梅属。

形态特征：落叶灌木。多呈小乔木状，高可达3～5m，小枝圆柱形，无毛，微有棱角，幼时红褐色，单叶互生，叶椭圆形或倒卵状椭圆形，全缘或上部有疏齿，端钝或具短尖，基部楔形，叶柄极短，叶背面灰白色。花两性，顶生总状花序（图9-23），具花6～10朵，有短花梗，萼筒钟状，黄绿色，花白色。蒴果，倒圆锥形，具5棱脊，熟时5瓣裂。花期4月份，果期8～9月份。

(a)

(b)

(c)

图9-23　白鹃梅

分布与习性：产于浙江、江苏、江西、湖南、湖北等省，在北京可露地越冬。喜温暖湿润的气候，喜光，耐旱，耐半阴，抗寒力强，喜肥沃、深厚土壤，常生长在低山坡地沙砾的灌木丛中。酸性土、中性土都能生长，在排水良好、肥沃而湿润的土壤中长势旺盛。

园林用途：本种春季花期满树雪白，宜作基础种植，或于草地边缘、林缘丛植，也是做树桩盆景的优良素材。

22. 野蔷薇

别名：蔷薇、多花蔷薇。

拉丁学名：*Rosa multiflora* Thunb.

科属：蔷薇科，蔷薇属。

形态特征：落叶灌木（图9-24），高1 ～ 2m；枝细长蔓生，有皮刺。奇数羽状复叶互生，小叶5 ～ 9，倒卵形至椭圆形，先端急尖或稍钝，基部宽楔形或圆形，边缘具锐锯齿，有柔毛；无光泽。托叶大部附着于叶柄上，先端裂片成披针形，边缘篦齿状分裂并有腺毛。伞房花序圆锥状，花多数；花梗有腺毛和柔毛；花白色，芳香，花柱合生，伸出花托口外，结合成柱状，几乎与雄蕊等长，无毛。萼片有毛。蔷薇果球形至卵形，直径0.6cm，褐红色。花期5 ～ 6月份。

(a)

(b)

(c)

图9–24 野蔷薇

分布与习性：原产中国华北、华中、华东、华南及西南地区，主产黄河流域以南各省区的平原和低山丘陵，品种甚多，宅院亭园多见。朝鲜半岛、日本也有分布。野蔷薇性强健，喜光，耐半阴，耐寒，对土壤要求不严，在黏重土中也可正常生长。耐瘠薄，忌低洼积水。以肥沃、疏松的微酸性土壤最好。萌蘖性强，耐修剪，抗污染，对有毒气体的抗性强。

园林用途：疏条纤枝，横斜披展，叶茂花繁，色香四溢，是良好的春季观花树种，在园林中宜作花篱以及基础种植，适用于花架、长廊、粉墙、门侧、假山石壁的垂直绿化。也可植于围墙旁，引其攀附。

23. 月季

别名：月月红。

拉丁学名：*Rosa chinensis* Jacq.

科属：蔷薇科，蔷薇属。

形态特征：常绿或半常绿直立灌木（图9-25）。小枝绿色，散生钩状皮刺。奇数羽状复叶互生，小叶3 ～ 5枚，叶缘有锯齿，表面光滑，托叶大部附生在叶柄上。生长季中连续开花，花生于枝顶，花常数朵簇生，罕单生，花色甚多。品种万千，多为重瓣也有单瓣者，花有微香，花期4 ～ 10月份，春季开花最多。肉质蔷薇果，成熟后呈红黄色，顶部裂开，“种子”为瘦果，栗褐色。

(a)

(b)

(c)

(d)

图9-25 月季

主要种类：蔷薇三杰——玫瑰、月季和蔷薇都是蔷薇属植物，中国人习惯把花朵直径大、单生的品种称为月季，小朵丛生的称为蔷薇，可提炼香精的称玫瑰。但在英语中它们均称为Rose。Rose依目前正式登记的品种大约有三万。其实，蔷薇属下的200多个大品种在国外都被称作Rose，现在国内切花月季商品名也称为玫瑰。

月季种类主要有食用玫瑰、藤本月季、大花香水月季（切花月季主要为大花香水月季）、丰花月季（聚花月季）、微型月季、树状月季、壮花月季、灌木月季、地被月季等。

分布与习性：原产湖北、四川、湖南、江苏、广东等省，现各地普遍栽培。对环境适应性强，耐寒，一般品种可耐-15℃低温。耐旱，对土壤要求不严，但以富含腐殖质而排水良好的微酸土壤最好。喜光，但过于强的光照对花蕾发育不利。喜温暖，一般气温在22～25℃为花生长的适宜温度，夏季高温对开花不利。如夏季高温持续30℃以上，则多数品种开花减少，品质降低，进入半休眠状态。冬季气温低于5℃即进入休眠。需要保持空气流通，无污染，若通气不良易发生白粉病，空气中如SO_2、Cl_2及氟化物等气体均对月季花有毒害。

园林用途：月季花色艳丽，花期长，是园林布置的好材料。宜作花坛、花境及基础种植，在草坪、庭院、园路角隅、假山等处配植也很合适，又可作盆栽及切花用。

24. 玫瑰

别名：刺玫花、徘徊花。

拉丁学名：*Rosa rugosa* Thumb.

科属：蔷薇科，蔷薇属。

形态特征：落叶直立灌木（图9-26）。茎丛生，枝上密生刚毛或倒刺。奇数羽状复叶，小叶5～9片，椭圆形或椭圆形状倒卵形，先端急尖或圆钝，缘有钝齿，质厚；表面深绿色，多皱，背面有柔毛及刺毛；托叶大部附着于叶柄，边缘有腺点；叶柄基部的刺常成对着生。花单生于叶腋或数朵聚生，花冠紫红色，芳香，有单瓣与重瓣之分；花柱短，聚成头状，或稍伸出花托口外，花梗有绒毛和腺体。花期5～6月份，果期8～9月份。玫瑰果扁球形，熟时红色，内有多数小瘦果，萼片宿存。

(a)

(b)

(c)

图9-26 玫瑰

变种：紫玫瑰（花玫瑰紫色）、红玫瑰（花玫瑰红色）、白玫瑰（花白色）、重瓣紫玫瑰（花玫瑰紫色且重瓣）、重瓣白玫瑰（花白色且重瓣）。

分布与习性：原产亚洲东部地区，现主要在我国华北、西北和西南，以及日本、朝鲜等地均有分布，在其他许多国家也被广泛种植。喜阳光，耐旱，耐涝，耐寒冷，对土壤要求不严，在微碱性土上也能生长。喜阳光充足、凉爽而通风及排水良好之处。萌蘖力很强，生长迅速。

园林用途：玫瑰色艳花香，适应性强，最宜作花篱、花境花坛及坡地栽植。

25. 黄刺玫

拉丁学名：*Rosa xanthina* Lindl.

科属：蔷薇科，蔷薇属。

形态特征：落叶丛生直立灌木（图9-27），高2～3m；小枝无毛，有散生硬直皮刺，无刺毛。奇数羽状复叶，小叶7～13，小叶宽卵形或近圆形，稀椭圆形，边缘有圆钝锯齿，上面无毛；托叶条状披针形，大部分贴生于叶柄，离生部分呈耳状，边缘有锯齿和腺毛。花单生于叶腋，花瓣黄色，单瓣或重瓣。果近球形或倒卵形，紫褐色或黑褐色，直径0.8～1cm，无毛，萼片于花后反折。花期4～5月份；果期7～9月份。

图9-27 黄刺玫

分布与习性：原产我国东北、华北至西北地区，生于向阳坡或灌木丛中，现各地广为栽培。喜光，耐寒、耐旱，耐瘠薄，少病虫，稍耐阴，不耐水涝。对土壤要求不严，在盐碱土中也能生长，以疏松、肥沃土地为佳。

园林用途：春末夏初开金黄色花朵，鲜艳夺目，而且花期较长，为北方园林春景添色不少。适合庭园观赏，花篱、草坪、林缘边丛植，也可作基础种植。

26. 榆叶梅

别名：小桃红。

拉丁学名：*Prunus triloba* Lindl.

科属：蔷薇科，李属。

形态特征：落叶灌木（图9-28）。小枝无毛或幼时有毛。单叶互生，椭圆形至倒卵形，叶先端常3裂，边缘具重锯齿，基部阔楔形。花1～2朵，先叶开放，粉红色。核果，有沟槽。

图9-28 榆叶梅

分布与习性：北京山区有分布，各公园、绿地广见栽培。性喜光，耐寒，耐旱，对轻碱土能适应，不耐水涝。

园林用途：中国北方春季园林中的重要观花灌木。因其叶似榆、花如梅，故名“榆叶梅”。榆叶梅枝叶茂密，花繁色艳，能衬托春光明媚、花团锦簇的欣欣向荣景象。宜植于公园草地、路边，或庭园中的墙角、池畔等。在园林或庭院中最好以苍松翠柏作背景孤植、丛植或列植为花篱，或与连翘配植，或与柳树间植，或配植于山石处，更显春色怡人。也可作盆栽、切花或催花材料。

27. 毛樱桃

别名：山樱桃、樱桃、梅桃、山豆子。

拉丁学名：*Prunus tomentosa* (Thunb.) Wall.

科属：蔷薇科，李属。

形态特征：落叶灌木（图9-29），高2 ～ 3m，枝条幼时密被绒毛。单叶互生，叶倒卵形、椭圆形或卵形，边缘有锯齿，背面密被绒毛。花先叶开放，花白色或淡粉色，单生或2朵并生。核果圆形或长圆形，成熟时鲜红。花期在4 ～ 5月份，果期6月份。

(a)

(b)

(c)

图9–29　毛樱桃

分布与习性：原产我国东北、华北、西南等地。适应性极强，喜光，耐阴，耐寒，耐高温，耐旱，耐瘠薄及轻碱土。

园林用途：毛樱桃花开粉白色，可与迎春、连翘等早春黄色系花灌木配植应用，衬托春回大地、欣欣向荣的景象，适宜在草坪、庭院等地丛植。

28. 西伯利亚杏

别名：山杏。

拉丁学名：*Prunus sibirica* (Linn.)Lam.

科属：蔷薇科，李属。

形态特征：落叶灌木（图9-30），高1 ～ 2m。单叶互生，叶片宽卵形，边缘有细钝锯齿。花单生，白色或粉红色。核果近球形，两侧稍扁，黄而带红晕，被短柔毛，果柄极短，果肉较薄而干燥，离核。花期5月份，果期7 ～ 8月份。

变种：辽梅杏 *Prunus sibirica* var. *pleniflora*，别名辽梅山杏、毛叶重瓣山杏，系属西伯利亚山杏的变种。树冠半圆形，树姿开张。多年生枝红褐色，表皮光滑无毛。1年生枝灰褐色，节间长1.8cm。单叶互生，叶缘不整齐，单锯齿。白色重瓣花，每朵花花瓣30余枚，花径3cm左右。花萼粉红色（图9-31）。叶片卵圆形，基部宽楔形，先端渐尖；叶片长7.2cm、宽5.5cm，叶柄长2.4cm；叶色绿，正反面均多茸毛，无光泽。 果实较小，扁圆形。

在熊岳地区3月下旬花芽萌动，4月中旬开花，4月下旬盛花，花期7天。4月中旬叶芽萌动，5月初展叶，10月中下旬落叶，生长期约180天。20世纪50年代由辽宁省北票市大黑山林场工程师屈女士发现，经中国科学院北京果树研究所鉴定命名为“辽梅杏”，之后引入北京卧佛寺公园栽培。现唯一的母树已不存在，国家级大黑山森林公园有“辽梅园”。辽梅杏抗寒（休眠枝条受冻害临界温度为-45℃）、抗旱、抗病。

(a) (b)

图9-30 西伯利亚杏

图9-31 辽梅杏

分布与习性：分布于我国东北、华北、内蒙古，以及蒙古、俄罗斯远东地区。耐寒，耐旱，耐瘠薄土壤。

园林用途：辽梅杏花型似梅花，具清香，可弥补南梅不胜北寒的缺欠，是颇具观赏价值的"北国梅花"。

29. 麦李

拉丁学名：*Prunus glandulosa* (Thumb.)Lois.

科属：蔷薇科，李属。

形态特征：落叶灌木（图9-32、图9-33），高达2m。单叶互生，缘有细钝齿，叶卵状长椭圆形至椭圆状披针形，先端急尖而常圆钝，基部广楔形，两面无毛或背面中脉疏生柔毛。花粉红或近白色。核果近球形，红色。花期4月份，先叶开放或与叶同放。

(a) (b) (c)

图9-32 白花麦李

(a) (b) (c)

图9-33 粉花麦李

分布与习性：产自中国中部及北部。喜光，耐寒，适应性强。

园林用途：宜植于草坪、路边、假山旁及林缘丛栽，也可作基础、盆栽或催花、切花材料。

30. 郁李

别名：爵梅、秧李。

拉丁学名：*Prunus japonica* Thunb.

科属：蔷薇科，李属。

形态特征：落叶灌木（图9-34），干皮褐色，老枝有剥裂，无毛。小枝柔而纤细，冬芽极小，幼时黄褐色或灰褐色。单叶互生，叶卵形或宽卵形，边缘有锐重锯齿，先端尾尖，基部圆形；托叶条形，边缘具腺齿，早落。花与叶同时开放，2～3朵，花瓣粉红色或近白色。核果近球形，无沟，暗红色，光滑而有光泽。

分布与习性：分布在东北、华北、华中、华南等地。喜光，耐热，耐寒，抗旱，耐水湿，适宜在湿润肥沃的沙质壤土中生长。

园林用途：郁李花开繁密，果实红艳，是园林中重要的观花、观果树种。宜丛植于草坪、林缘、建筑物前、山石旁，可与棣棠、连翘等花木配植，也可作花篱栽植。

(a)

(b)

图9-34　郁李

31. 棣棠

别名：棣棠花、地棠、黄棣棠、蜂棠花、金棣棠梅、麻叶棣棠、黄花榆叶梅。

拉丁学名：*Kerria japonica* (L.) DC.

科属：蔷薇科，棣棠属。

形态特征：落叶灌木（图9-35），高1～2m；小枝绿色，无毛，有纵棱。单叶互生，叶片卵形至卵状披针形，边缘有锐重锯齿，顶端渐尖，基部圆形或微心形，表面无毛或疏生短柔毛，背面或叶脉、脉间有短柔毛，有托叶。花单生于侧枝顶端，花瓣5，金黄色。瘦果。花期4～5月份，果期7～8月份。

栽培变种：金边棣棠（var. *aureo-variegata* Rehd.）、银边棣棠（var. *picta* Sieb.）、重瓣棣棠（var. *pleniflora*），其中重瓣棣棠花重瓣，不结实。

(a)

(b)

(c)

(d)

图9-35　棣棠

分布与习性：原产我国华北至华南，日本也有分布。性喜温暖湿润、半阴之地，比较耐寒。对土壤要求不严，适于在肥沃、疏松的沙质壤土生长。

园林用途：棣棠枝叶翠绿，金花满树，宜丛植或群植于水畔、坡边、林下和假山之旁，或作花篱、花径等。

32. 金露梅

别名：金老梅、格桑花、金蜡梅。

拉丁学名：*Potentilla fruticosa* L.

科属：蔷薇科，委陵菜属。

形态特征：落叶灌木（图9-36），高0.5～2m。分枝多，树皮纵向剥落。小枝红褐色，幼时被长柔毛。奇数羽状复叶互生，小叶3～7枚，常5枚，小叶长圆形至卵状披针形，全缘，先端锐尖，基部楔形，两面疏被柔毛或绢毛或脱落无毛；托叶膜质。单花或数朵生于枝端成伞房状，花黄色。瘦果。花期7～8月份，果期8～9月份。

(a)

(b)

图9-36 金露梅

分布与习性：产于甘肃、青海、四川及云南，广泛分布于北半球亚寒带至北温带的高山地区，极其耐寒，可以忍受-50～-40℃的低温。对土壤要求不严，pH6.5～8.9。耐干旱，多喜生于高山和亚高山草甸、灌丛草甸、针叶林近缘及高寒沼泽草甸。

园林用途：金露梅花色黄艳，花期长，是良好的观花树种，可做绿篱，也可配植于高山园或岩石园。

33. 小叶金露梅

图9-37 小叶金露梅

别名：小叶金老梅。

拉丁学名：*Potentilla parvifolia* Fisch.

科属：蔷薇科，委陵菜属。

形态特征：落叶矮小灌木（图9-37），高0.3～1.5m。老枝微弯曲，褐色，幼时被灰白色柔毛或绢毛。奇数羽状复叶互生，小叶5～9，小叶椭圆形或倒卵形，边缘全缘，向下明显反卷，托叶膜质。花单生或数朵排成伞房状，花瓣黄色。瘦果密生长毛。

分布与习性：产于西藏、青海、甘肃、四川、黑龙江及内蒙古等地。耐干旱瘠薄，耐寒，可耐-50℃低温，喜微酸至中性、排水良好的湿润土壤。

园林用途：同金露梅。

34. 紫荆

别名：满条红、苏芳花、紫株、乌桑、箩筐树。

拉丁学名：*Cercis chinensis* Bge.

科属：豆科，紫荆属。

形态特征：落叶丛生灌木（图9-38）。单叶互生，叶近圆形，全缘，两面无毛，顶端急尖，基部心形。花先叶开放，5～9朵簇生于老枝上，紫红色。花萼阔钟状，花瓣5，假蝶形花。荚果狭长椭圆形，扁平，不开裂，沿腹缝线处具窄翅。花期4～5月份，果期9～10月份。

(a)　(b)

图9-38　紫荆

分布与习性：原产于湖北西部，在云南、四川、广东、陕西、甘肃、河南、河北、辽宁南部等地都有分布。性喜光，耐暑热，有一定的耐寒性，喜排水良好、肥沃的土壤，不耐淹。萌蘖性强，耐修剪。

园林用途：树干丛生挺直，早春先花后叶，盛开时花朵成簇，紧贴枝干，花形似蝶，给人以繁花似锦的感觉。适植于广场、草坪、庭院、公园、街头游园、道路绿化带等处，也可盆栽观赏或制作盆景。

35. 胡枝子

别名：随军茶、二色胡枝子等。

拉丁学名：*Lespedeza bicolor* Turcz.

科属：豆科，胡枝子属。

形态特征：落叶灌木（图9-39），高0.5～2m，老枝灰褐色，嫩枝黄褐色，分枝多、细长，常拱垂，微被平伏毛，有棱脊。三出复叶互生，小叶卵形、卵状椭圆形或椭圆状披针形，偏长，全缘，先端圆钝或微凹，有小尖头，基部楔形，背面密被毛。总状花序腋生，单生或数个排成圆锥状，花冠紫红色。荚果密被柔毛。花期8月份，果期9～10月份。

分布与习性：原产中国北部、日本、朝鲜半岛。耐阴、耐寒、耐干旱、耐瘠薄，喜光，对土壤要求不严格。

园林用途：胡枝子花繁叶绿，可丛植于自然式园林中观赏。

(a)　(b)

图9-39　胡枝子

36. 花木蓝

别名：吉氏木蓝、花槐蓝或山蓝。

拉丁学名：*Indigofera kirilowii* Maxim.ex Palib.

科属：豆科，木蓝属。

形态特征：落叶小灌木（图9-40），高约1m。幼枝灰绿色，有白色丁字形毛，老枝灰褐色无毛，略有棱角。奇数羽状复叶互生，小叶7～11枚，对生，小叶阔卵形至椭圆形，先端圆具小尖，基部圆形或宽楔形，小叶两面被白色丁字形毛。两性花，腋生总状花序，序梗与叶轴近等长，花淡紫红色。荚果圆柱形，先端偏斜，具尖，熟时棕褐色，无毛，花期6～7月份，果熟8～9月份。

(a)

(b)

图9-40　花木蓝

分布与习性：分布于东北、华北等地。常见于山坡灌丛和疏林中。强阳性树种，喜光，抗寒，耐干燥瘠薄。

园林用途：枝叶茂密，羽状复叶，初夏开花，花序长约10cm，花色淡紫红，极为美丽，在园林绿化中，可作地被观赏，也可作为点缀树种植于乔木树种之间来增添景色。

37. 毛刺槐

别名：毛洋槐、红花槐、江南槐。

拉丁学名：*Robinia hispida* L.

科属：豆科，刺槐属。

形态特征：落叶灌木（图9-41），高达2～4m。茎、小枝、花梗均有红色刺毛。奇数羽状复叶互生，小叶7～15个，广椭圆形，先端钝而有小尖头。总状花序，具花3～7朵，蝶形花冠，粉红或紫红色，开花一般不孕，花期5月份。荚果长5～8cm，具腺状刺毛。

(a)

(b)

图9-41　毛刺槐

分布与习性：原产北美，中国东北南部及华北园林中常有栽培。性喜光，耐寒、耐旱能力强，生长快，耐修剪。对烟尘及有毒气体如HF等有较强的抗性。喜温润肥沃、排水良好的土壤。

园林用途：花大色美，孤植、列植、丛植均佳，是庭院、草坪边缘、小游园、公园不可多得的观赏树种，也可作基础种植。以刺槐作砧木嫁接繁殖，故具有很强的抗盐碱能力，是盐碱地区园林绿化的好树种。

38. 红花锦鸡儿

别名：金雀儿、金雀锦鸡儿。

拉丁学名：*Caragana rosea* Turcz.

科属：豆科，锦鸡儿属。

形态特征：落叶多枝直立小灌木（图9-42），高约1m。树皮暗灰色、黄灰色或稍带绿色；枝条细长，无毛，嫩枝黄褐色，后变栗褐色，有细棱，具托叶刺；冬芽略呈扁卵形，褐色。叶互生或在短枝上簇生，小叶4，假掌状排列，上面一对通常较大，长椭圆状倒卵形，先端圆或微凹，有刺尖，基部楔形，全缘，无毛。花单生，花梗上部有关节，花萼钟形，无毛，基部偏斜；花冠蝶形，粉黄中带紫色。荚果近圆筒形，褐色，无毛。花期5～6月份，果期7～8月份。

(a)

(b)

图9-42　红花锦鸡儿

分布与习性：产于华北至浙江地区，生于山坡、沟边或灌丛中。吉林、辽宁及黑龙江有栽培。耐干旱、耐寒、耐修剪。

园林用途：可作绿篱、地被等。

39. 树锦鸡儿

别名：蒙古鸡锦儿、小黄刺条。

拉丁学名：*Caragana sibirica* Fabr.

科属：豆科，锦鸡儿属。

形态特征：大灌木或小乔木，高达7m，常呈灌木状（图9-43）；树皮深灰绿色，平滑。小枝有棱，幼时被毛，枝具托叶刺。偶数羽状复叶在长枝上互生，在短枝上簇生，小叶4～8对，长圆状倒卵形、窄倒卵形或椭圆形，先端圆钝，具小突尖，幼时疏被柔毛，后脱落，或仅下面被柔毛。花2～5朵簇生，花梗上部具关节，萼钟形，蝶形花冠黄色。荚果扁条形，无毛。

(a)

(b)

图9-43　树锦鸡儿

分布与习性：原产中国北部及中部地区。喜光，耐寒。深根性，生长势强，适应性强，耐干旱瘠薄土壤，可在岩石缝隙中和沙地生长。

园林用途：树锦鸡儿花朵美丽，叶色鲜绿，可孤植、丛植于岩石旁、小路边，也可作绿篱或盆景材料，也是我国北方良好的蜜源植物及水土保持树种。

40. 木槿

别名：无穷花，沙漠玫瑰。

拉丁学名：*Hibiscus syriacus* Linn.

科属：锦葵科，木槿属。

形态特征：落叶灌木（图9-44），高3～4m，小枝密被黄色星状绒毛。叶菱状至三角状卵形，常3裂，边缘有钝齿，先端钝，基部楔形，下面沿叶脉微被毛或近无毛；上面被星状柔毛；托叶线形，疏被柔毛。花单生于枝端叶腋，被星状短绒毛；花萼钟形，密被星状短绒毛；花钟形，淡紫色，外面疏被纤毛和星状长柔毛。蒴果卵圆形，密被黄色星状绒毛；种子肾形，背部被黄白色长柔毛。花期7～10月份。

分布与习性：原产东亚，中国自东北南部至华南各地均有栽培，尤其长江流域栽培多。喜光也耐半阴。耐寒，对土壤要求不严，较耐瘠薄，能在黏重或碱性土壤中生长，但不耐积水。萌蘖力强，耐修剪。对SO_2、Cl_2等有害气体具有很强的抗性，同时又有滞尘的功能。

园林用途：木槿夏秋开花，开花时满树花朵，花期长且花朵大，花色、花型变化很大，是优良的园林观花树种。常作绿篱和基础种植材料，也可丛植于草坪、林缘等处。

(a) (b) (c) (d)

图9–44 木槿

41. 金丝桃

别名：土连翘、金丝海棠。

拉丁学名：*Hypericum monogynum* L.（*H. chinense*）

科属：藤黄科，金丝桃属。

形态特征：在南方为半常绿小灌木（图9-45），在北方为落叶灌木，高达1m。多分枝，小枝光滑无毛，入冬枝鲜红色。单叶对生，无柄，具透明腺点，长椭圆形，全缘，顶端钝尖，基部渐狭而稍抱茎。花顶生，单生或呈聚伞花序，花金黄色。蒴果卵圆形，花柱和萼片宿存。花期6～7月份，果期8月份。

(a) (b) (c)

图9–45 金丝桃

分布与习性：分布于我国中部和南部地区。较耐寒，对土壤要求不严，除黏重土壤外，在一般的土壤中均能较好生长。

园林用途：金丝桃花色金黄，雄蕊花丝束状纤细灿若金丝，是很好的园林观赏花木。

42. 金丝梅

(a) (b)

图9–46 金丝梅

拉丁学名：*Hypericum patulum* Thunb.

科属：藤黄科，金丝桃属。

形态特征：半常绿丛生小灌木（图9-46）。枝拱曲，有两纵线棱，老枝棕红色，嫩枝红色。单叶对生，叶卵状长椭圆形，全缘，先端尖或钝，叶柄极短。单生或呈聚伞花序，花瓣金黄色、圆形，互相重叠，花形如梅，花蕊像金丝。蒴果。花期5～6月份，果期8～10月份。

分布与习性：原产我国中部、东南、西南等地。喜光，略耐阴。耐炎热，耐寒，萌芽力强，耐潮湿，忌积水。喜排水良好、湿润肥沃的沙质壤土，其他土质也可生长。

园林用途：金丝梅枝叶丰满，叶绿花黄，绚丽可爱，可丛植或群植于草坪、花坛的边缘和墙角、路旁等处，也可用作花境。

43. 紫薇

别名：痒痒树、百日红、满堂红。

学名：*Lagerstroemia indica* L.

科属：千屈菜科，紫薇属。

形态特征：落叶灌木或小乔木（图9-47）。树冠不整齐，枝干多扭曲，树皮薄片状剥落后特别光滑。树干愈老愈光滑，用手抚摸，全株微微颤动。幼枝略呈四棱形，稍成翅状。单叶互生或近对生，近无柄；椭圆形、倒卵形或长椭圆形，先端尖或钝，基部广楔形或圆形，全缘。圆锥花序顶生，花瓣紫色、红色、粉红色或白色，边缘有不规则缺刻，基部有长爪，花丝较长。蒴果椭圆状球形，6瓣裂。种子有翅。花期6～9月份，果期7～9月份。

(a)

(b)

(c)

(d)

图9-47　紫薇

变种：银薇（花白色）、翠薇（花紫堇色，叶色暗绿）。

分布与习性：产于亚洲南部及澳洲北部。中国华东、华中、华南及西南均有分布，各地栽培普遍。喜光，稍耐阴，耐旱，怕涝，喜温暖气候，耐寒性不强，喜肥沃湿润而排水良好的石灰质土壤。萌蘖性强，生长较慢，寿命长。对SO_2、HF、N_2的抗性强，能吸入有害气体。

园林用途：紫薇树姿优美，树干光滑洁净，花色艳丽，开花时正当夏秋少花季节，花期极长，有“百日红”之称。最适宜种植在庭院及建筑物前，也宜栽在池畔、湖边及草坪上，是城市、工矿绿化最理想的树种，也可作盆景。

44. 兴安杜鹃

别名：满山红、达子香、达达香。

拉丁学名：*Rhododendron dauricum* Linn.

科属：杜鹃花科，杜鹃花属。

形态特征：半常绿灌木（图9-48），高1～2m，分枝多。幼枝细而弯曲，被柔毛和鳞片。单叶互生，叶近革质，长圆形或椭圆形，全缘或有细钝齿，两面被鳞片。花1～4生于枝顶，先叶开放，花冠宽漏斗状，粉红色或紫红色。蒴果。花期4～5月份，果期7月份。

(a)

(b)

图9-48　兴安杜鹃

分布与习性：分布于辽宁东部山区、吉林、黑龙江、内蒙古东部。喜光，耐半阴，忌高温干旱，喜冷凉湿润气候，喜酸性土。

园林用途：花艳丽夺目，可片植、孤植形成美丽景观，也是岩石园造园的上等材料。

45. 迎红杜鹃

别名：迎山红、尖叶杜鹃、蓝荆子。

拉丁学名：*Rhododendron mucronulatum* Turcz.

科属：杜鹃花科，杜鹃花属。

形态特征：落叶灌木（图9-49），高1～2m。分枝多，幼枝细长，疏生鳞片。单叶互生，叶片椭圆形或椭圆状披针形，边缘全缘或有细圆齿，疏生鳞片。2～5朵花簇生枝顶，先叶开放；花冠宽漏斗状，淡红紫色。蒴果。花期4～5月份，果期6～7月份。

(a)

(b)

图9-49 迎红杜鹃

分布与习性：分布于我国辽宁、内蒙古、河北、山东、江苏北部。朝鲜、日本、蒙古、俄罗斯也有分布。欧洲和韩国普遍栽培。喜光，耐寒，喜排水良好和空气湿润的地方。

园林用途：开花早，花淡紫色，可与连翘相间配置。

46. 照山白

图9-50 照山白

别名：照白杜鹃。

拉丁学名：*Rhododendron micranthum* Turcz.

科属：杜鹃花科，杜鹃花属。

形态特征：常绿灌木（图9-50），高达2m。小枝被褐色鳞片及柔毛。单叶互生，革质，狭卵圆形或椭圆状披针形，边缘有疏浅齿或不明显，上面绿色，下面密生褐色腺鳞，先端尖，基部楔形。花密生呈总状花序；花冠钟形白色，5裂。蒴果长圆形，成熟后褐色，外面有鳞片。花期5～6月份，果期7～9月份。

分布与习性：分布于辽宁、河北、山东、河南、四川、湖北、陕西等地。野生于山坡、山沟石缝。喜阴，耐干旱、耐寒、耐瘠薄，适应性强，喜酸性土壤。

园林用途：枝条较细，且花小色白，可植于庭院、公园供观赏。

47. 杜香

图9-51 杜香

别名：喇叭茶。

拉丁学名：*Ledum palustre* L.

科属：杜鹃花科，杜香属。

形态特征：分枝细密，老枝灰褐色，幼枝密生黄褐色绒毛。叶互生（图9-51），矩圆状披针形，长2～7cm，具强烈香气；伞房花序生于去年生枝顶，花白色，径1～1.5cm，花期6～7月份；蒴果卵形，7～8月份果熟。

分布与习性：产于中国黑龙江、吉林、辽宁、内蒙古，以及朝鲜半岛、日本、俄罗斯、北欧。喜凉爽湿润气候，耐寒性强，适生富含腐殖质、湿润而肥沃的微酸性土壤。

园林用途：杜香耐阴喜湿，适宜用作疏林下的地被植物，也可用于水体四周的绿化。

48. 连翘

别名：一串金、黄寿丹、黄花杆、黄花条。

拉丁学名：*Forsythia suspensa* (Thunb.) Vahl.

科属：木樨科，连翘属。

形态特征：落叶丛生灌木（图9-52），高2～4m。枝开展或伸长，稍带蔓性，常着地生根，小枝黄褐色，稍四棱，皮孔明显，髓中空。单叶或3小叶对生，叶卵形、宽卵形或椭圆状卵形，无毛，半革质，端锐尖，基部圆形至宽楔形，缘有粗锯齿。花腋生，先叶开放，花冠黄色、基部管状，裂片4枚。蒴果。花期3～5月份，果期7～8月份。

(a)

(b)

图9-52　连翘

变种：垂枝连翘（枝较细而下垂）、三叶连翘（叶通常为3小叶或3裂）。

分布与习性：原产我国北部、中部及东北各省，庭院、公园、绿地广泛栽培。喜光，有一定的耐阴力，耐寒，耐干旱瘠薄，怕涝，不择土壤。

园林用途：连翘枝条拱形开展，早春花先叶开放，满枝金黄，艳丽可爱，是北方常见优良的早春观花灌木。宜丛植于草坪、角隅、岩石假山下，或作绿篱。

49. 东北连翘

别名：直生连翘。

拉丁学名：*Forsythia mandshurica* Uyeki.

科属：木樨科，连翘属。

形态特征：落叶灌木（图9-53），枝直立或斜上，小枝黄色，有棱，具片状髓。单叶对生，

(a)

(b)

(c)

图9-53　东北连翘

叶片卵形至椭圆形，边缘有不整齐粗锯齿，近基部全缘，先端锐尖、短渐尖或短尾状渐尖，基部楔形至圆形。花黄色，1～3朵腋生，先于叶开放，花冠钟状，4深裂，裂片长圆形或披针形，先端微有齿。蒴果卵形，熟时2瓣裂。花期4～5月份，果熟期8月份。

分布与习性：原产辽宁，东北三省均有栽培。喜光，耐半阴，耐寒，耐干旱瘠薄土壤，喜湿润肥沃土壤，耐移植，易成活。

园林用途：东北连翘花黄色，先花后叶，宜植于庭院、公园、路旁及篱下等处，可作花篱或草坪点缀用。

50. 金钟花

别名：细叶连翘、黄金条。

拉丁学名：*Forsythia viridissima* Lindl.

图9-54 金钟花

科属：木樨科，连翘属。

形态特征：落叶灌木（图9-54）。茎丛生，枝拱形下垂，小枝微四棱，片状髓，绿色。单叶对生，椭圆形至披针形，先端尖，基部楔形，中部以上有锯齿。花先叶开放，1～3朵腋生，深黄色。蒴果。花期3～4月份。

分布与习性：原产中国中部、西南，北方多有栽培。喜光，喜温暖、湿润环境。稍耐阴，较耐寒，耐干旱，较耐湿，对土壤要求不严。

园林用途：金钟花先花后叶，可丛植于墙隅、路边、草坪、树缘等处。

51. 迎春

别名：迎春花、金腰带、金梅、串串金、清明花。

拉丁学名：*Jasminum nudiflorum* Lindl.

科属：木樨科，茉莉属。

形态特征：落叶灌木（图9-55），枝细长，呈拱形下垂生长，长可达2m以上，四棱形，绿色。三出复叶对生，小叶卵状椭圆形，表面光滑，全缘。花单生于叶腋间，花冠高脚碟状，鲜黄色，裂片6，或成复瓣，为花冠筒长的一半。花期3～5月份，可持续50天之久。

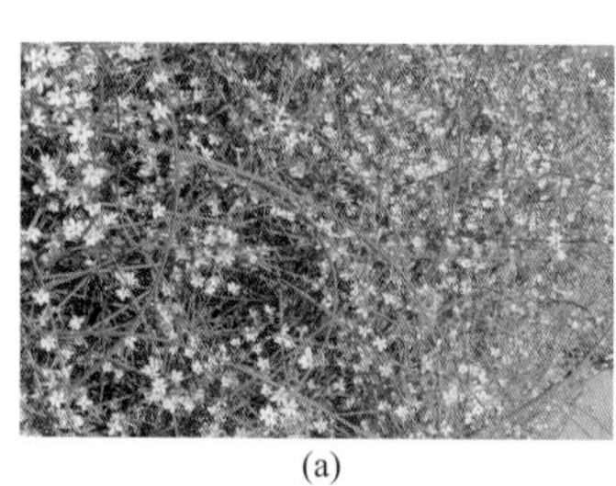

(a) (b)

图9-55 迎春

分布与习性：产于我国北部、西部、西南各地。喜光，稍耐阴，较耐寒，华北地区可露地栽培。喜温暖而湿润的气候，也耐干旱，怕涝，在酸性土中生长旺盛。根部萌蘖力强，枝端着地部分极易生根。

园林用途：迎春枝条披垂，颜色鲜绿，早春先花后叶，花色金黄，叶丛翠绿，园林中宜配置在林缘、溪畔、湖边、墙隅、草坪、坡地，也可做成盆景或切花瓶插。

52. 流苏树

别名：萝卜丝花、茶叶树、四月雪等。

图9-56　流苏树

拉丁学名：*Chionanthus retusus* Lindl. et Paxt.

科属：木樨科，流苏树属。

形态特征：落叶乔木或灌木，树皮灰褐色，大枝树皮常纸状剥裂。枝开展，小枝灰绿色或灰黄色，密生绒毛。叶对生（图9-56），革质，卵形至倒卵状椭圆形，全缘或时有小锯齿，叶柄基部带紫色。顶生聚伞状圆锥花序疏散，雌雄异株，花白色，花冠裂片条形，花冠筒极短。核果椭圆形，蓝黑色，花期4～5月份，果实成熟期9～10月份。

分布与习性：产自华北、华中、西北、华南及西南等地。阳性，喜光，较耐阴；喜温暖气候，略耐寒；喜中性及微酸性土壤，耐干旱瘠薄，不耐水涝；喜欢通风而温暖湿润的环境；耐风及抗空气污染力强。用作桂花砧木，亲和力好，冠形紧凑，抗旱抗寒，适应性强。

园林用途：春季满树白花，花形奇特，清雅可爱，是优良的园林观赏树种，可散点植、丛植、群植、列植于草坪、林缘、水畔、路旁、建筑物周围，可培养成单干苗，作小路的行道树，也可以制作盆景观赏。

53. 紫丁香

别名：丁香、华北紫丁香。

拉丁学名：*Syringa oblata* Lindl.

科属：木樨科，丁香属。

形态特征：落叶灌木或小乔木（图9-57）。假二叉分枝，枝条粗壮无毛。单叶对生，叶阔卵形，基部心形或截形，全缘，通常宽度大于长度，端锐尖。圆锥花序，花紫色，芳香。花冠合生，端4裂开展；花蕊生于花冠中部或中上部，雄蕊不露出花冠。花期4月份。蒴果长圆形，顶端尖，平滑。

(a)

(b)

(c)

(d)

图9-57　紫丁香

变种：白丁香（*Syringa oblata* Lindl. var. *affinis* Lingdelsh.，花白色）、紫萼丁香（花序轴及花萼紫蓝色）、佛手丁香（花白色，重瓣）。

分布与习性：分布于辽宁、吉林、内蒙古、河北、山东、陕西、甘肃、四川等地。喜光，稍耐阴，耐寒性较强，耐干旱，忌低湿，喜湿润、肥沃而排水良好的土壤。对SO_2有较强的吸收能力，可净化空气。

园林用途：紫丁香枝叶茂密，花美而香，是我国北方各省区园林中应用最普遍的花木之一。广泛栽植于公园、花园、庭院、机关、厂矿、居民区等地，效果极佳，也可作盆栽、促成栽培、切花等用。

54. 小叶丁香

别名：四季丁香、二度梅、野丁香。

拉丁学名：*Syringa microphylla* Diels.

科属：木樨科，丁香属。

形态特征：落叶灌木（图9-58），幼枝灰褐色，被柔毛。叶卵圆形或椭圆状卵形，全缘。圆锥花序，侧生，淡紫红色；花期4月下旬至5月上旬，秋季7月下旬至8月上旬。

(a)

(b)

(c)

图9-58 小叶丁香

分布与习性：原产中国东北北部至西南地区。耐寒、耐旱，忌湿热、积涝。喜光，也耐半阴。以疏松通透的中性土壤为宜，忌酸性土。

园林用途：小叶丁香的叶小，枝细花艳，且一年两度开花，适于种在庭园、医院、学校、风景区等，可孤植、丛植或成片栽植在草坪、路边、林缘，也可与其他乔灌木配植。

55. 什锦丁香

别名：华丁香。

拉丁学名：*Syringa chinensis* Schmidt.

科属：木樨科，丁香属。

形态特征：落叶灌木（图9-59），株高5m，枝条细长，无毛，灰褐色。叶片卵状披针形，先端锐尖，基部楔形。圆锥花序大而疏散，淡紫红色，具香气。5月份开花，果期9月份。

(a)

(b)

图9-59 什锦丁香

分布与习性：主要分布于华北、辽东半岛等地。多数学者认为本种是一个杂交种。喜光，稍耐阴，也耐寒，耐旱。

园林用途：本种有系列园艺变种类型，颜色丰富艳丽，在园林中应用效果很好。

56. 欧洲丁香

别名：洋丁香。

拉丁学名：*Syringa vulgaris* L.

科属：木樨科，丁香属。

形态特征：落叶灌木或小乔木（图9-60），树皮灰褐色，幼时枝条低垂。叶单叶对生，叶卵形或阔卵形，先端长渐尖，基部楔形或阔楔形，全缘。圆锥花序，花淡紫色，芳香；雄蕊着生于冠筒喉部稍下，内藏。蒴果。花期4～5月份；果期6～7月份。

(a)

(b)

图9-60　欧洲丁香

分布与习性：产于欧洲东南部。耐寒，可耐受-15°低温。

园林用途：有重瓣、白色、堇蓝等园艺变种，适于种在庭院、公园或风景区等，可孤植、丛植或成片栽植，也可与其他乔灌木配植。

57. 金叶莸

拉丁学名：*Caryopteris clandonensis* ‘Worcester Gold’

科属：马鞭草科，莸属。

形态特征：落叶灌木（图9-61），株高约1m。枝条圆柱形。单叶对生，叶楔形，叶面光滑，鹅黄色，叶先端尖，基部钝圆形，边缘有粗齿；聚伞花序，腋生于枝条上部，自下而上开放；花冠蓝紫色，高脚碟状；花萼钟状，二唇形5裂，下裂片大而有细条状裂；花冠、雌蕊、雄蕊均为淡蓝色，花期7～9月份。

(a)

(b)

(c)

(d)

图9-61　金叶莸

分布与习性：适合在东北、华北、西北、华中地区栽种。喜光，也耐半阴，耐热、耐旱、耐寒，忌积水或土壤高湿。

园林用途：花蓝紫色，淡雅、清香，夏末秋初开花，花期长，是点缀夏秋景色的好材料。单一造型，或与紫叶小檗、桧柏、侧柏、小叶黄杨等搭配，黄、红、绿，色差鲜明，效果极佳。可植于草坪边缘、路旁、水边、假山旁，是一个良好的彩叶树种。

58. 金银木

别名：金银忍冬、胯杷果。

拉丁学名：*Lonicera maackii* (Rupr.) Maxim.

科属：忍冬科，忍冬属。

形态特征：落叶灌木（图9-62），高可达6m，株形圆满。小枝中空，单叶对生，叶呈卵状椭圆形至卵状披针形；先端渐尖，叶两面疏生柔毛。花成对腋生，花冠合瓣，2唇形，先白色，后变黄色，有微香。浆果球形，亮红色。花期5～6月份，果熟期9月份，宿存于枝上可达2～3个月。

(a) (b) (c)

图9-62 金银木

分布与习性：产于东北，分布很广。喜光也耐阴，耐寒，耐旱，喜湿润、肥沃及深厚的壤土。

园林用途：金银木树势旺盛，枝叶丰满，春末夏初花开金银相映，秋冬红果缀枝。常孤植或丛植于山坡、林缘、路边、草坪、水边或建筑周围。

59. 新疆忍冬

图9-63 新疆忍冬

别名：桃色忍冬。

拉丁学名：*Lonicera tatarica* Linn.

科属：忍冬科，忍冬属。

形态特征：落叶灌木，全体近于无毛。冬芽小，约有4对鳞片。单叶对生，叶纸质，卵形或卵状矩圆形，顶端尖，稀渐尖或钝形，基部圆或近心形，两侧稍不对称，边缘有短糙毛。总花梗纤细（图9-63），相邻两花的萼筒分离，花冠粉红色或白色。果实红色。花期5～6月份，果期7～8月份。

分布与习性：产新疆北部，黑龙江和辽宁等地有栽培。

园林用途：花美叶秀，适于庭院栽培。

60. 秦岭忍冬

拉丁学名：*Lonicera ferdinandi* Franch.

科属：忍冬科，忍冬属。

形态特征：落叶灌木（图9-64），树皮条状剥落；枝开展，有刺状毛。芽具2枚舟形鳞片。叶

(a)

(b)

图9-64 秦岭忍冬

柄密生刺毛，叶卵形或长圆状披针形，两面有粗毛，先端渐尖，基部截形。花冠淡黄色，花筒基部一侧微隆起。浆果红色，包于坛状壳斗之内，成熟后壳斗破裂，露出红色浆果。花期5月下旬，果期9月上旬。

分布与习性：分布于我国华北、西北及四川。

园林用途：花束繁茂，果实鲜红，双果并生，具有较高的观赏价值，可孤植或丛植于山坡、林缘、草坪。

61. 早花忍冬

拉丁学名：*Lonicera praeflorens* Batalin.

科属：忍冬科，忍冬属。

形态特征：灌木，高约2m，树皮灰褐色，有不规则的开裂；幼枝黄褐色，疏被开展糙毛和短硬毛及疏腺，芽卵形，先端尖，褐色。单叶对生，叶广卵形至卵状椭圆形，边缘全缘，有长毛，先端尖，基部阔楔形至圆形，两面密生长毛。花成对生于叶脉的总花梗上，总花梗极短，常为芽鳞所覆盖，花冠淡紫色，漏斗状，花筒短。浆果圆形（图9-65），红色，萼宿存。花期4～5月份，先花后叶树种，果期5～6月份。

图9-65　早花忍冬

分布与习性：分布于我国东北三省的东南部，朝鲜、日本和俄罗斯远东等地区。

园林用途：花色鲜艳，果实鲜红早熟，是很好的盛夏观赏果树种。

62. 锦带花

别名：五色海棠、山脂麻、海仙花。

拉丁学名：*Weigela florida* (Bunge) A. DC.

科属：忍冬科，锦带花属。

形态特征：落叶灌木（图9-66）。幼枝有柔毛。单叶对生，具短柄，叶片椭圆形或卵状椭圆形，先端锐尖或渐尖，基部圆形，缘有锯齿。花1～4朵，伞房花序，着生小枝的顶端或叶腋，花冠漏斗状钟形，裂片5，紫红至淡粉红色、玫瑰红色，里面较淡，萼筒绿色，花期5～6月份。蒴果柱形，种子细小，果期10月份。

(a)　(b)　(c)

(d)　(e)　(f)

图9-66　锦带花

（a），（b），（c）—锦带花；（d）—红王子锦带；（e），（f）—紫叶锦带

分布与习性：原产于华北、东北及华东北部。喜光，耐阴，耐寒，怕水涝；能耐瘠薄土壤，但以湿润、深厚而腐殖质丰富的土壤生长最佳。萌芽力强，生长迅速。

园林用途：锦带花枝叶繁盛，花色鲜艳，花期可达两月之久，适于在树丛、林缘作花篱、花丛配植，也可在庭园角隅、湖畔群植。

63. 六道木

别名：交翅。

拉丁学名：*Abelia biflora* Turcz.

科属：忍冬科，六道木属。

形态特征：落叶灌木（图9-67），高达3m。老枝无毛，有六道沟棱，幼枝被倒生硬毛。叶长椭圆形至椭圆状披针形，顶端尖至渐尖，基部钝至渐狭成楔形，全缘或有粗齿，两面疏被柔毛，边缘有毛；叶柄基部膨大且成对相连，被硬毛。花两朵生于枝顶，无总花梗；花冠白色、淡黄色或带浅红色，狭漏斗形或高脚碟形，外面被短柔毛，杂有倒向硬毛。瘦果状核果弯曲有硬毛，先端宿存4枚略增大的萼裂片；种子圆柱形，具肉质胚乳。花期5月份，8～9月份结果。

(a)

(b)

图9-67　六道木

分布与习性：分布于河北、山西、辽宁等省。耐寒，耐旱，耐半阴，生长快，耐修剪，喜温暖、湿润气候。

园林用途：六道木树姿婆娑，花冠美丽，萼片奇特，可丛植、列植，也可用作地被、花境。

64. 天目琼花

别名：鸡树条荚蒾、佛头花、并头花、鸡树条。

拉丁学名：*Viburnum sargentii* Koehne.

科属：忍冬科，荚蒾属。

形态特征：落叶灌木（图9-68），高约3m。树皮灰色浅纵裂，略带木栓，小枝有明显皮孔。单叶对生，叶宽卵形至卵圆形，通常3裂，缘有不规则锯齿，叶柄下有2～4腺体。聚伞花序，生于侧枝顶端，边缘为白色大型不孕花，中间为两性花，花冠白色。核果近球形，红色。花期5～6月份；果期8～9月份。

(a)

(b)

图9-68　天目琼花

分布与习性：东北南部、华北至长江流域均有分布。喜光又耐阴，多生于夏凉湿润多雾的灌木丛中；耐寒，对土壤要求不严，微酸性和中性土壤均可生长。根系发达，移植容易成活。

园林用途：天目琼花叶绿、花白、果红，是春季观花、秋季观果的优良树种。宜于建筑物四周、草地、林缘、路边、假山旁等处孤植、丛植或片植。因其耐阴，还可植于建筑物北面。

65. 绣球荚蒾

别名：木本绣球、斗球、大绣球、大花水亚木。

拉丁学名：*Viburnum macrocephalum* Fort.

科属：忍冬科，荚蒾属。

形态特征：半常绿或落叶灌木（图9-69），高可达4m，树皮灰褐色或灰白色；芽、幼枝、叶柄及花序均密被簇状短毛，后渐变无毛。冬芽是裸芽。单叶对生，叶纸质，卵形、椭圆形或近圆形，顶端钝或略尖，基部圆形，边缘有细锯齿。大型聚伞花序呈球状，几全由不孕花组成；花冠白色，雌蕊不育。花期4～6月份。

(a)

(b)

图9-69　绣球荚蒾

分布与习性：江西、浙江、江苏、北京、河北、河南有栽培。喜光稍耐阴，较耐寒，萌蘖性强。可在中性和微酸性土壤中良好生长。

园林用途：其树姿开展，树冠圆整，花色洁白，花团如球，可孤植欣赏，也可植于园路两侧、庭院前。

66. 雪球荚蒾

别名：对球、粉团。

拉丁学名：*Viburnum plicatum* Thunb.

科属：忍冬科，荚蒾属。

形态特征：落叶灌木（图9-70），高2～4m；枝开展，幼枝有星状绒毛。单叶对生，叶倒卵圆形或阔卵形，顶端凸尖，基部圆形，边缘有锯齿，背面疏被星状毛。复伞形聚伞花序，全为不孕花，花纯白色。花期4～5月份。

变型：蝴蝶荚蒾（*Viburnum plicatum* f. *tomentosum*），别名蝴蝶戏珠花。其花序外围有黄白色不孕花，似蝴蝶，中部的可孕白色花似珍珠，芳香，核果椭圆形，先红色后渐变黑色。花期4～6月份，果期8～9月份，为花、果俱美的园林观赏植物。

分布与习性：分布于华中、华东、西南、西北东部等地。喜湿润气候，较耐寒，稍耐半阴。喜湿润、肥沃、富含腐殖质的土壤。萌芽力弱，生长慢，移植容易。

园林用途：本种及其变型蝴蝶荚蒾，是优良的园林观赏树种，可孤植欣赏，也可植于园路两侧、庭院前。

(a)

(b)

图9-70　雪球荚蒾

任务9.2 调查与识别绿篱及整形灌木

任务分析

调查并识别当地绿篱及整形灌木的种类及应用效果。

通过实地识别与调查，可以了解当地绿篱及整形灌木的应用种类及应用效果，掌握常见绿篱及整形灌木种类的形态特征及应用，为园林树种的合理配置提供实践依据。

任务实施

【材料与工具准备】

检索表、树木识别手册、记录本、记录笔等。

【实施过程】

1.初步调查树木种类。
2.根据检索表或树木识别手册进行树种确认。
3.教师核对并讲解树种识别要点。
4.总结绿篱及整形灌木应用种类及应用效果。

【注意事项】

1.注意了解绿篱及整形灌木的自然形态特征及其他园林应用效果。
2.注意了解绿篱及整形灌木的生态习性和观赏效果与园林应用的协调效果。

任务考核

任务考核从职业素养和职业技能两方面进行评价，标准见表9-2。

表9-2 调查与识别绿篱及整形灌木任务的考核标准

考核内容		考核标准	考核分值
职业素养	职业道德 职业态度 职业习惯	忠于职守，乐于奉献；实事求是，不弄虚作假；积极主动，操作认真；善始善终，爱护公物	30
职业技能	任务操作	按要求完成调查树种； 能准确识别10种常见绿篱及整形灌木	30 30
	总结创新	识别要点整理及时准确	10

理论认知

1. 小檗

别名：秦岭小檗、日本小檗、狗奶子。

拉丁学名：*Berberis thunbergii* DC.

科属：小檗科，小檗属。

形态特征：落叶小灌木（图9-71），高2～3m。小枝多红褐色，有沟槽，具短小针刺，刺不分叉。单叶互生，倒卵形或匙形，长0.5～2cm，全缘，表面暗绿，光滑无毛，背面灰绿，有白粉，两面叶脉不显，入秋叶色变红，腋生伞形花序或2～12朵簇生，花两性，萼、瓣各6枚，花淡黄色，浆果长椭圆形，长约1cm，熟时亮红色，花柱宿存，种子1～2粒。

主要品种：

（1）紫叶小檗（cv. Atropurpurea）：叶常年紫红（图9-72）。

(a)

(b)

图9-71　小檗

图9-72　紫叶小檗

（2）矮紫叶小檗（cv.‘AtropurpureaNana’）：植株低矮不足0.5m，叶片常年紫红。

（3）金叶小檗（cv. Aurea）：叶片常年金黄色。

分布与习性：中国南北均有栽培。喜光也耐阴，耐寒性强，喜温凉湿润的气候环境，对土壤要求不严，较耐干旱瘠薄，忌积水，萌芽力强，耐修剪。

园林用途：小檗分枝密，姿态圆整，春开黄花，秋结红果，深秋叶色紫红，果实经冬不落，是花、果、叶俱佳的观赏花木，适于园林中孤植、丛植或栽作绿篱。果枝可插瓶。

2. 阿穆尔小檗

别名：三颗针。

拉丁学名：*Berberis amurensis* Rupr.

科属：小檗科，小檗属。

形态特征：落叶灌木（图9-73）。枝灰褐色，刺单一或3分叉，粗壮。叶倒卵形至椭圆形，先端急尖或钝，基部下延成柄，边缘具前伸的纤毛状细密锯齿，两面无毛。总状花序下垂，具花40～50朵；苞片披针形；花淡黄色；外轮萼片狭卵形，内轮萼片倒卵形；花瓣卵形，先端钝2裂；子房椭圆柱形，无花柱，柱头头状。浆果椭圆形，红色。花期5月份，果期7～8月份。

(a)

(b)

(c)

图9-73　阿穆尔小檗

分布与习性：分布于我国东北、华北及山东、陕西、甘肃等地。生于山坡灌丛中。适应性强，较喜光，耐半阴；喜凉爽湿润环境，耐寒性强；较耐旱；在肥沃湿润、排水良好的土壤生长良好；萌芽力强，耐修剪。

园林用途：花朵黄色而密集。秋果红艳且挂果期长，可栽培观赏，宜丛植于草地边缘、林缘，也可用于点缀池畔或配植于岩石园中。

3. 细叶小檗

别名：三颗针、针雀、酸狗奶子。

拉丁学名：*Berberis poiretii* Schneid.

科属：小檗科，小檗属。

形态特征：落叶灌木（图9-74），高约2m。小枝灰褐色或黄褐色，常密被黑色疣点，有棱刺3分叉或单一。叶狭倒披针形，先端急尖，基部楔形，全缘或上部有锯齿。总状花序下垂，花黄色，花瓣倒卵形。果实椭圆形，红色。花期6～7月份，果期7～8月份。

分布与习性：产于我国东北、华北地区。常生于山坡沟边、干瘠处及荫湿林下。适应性强，喜光，有一定的耐阴能力，耐寒，萌芽力强，耐修剪。

(a)

(b)

(c)

图9-74　细叶小檗

园林用途：花朵黄色、秋果红艳，可栽培观赏，适于自然风景区和森林公园内应用，也可配植于岩石园中。

4. 匍匐栒子

别名：地红籽。

拉丁学名：*Cotoneaster adpressus* Bois.

科属：蔷薇科，栒子属。

形态特征：落叶匍匐灌木（图9-75），茎不规则分枝，平铺地上；小枝细瘦，圆柱形，幼嫩时具糙伏毛，红褐色至暗灰色。叶片宽卵形或倒卵形，长5～15mm，先端圆钝或稍急尖，基部楔形，边缘全缘而呈波状，上面无毛，下面具稀疏短柔毛或无毛。花1～2朵，几无梗，直径7～8mm；萼筒钟状，萼片卵状三角形；花瓣直立，粉红色，倒卵形，长约4.5mm；雄蕊10～15，短于花瓣；花柱2，离生，比雄蕊短；子房顶部有短柔毛。果实近球形，直径

(a)

(b)

(c)

图9-75　匍匐栒子

6～7mm，鲜红色，无毛，通常有2小核。花期5～6月份，果期8～9月份。

分布与习性：产于陕西、甘肃、青海、湖北、四川、贵州、云南、西藏。性强健；喜光，耐寒，耐干旱瘠薄。可在石灰质土壤中生长。

园林用途：植株低矮，枝条苍劲，开粉红色小花，挂红色小果，颇具观赏性。匍匐于岩壁，是良好的岩石园种植材料。

5. 黄杨

别名：小叶黄杨。

拉丁学名：*Buxus sinica* (Rehd. et Wils.) Cheng

科属：黄杨科，黄杨属。

形态特征：常绿灌木或小乔木（图9-76），高达1～7m；树皮鳞片状剥落。小枝较疏散，具四棱，灰白色，小枝及冬芽外鳞均有短柔毛。叶革质，倒卵形、倒卵状椭圆形至广卵形，先端圆钝或微凹，基部楔形，仅表面有侧脉，背面中脉基部及叶柄有毛。花簇生叶腋或枝端，黄绿色；苞片宽卵圆形，背部被柔毛。蒴果卵圆形，花柱宿存。花期3～4月份，果熟期7月份。

(a)

(b)

图9-76　黄杨

分布与习性：产于我国河南、陕西、甘肃、江苏、安徽、浙江、江西、广东、广西、湖北、四川、贵州等地区。较耐阴，畏强光，较耐寒，较耐碱；浅根性，生长极慢，寿命长，耐修剪；抗烟尘，对多种有毒气体抗性强。

园林用途：虽然枝叶较疏散，但青翠可爱，常孤植、丛植于庭院观赏或作绿篱，也可修剪成各种造型布置花坛，同时也是盆栽或制作盆景的好材料。

6. 朝鲜黄杨

拉丁学名：*Buxus sinica* subsp. *sinica* var. *insularis*

科属：黄杨科，黄杨属。

形态特征：常绿灌木（图9-77）。枝条紧密，小枝近四棱形，灰色，嫩枝绿色或褐色。叶椭圆形、卵圆形或长椭圆形，革质，全缘，先端微凹，基部楔形，叶面深绿，背面淡绿色。叶柄、叶背中脉密生毛。花簇生于叶腋或顶生。蒴果3室，每室具两粒黑色有光泽的种子。花期4月份，果熟期7～8月份。

(a)

(b)

(c)

图9-77　朝鲜黄杨

分布与习性：性喜光，稍耐阴，可耐–35℃的低温，喜温暖气候和湿润肥沃的土地，生长缓慢，萌芽力强，耐修剪。浅根性，须根发达，整个生长季节均可移植。

园林用途：朝鲜黄杨为良好的盆景和绿篱树种，可修剪造型，供造园观赏。

7. 锦熟黄杨

别名：窄叶黄杨。

拉丁学名：*Buxus sempervirens* L.

科属：黄杨科，黄杨属。

形态特征：常绿灌木或小乔木（图9-78），高可达6m。小枝近四棱形，黄绿色，具条纹，近于无毛。叶革质，长卵形或卵状长圆形，长1.5～2cm，宽1～1.2cm，顶端圆形，基部楔形，叶面暗绿色光亮，叶背苍白色。总状花序腋生。雄花萼片4枚；雄蕊4枚；不育雌蕊棒状，雌花萼片6枚，排列2轮；花柱3枚。蒴果球形，3瓣室背开裂。种子黑色，光亮。花期4月份，果期7月份。

有金边、斑叶、金尖、垂枝、长叶等栽培变种。

分布与习性：产于我国华南。耐阴性树种，不宜阳光直射，喜温暖湿润气候，较耐寒，耐干旱，忌低洼积水，生长很慢，耐修剪。

园林用途：本种枝叶茂密而浓绿，经冬不凋，又耐修剪，观赏价值甚高。宜于庭园作绿篱或在花坛边缘种植，也可以在草坪孤植、丛植及在路边列植。点缀山石，或作盆栽、盆景，用于室内绿化。

(a)

(b)

(c)

图9–78 锦熟黄杨

8. 大叶黄杨

别名：冬青卫矛、正木。

拉丁学名：*Euonymus japonicus* Thunb.

科属：卫矛科，卫矛属。

形态特征：常绿灌木或小乔木（图9-79），高达5m；小枝近四棱形。叶片革质，表面有光泽，倒卵形或狭椭圆形，长3～6cm，宽2～3cm，顶端尖或钝，基部楔形，边缘有细锯齿；叶柄长6～12mm。花腋生，5～12朵排列成密集的聚伞花序，花绿白色，4数。蒴果近球形，有4浅沟，直径约1cm；假种皮橘红色，种子棕色。花期6～7月份，果熟期9～10月份。

(a)

(b)

(c)

图9–79 大叶黄杨

常见变种：

（1）金边大叶黄杨（cv. Ovatus Aureus）：叶缘金黄色。

（2）金心大叶黄杨（cv. Aureus）：叶中脉附近金黄色，有时叶柄及枝端也变为黄色。

（3）银边大叶黄杨（cv. Albo-marginatus）：叶缘有窄白条边。

（4）银斑大叶黄杨（cv. Latifolius Albo-marginatus）：叶阔椭圆形，银边甚宽。

（5）斑叶大叶黄杨（cv. Duc d'Anjou）：叶较大，深绿色，有灰色和黄色斑。

分布与习性：产于我国中部及北部各省，栽培甚普遍。喜光，较耐阴。喜温暖湿润气候，较耐寒。要求肥沃疏松的土壤，耐整形修剪。

园林用途：大叶黄杨叶色光亮，嫩叶鲜绿，极耐修剪，为庭院中常见绿化树种，也可盆植观赏。

9. 卫矛

别名：鬼箭羽、六月凌、四面锋。

拉丁学名：*Euonymus alatus* (Thunb.) Sieb.

科属：卫矛科，卫矛属。

形态特征：灌木（图9-80），高2～3m。小枝四棱形，有2～4排木栓质的阔翅。叶对生，叶片倒卵形至椭圆形，长2～5cm，宽1～2.5cm，边缘有细尖锯齿。花黄绿色，径5～7mm，常3朵集成聚伞花序。蒴果棕紫色，深裂成4裂片，有时为1～3裂片；种子褐色，有橘红色的假种皮。花期4～6月份，果熟期9～10月份。

(a)

(b)

(c)

图9-80　卫矛

分布与习性：产于我国东北、华北、西北至长江流域各地；日本、朝鲜也有分布。适应性强，耐寒，耐阴，耐修剪，生长较慢。

园林用途：卫矛枝翅奇特，嫩叶及霜叶均为紫红色，秋叶在阳光充足处鲜艳可爱，蒴果宿存很久，堪称观赏佳木。

10. 柽柳

别名：垂丝柳、西河柳、红柳。

拉丁学名：*Tamarix chinensis* Lour.

科属：柽柳科，柽柳属。

形态特征：灌木或小乔木（图9-81），高3～6m。幼枝柔弱，开展而下垂，红紫色或暗紫色。叶卵状披针形，长1～3mm，半贴生，背面有龙骨状柱。每年开花2～3次；春季在去年生小枝节上侧生总状花序，花稍大而稀疏；夏、秋季在当年生幼枝顶端形成总状花序组成顶生大型圆锥花序，常下弯，花略小而密生，每朵花具线状钻形的绿色小苞片；花瓣5枚，粉红色；萼片卵形；花瓣椭圆状倒卵形，长约2mm；雄蕊着生于花盘裂片之间，长于花瓣；子房圆锥状瓶形，花柱3。蒴果长约3.5mm，3瓣裂。花期4～9月份，果期6～10月份。

(a)

(b)

(c)

图9-81 柽柳

分布与习性：原产中国，分布极广，自华北至长江中下游各省，南达华南及西南地区。喜光、耐旱、耐寒，较耐水湿。极耐盐碱、沙荒地，根系发达，萌芽力强，极耐修剪和刈割。

园林用途：柽柳枝条细柔，姿态婆娑，开花粉红，花期长，颇为美观。可植于庭院、水滨、池畔、路旁等地，则淡烟疏树，绿荫垂条，别具风格。

11. 红柳

(a) (b) (c)

图9-82 红柳

别名：乌柳、多枝柽柳。

拉丁学名：*Tamarix ramosissima* Ledeb.

科属：柽柳科，柽柳属。

形态特征：灌木或小乔木（图9-82），通常高2～3m，多分枝，枝紫红色或红棕色。叶披针形、卵状披针形或三角状披针形，长0.5～2mm，先端锐尖，略内弯。总状花序生于当年枝上，长2～5cm，宽3～5mm，组成顶生的大型圆锥花序，苞片卵状披针形，花梗短；萼片5，卵形；花瓣5，倒卵形，淡红色或紫红色，花盘5裂；雄蕊5；花柱3。蒴果长圆锥形，3瓣裂。种子顶端簇生柔毛。

分布与习性：在我国新疆、甘肃、内蒙古等地广泛分布，是高原上最普通、最常见的一种植物。

园林用途：本种开花繁密而花期长，是沙漠地区盐化沙土上、沙丘上和河湖滩地上固沙造林和盐碱地上绿化造林的优良树种。

12. 沙棘

别名：醋柳、黄酸刺、酸刺柳。

拉丁学名：*Hippophae rhamnoides* L.

科属：胡颓子科，沙棘属。

形态特征：落叶灌木或乔木（图9-83），高1～5m，高山沟谷可达18m。棘刺较多，粗壮，顶生或侧生；嫩枝褐绿色，密被银白色而带褐色鳞片或有时具白色星状毛，老枝灰黑色，粗糙。单叶通常近对生；叶片纸质，狭披针形或长圆状披针形，长3～8cm，宽约1cm，上面绿色，初被白色盾形毛或星状毛，下面银白色或淡白色，被鳞片。花黄色，花瓣4瓣；果实圆球形，直径4～6mm，橙黄色或橘红色；果梗长1～2.5mm。种子小，黑色或紫黑色，有光泽。花期4～5月份，果期9～10月份。

分布与习性：分布于华北、西北、西南等地。喜光，耐寒，耐酷热，耐风沙及干旱气候，不耐积水，对土壤适应性强。

(a)

(b)

(c)

图9–83　沙棘

园林用途：是防风固沙、保持水土、改良土壤的优良树种。

13. 沙枣

别名：桂香柳、银柳。

拉丁学名：*Elaeagnus angustifolia* L.

科属：胡颓子科，胡颓子属

形态特征：灌木或乔木（图9-84），高3 ～ 10m。树皮栗褐色至红褐色，有光泽，树干常弯曲，枝条稠密，具枝刺，嫩枝、叶、花果均被银白色鳞片及星状毛；叶披针形，长4 ～ 8cm，先端尖或钝，基部楔形，全缘。花小，银白色，芳香，通常1 ～ 3朵生于小枝叶腋，花萼筒状钟形，顶端通常4裂。果实长圆状椭圆形，直径为1cm，果肉粉质，果皮早期银白色，后期鳞片脱落，呈黄褐色或红褐色。

(a)

(b)

(c)

图9–84　沙枣

分布与习性：主要分布在我国西北各省区和内蒙古西部，少量的也分布在华北北部、东北西部。喜光，耐寒性强，耐干旱，也耐水湿、盐碱，耐瘠薄，能生长在荒漠、半沙漠和草原上。

园林用途：沙枣叶形似柳而色灰绿，叶背有银白色光泽，是颇具特色的树种。由于具有多种抗性，最宜作盐碱和沙荒地区的绿化用，宜用作防护林。

14. 五加

别名：五加皮、细柱五加。

拉丁学名：*Acanthopanax gracilistylus* W. W. Smith

科属：五加科，五加属。

形态特征：灌木（图9-85），高2 ～ 5m，有时蔓生状；枝无刺或在叶柄基部有刺。掌状复叶在长枝上互生，在短枝上簇生；小叶5，很少3 ～ 4，中央一小叶最大，倒卵形至倒卵状披针形，长3 ～ 6cm，宽1.5 ～ 3.5cm，叶缘有锯齿，两面无毛，或叶脉有稀刺毛。伞形花序单生于叶腋或短枝的顶端；花瓣5，黄绿色。果近于圆球形，熟时紫黑色，内含种子2粒；果10月份成熟。

分布与习性：分布地区甚广，西自四川西部、云南西北部，东至海滨，北自山西西南部、陕西北部，南至云南南部和东南海滨的广大地区均有分布。适应性强，在自然界常生于林缘及路旁。

(a)

(b)

图9-85 五加

园林用途：可从植园林赏其掌状复叶及植丛。

15. 刺五加

别名：刺拐棒。

拉丁学名：*Acanthopanax senticosus*

科属：五加科，五加属。

形态特征：落叶灌木（图9-86），高1～6m。茎密生细长倒刺。掌状复叶互生，小叶5，稀4或3，边缘具尖锐重锯齿或锯齿。伞形花序顶生，单一或2～4个聚生，花多而密；花萼具5齿；花瓣5，卵形；雄蕊5，子房5室。浆果状核果近球形或卵形，干后具5棱，有宿存花柱。花期6～7月份，果期7～9月份。

(a)

(b)

(c)

图9-86 刺五加

分布与习性：主产于东北地区及河北、北京、山西、河南等地。生于山地林下及林缘。耐寒，喜湿润和较肥沃的土壤，稍耐阴。

园林用途：刺五加枝叶稀疏，果实累累，可植于自然园林中。种子油供制肥皂；根皮及茎皮入药，有舒筋活血、祛风湿之效。

16. 沙冬青

别名：蒙古沙冬青、蒙古黄花木。

拉丁学名：*Ammopiptanthus mongolicus* (Maxim.) Cheng f.

科属：豆科，冬青属。

形态特征：常绿灌木（图9-87），高1～2m。小枝密生平贴短柔毛。掌状三出复叶，少有单叶；叶柄长5～10mm，密生银白色短柔毛；小叶菱状椭圆形至宽披针形，长1.5～4cm，宽6～20mm，先端锐尖或钝，基部楔形，两面密被银白色绒毛。总状花序顶生或侧生，花8～12朵；苞片宽卵形，长5～6mm，被白色绒毛；萼筒钟形，齿三角形，有时两齿结合成1大齿；花冠蝶形，黄色；子房具柄，无毛。荚果长圆形，扁，长5～8cm，宽 1.5～2cm，先端锐尖，无毛。种子2～5颗，圆肾形，径约6mm。花期4～5月份，果期5～6月份。

(a)

(b)

图9-87 沙冬青

分布与习性：产自中国内蒙古、甘肃、宁夏、新疆、陕西等地。本种属强耐旱常绿灌木，具有极强的生命力，忌湿润，根系深，难移植。

园林用途：沙冬青是古老的第三纪残遗种，除具有科学上的保存价值外，它是北方地区难得的常绿阔叶灌木，可孤植或群植观赏，也可植为花篱，具有良好的防风固沙和滞尘作用。

17. 骆驼刺

别名：骆驼草。

拉丁学名：*Alhagi pseudalhagi* Desv.(*A. camelorum* Fisch.)

科属：豆科，骆驼刺属。

形态特征：落叶小灌木（图9-88），高0.6～1.3m，枝光滑；刺密生，长0.4～2.5cm。叶单生，着生于枝或刺的基部，长椭圆形或宽倒卵形，长0.5～2cm，宽0.4～1.5cm，叶端圆或微凹，叶基楔形，硬革质，表背两面贴生短柔毛。花序总状，腋生，总花梗刺状，具1～6花；花红紫色，长约8mm。荚果直或略弯曲，长2.5cm，内含1～5种子，熟时不开裂。

(a)

(b)

图9-88 骆驼刺

分布与习性：分布于内蒙古、甘肃、新疆。性喜光、强健耐寒、耐旱、耐瘠薄土，喜生于沙漠地带或通气、排水良好处。

园林用途：可作沙性土地区的绿篱、刺篱用。

18. 花椒

别名：香椒、大花椒、山椒。

拉丁学名：*Zanthoxylum bungeanum* Maxim.

科属：芸香科，花椒属。

形态特征：落叶灌木（图9-89），高3～7m，茎干通常有增大皮刺；枝灰色或褐灰色。奇数羽状复叶，叶轴边缘有狭翅；小叶5～11个，纸质，卵形或卵状长圆形，长1.5～7cm，宽1～3cm，先端尖或微凹，基部近圆形，边缘有细锯齿，表面中脉基部两侧常被一簇褐色长柔毛。聚伞圆锥花序顶生，花白色或淡黄色，花被片4～8个。果球形，红色、紫红色或者紫黑色，密生疣状凸起的油点。花期3～5月份，果期6～9月份。

(a)

(b)

(c)

图9-89 花椒

分布与习性：分布于我国北部至西南，我国华北、华中、华南均有分布。喜光，耐寒，耐旱，不耐涝，抗病能力强，适宜温暖湿润及土层深厚肥沃壤土、沙壤土，萌蘖性强，隐芽寿命长。

园林用途：可孤植，又可作防护刺篱。

19. 越橘

别名：红豆、牙疙瘩。

拉丁学名：*Vaccinium vitis-idaea* L.

科属：杜鹃花科，越橘属。

形态特征：常绿矮生半灌木（图9-90），地下茎长，匍匐，地上茎高10cm左右，直立，有白微柔毛。叶革质，椭圆形或倒卵形，长1～2cm，宽8～10mm，顶端圆，常微缺，基部楔形，边缘有细毛，上部具微波状锯齿。花2～8朵成短总状花序；小苞片2，卵形，脱落；花萼短，钟状，4裂，无毛；花冠钟状，白色或水红色，直径5mm，4裂；雄蕊8。浆果球形，直径约7mm，红色。

(a)

(b)

(c)

图9-90 越橘

分布与习性：产于新疆、内蒙古、东北等地，常生于亚寒带针叶林下。性耐寒。

园林用途：越橘在园林中可作地被或盆栽、盆景材料。叶可供药用，浆果可食。

20. 笃斯越橘

别名：蓝莓、笃柿、甸果。

拉丁学名：*Vaccinium uliginosum* L.

科属：杜鹃花科，越橘属。

形态特征：落叶灌木（图9-91），高50～100cm，多分枝；小枝无毛或有短毛。叶质稍厚，倒卵形、椭圆形至长卵形，长1～3cm，顶端圆或稍凹，全缘，下面沿叶脉有短毛，网脉两面明显；叶柄短。花1～3朵生于去年生枝条的顶部叶腋内；花梗长5～15mm；花萼裂片4，少为5；花冠宽坛状，下垂，绿白色，长约5mm，4～5浅裂；子房下位，4～5室，花柱宿存。浆果扁球形或椭圆形，直径约1cm，蓝紫色，味酸甜可食。

(a)

(b)

图9-91 笃斯越橘

分布与习性：分布于东北、内蒙古、新疆；朝鲜、日本、俄罗斯及北欧、北美也有。生于有苔藓类的水甸子或湿润山坡上。喜光，耐阴，是典型的湿生植物，耐寒，耐贫瘠土壤，耐强酸性土壤。

园林用途：笃斯越橘植株矮小，果实酸甜，味佳，可食用，也可用作地被植物。

21. 雪柳

别名：珍珠花、五谷树、挂梁青。

拉丁学名：*Fontanesia fortunei* Carr.

科属：木樨科，雪柳属。

形态特征：落叶灌木或小乔木（图9-92），高达8m；树皮灰褐色。枝灰白色，圆柱形，小枝淡黄色或淡绿色，四棱形或具棱角，无毛。叶片纸质，披针形、卵状披针形或狭卵形，长3～12cm，宽0.8～2.6cm，先端锐尖至渐尖，基部楔形，全缘，两面无毛；叶柄长1～5mm。圆锥花序顶生或腋生，花两性或杂性同株；花梗长1～2mm；花萼长约0.5mm；花冠深裂至近基部，裂片卵状披针形，长2～3mm，宽0.5～1mm，先端钝，基部合生；花柱长1～2mm，柱头2叉。果黄棕色，倒卵形至倒卵状椭圆形，扁平，长7～9mm，先端微凹，花柱宿存，边缘具窄翅；种子长约3mm，具三棱。花期4～6月份，果期6～10月份。

(a)

(b)

(c)

图9-92　雪柳

分布与习性：分布于我国中部至东部，尤以江苏、浙江一带最为普遍。性喜光，而稍耐阴，喜温暖，也较耐寒；喜肥沃、排水良好的土壤。

园林用途：本种叶子细如柳叶，开花季节白花满枝，宛如白雪，是非常好的蜜源植物。可在庭院中孤植观赏，也是防风林树种。

22. 小蜡

别名：山指甲、水黄杨。

拉丁学名：*Ligustrum sinense* Lour.

科属：木樨科，女贞属。

形态特征：半常绿灌木（图9-93），一般高2m左右，可高达6～7m；枝条密生短柔毛。叶

(a)

(b)

(c)

图9-93　小蜡

薄革质，椭圆形至椭圆状矩圆形，长3～7cm，顶端锐尖或钝，基部圆形或宽楔形，叶背面有短柔毛，以中脉最多。圆锥花序长4～10cm，有短柔毛；花白色，花梗明显；花冠筒比花冠裂片短；雄蕊超出花冠裂片。核果近圆状，直径4～5mm。花期4～5月份。

分布与习性：分布于长江以南各省区。喜光，稍耐阴，较耐寒，耐修剪。在干燥瘠薄地生长发育不良。

园林用途：常植于庭园观赏，丛植林缘、池边、石旁都可；其干老根古，虬曲多姿，宜作树桩盆景；江南常作绿篱应用。

23. 水蜡

别名：水蜡树。

拉丁学名：*Ligustrum obtusifolium* Sieb. et Zucc.

科属：木樨科，女贞属。

形态特征：落叶灌木（图9-94），高达3m。幼枝具柔毛。单叶对生，叶椭圆形至长圆状倒卵形，长3～5cm，全缘，端尖或钝，背面或中脉具柔毛。圆锥花序顶生、下垂，长仅4～5cm，生于侧面小枝上，花白色，芳香；花具短梗；萼具柔毛；花冠管长于花冠裂片2～3倍。核果黑色，椭圆形，稍被蜡状白粉。花期6月份，果期8～9月份。

(a)

(b)

(c)

图9-94 水蜡

分布与习性：原产于我国中南地区，现北方各地广泛栽培。适应性较强，喜光照，稍耐阴，耐寒，对土壤要求不严。

园林用途：本种耐修剪，多作造型树或绿篱使用，也是制作盆景的好材料。

24. 小叶女贞

别名：小叶冬青、小白蜡。

拉丁学名：*Ligustrum quihoui* Carr.

科属：木樨科，女贞属。

形态特征：落叶或半常绿灌木（图9-95），高2～3m。枝条铺散，小枝具短柔毛。叶薄革质，

(a)

(b)

(c)

图9-95 小叶女贞

椭圆形至倒卵状长圆形，长1.5～5cm；无毛，顶端钝，基部楔形，全缘，边缘略向外反卷；叶柄有短柔毛。圆锥花序长7～21cm；花白色，芳香，无梗，花冠裂片与筒部等长；花蕊超出花冠裂片。核果宽椭圆形，紫黑色。花期7～8月份。

分布与习性：产于中国中部、东部和西南部。生长在沟边、路旁或河边灌丛中，或山坡。喜光照，稍耐阴，较耐寒，华北地区可露地栽培，性强健，耐修剪，萌发力强。对SO_2、Cl_2等有毒气体有较好的抗性。

园林用途：小叶女贞主枝叶紧密、圆整，且耐修剪，生长迅速，庭院中常栽植观赏，也是制作盆景的优良树种。

25. 海州常山

别名：臭梧桐、追骨风、后庭花。

拉丁学名：*Clerodendrum trichotomum* Thunb.

科属：马鞭草科，大青属。

形态特征：落叶灌木或小乔木（图9-96），嫩枝具棕色短柔毛。单叶对生，卵圆形，长5～16cm，先端渐尖，基部多截形，全缘或有波状齿，两面近无毛，叶柄2～8cm。伞房状聚伞花序着生于枝顶或叶腋。花冠细长筒状，顶端五裂，白色或粉红色。核果球状，蓝紫色，并托以红色大型宿存萼片，经冬不落。花果期6～11月份。

(a)

(b)

(c)

图9-96　海州常山

分布与习性：产于我国华北、华东、中南、西南各省区。朝鲜、日本、菲律宾也有分布。喜光，稍耐阴，有一定耐寒性。

园林用途：海州常山植株繁茂，花序大，花果美丽，花果期长，一株树上花果共存，白、红、蓝色泽亮丽，为良好的观赏花木，丛植、孤植均宜。

26. 枸杞

别名：枸杞菜、红珠仔刺。

拉丁学名：*Lycium chinense* Mill.

科属：茄科，枸杞属。

形态特征：多分枝灌木（图9-97），高1m，栽培可达2m。枝细长，常弯曲下垂，有纵条棱，具针状棘刺。单叶互生或2～4枚簇生，卵形、卵状菱形至卵状披针形，长1.5～5cm，端急尖，基部楔形。花单生或2～4朵簇生叶腋；花萼常3中裂或4～5齿裂；花冠漏斗状，淡紫色，花冠筒稍短于或近等于花冠裂片。浆果红色，卵状。花果期6～11月份。

分布与习性：广布全国各地。性强健，稍耐阴；喜温暖，较耐寒；对土壤要求不严，耐干旱、耐碱性都很强，忌黏质土及低温条件。

园林用途：枸杞花朵紫色，花期长，入秋红果累累，缀满枝头，状如珊瑚，颇为美丽，是庭园秋季观果灌木。

(a)

(b)

(c)

图9-97 枸杞

任务9.3 调查与识别屋基种植灌木

任务分析

调查并识别当地屋基种植灌木的种类及应用效果。

通过实地识别与调查，可以了解当地屋基种植灌木的应用种类及应用效果，掌握常见屋基种植灌木的形态特征及应用，为园林树种的合理配置提供实践依据。

任务实施

【材料与工具准备】

检索表、树木识别手册、记录本、记录笔等。

【实施过程】

1.初步调查树木种类。
2.根据检索表或树木识别手册进行树种确认。
3.教师核对并讲解树种识别要点。
4.总结屋基种植灌木应用种类及应用效果。

【注意事项】

1.注意了解屋基种植灌木的形态特征及其他园林应用效果。
2.注意了解屋基种植灌木的生态习性和观赏效果与园林应用的协调效果。

任务考核

任务考核从职业素养和职业技能两方面进行评价，标准见表9-3。

表9-3　调查与识别屋基种植灌木任务的考核标准

考核内容		考核标准	考核分值
职业素养	职业道德 职业态度 职业习惯	忠于职守，乐于奉献；实事求是，不弄虚作假；积极主动，操作认真；善始善终，爱护公物	30
职业技能	任务操作	按要求完成调查树种； 能准确识别10种常见屋基种植灌木	30 30
	总结创新	识别要点整理及时准确	10

理论认知

1. 砂地柏

别名：新疆圆柏、叉子圆柏。

拉丁学名：*Sabina vulgatis* Ant.

科属：柏科，圆柏属。

形态特征：常绿匍匐灌木（图9-98），高不足1m，枝斜前伸展，小枝细，近圆柱形，径约1mm，幼枝多刺叶，刺叶无明显中脉，长3～7mm。老树多鳞叶，鳞叶斜方形交互对生，先端微钝或急尖，腺体椭圆形，位于叶背中部，多为雌雄异株，球果褐色，近圆形，着生于小枝枝顶，径6～7mm，熟时暗褐紫色，被白粉，内有种子2～3粒，最多5粒，种子卵圆形，稍扁，具棱脊，有树脂槽。花期4～5月份，球果需要2年成熟。

(a)

(b)

图9-98　砂地柏

分布与习性：原产中国，主要分布于新疆、青海、甘肃、内蒙古和陕西等地。喜光，耐阴，耐旱、抗寒、适应性强，对土壤要求不严，但忌积水。

园林用途：本种耐干旱，又极耐寒冷，栽培容易，管理简单，树姿美丽，冬夏常青，固沙保土效果明显，是良好的地被植物，可密集栽植替代草坪。

2. 铺地柏

别名：爬地柏、矮桧、匍地柏、偃柏。

拉丁学名：*Sabina procumbens* (Endl.) Iwata et Kusaka

科属：柏科，圆柏属。

形态特征：常绿匍匐小灌木（图9-99），高约75cm，冠幅2m余。枝干贴近地面伸展，小枝密生。叶均为刺形叶，先端尖锐，3叶交互轮生，表面有2条白色气孔线，下面基部有2白色斑点，叶基下延生长，叶长6～8mm；球果为球形，内含种子2～3粒。

(a)

(b)

图9-99 铺地柏

分布与习性：原产日本。在我国黄河流域至长江流域广泛栽培。喜光，稍耐阴，适生于滨海湿润气候，对土质要求不严，喜石灰质的肥沃土壤，忌低湿地点，耐寒力、萌生力均较强。

园林用途：本种匍地生长，四季常绿，在园林中可配植于岩石园或草坪角隅，又为缓土坡的良好地被植物。匍匐枝悬垂倒挂，古雅别致，也可盆栽观赏。

3. 兴安圆柏

别名：兴安桧。

拉丁学名：*Sabina davurica* (Pall.) Ant.

科属：柏科，圆柏属。

形态特征：常绿匍匐灌木（图9-100），树皮紫褐色，裂为薄片脱落。叶二型，刺叶常着生于壮龄和老龄植株上，交叉对生，排列疏松，条状披针形，长3～6mm，先端渐尖，上面凹陷，有白粉带，下面拱圆，有钝脊，近基部有腺体；鳞叶交叉对生，排列紧密，菱状卵形或斜方形，长1～3mm，先端急尖或钝，叶背中部有椭圆或矩圆形腺体。雄球花卵圆形。雌球花着生于向下弯曲的小枝顶端，球果常呈不规则扁球形，长4～6mm，径6～8mm，成熟时暗褐色至蓝紫色，被白粉，有种子1～4粒；种子卵圆形。花期6月份，果期次年8月份。

(a)

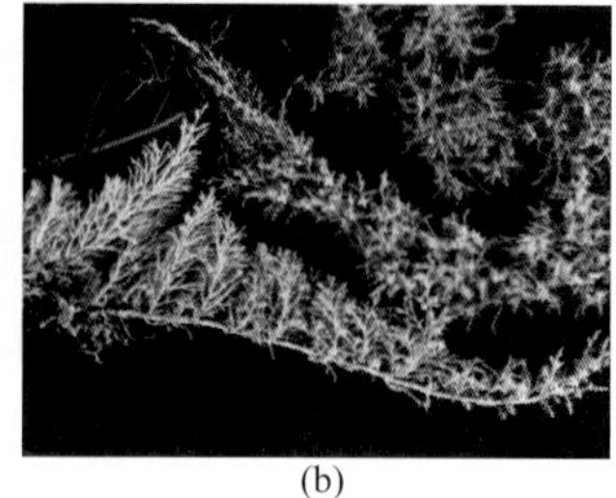
(b)

图9-100 兴安圆柏

分布与习性：产于大兴安岭海拔400～1400m地带。喜生于多石山地或山峰岩缝中，或生于沙丘。耐寒性甚强，耐瘠薄。

园林用途：为保土固沙树种，也可于庭园栽植。

4. 西伯利亚刺柏

别名：山桧、矮桧、西伯利亚杜松。

拉丁学名：*Juniperus sibirica* Burgsd.

科属：柏科，刺柏属。

形态特征：常绿匍匐灌木（图9-101），高30～70cm；枝皮灰色，小枝密，粗壮，径约2mm。刺叶三叶轮生，斜伸，通常稍成镰状弯曲，披针形或椭圆状披针形，先端急尖或上部渐窄成锐尖头，长7～10mm，宽1～1.5mm，上面稍凹，中间有1条较绿色边带为宽的白粉带，中下部有微明显的绿色中脉，下面具棱脊。球果圆球形或近球形，径5～7mm，熟时褐黑色，被白粉，通常有3粒种子，间或1～2粒；种子卵圆形，顶端尖，有棱角，长约5mm。

(a)

(b)

图9-101　西伯利亚刺柏

分布与习性：产于大兴安岭及小兴安岭、长白山、新疆阿尔泰山、西藏定日等地，生于砾石山地或疏林下。阳性树种，耐寒，耐干燥而瘠薄土壤，抗风力强。

园林用途：西伯利亚刺柏为高山保持水土树种，又可作为观赏树种，尤其是盆景观赏树种。

5. 偃松

别名：爬松、矮松、干叠松。

拉丁学名：*Pinus pumila* (Pall.) Regel.

科属：松科，松属。

形态特征：常绿灌木（图9-102），高达3～6m，树干通常伏卧状，基部多分枝；树皮灰褐色，裂成片状脱落；一年生枝褐色，密被柔毛，二年生、三年生枝暗红褐色；冬芽红褐色，圆锥状卵圆形，先端尖，微被树脂。针叶5针一束，较细短，硬直而微弯，长4～6cm；横切面近梯形，树脂道通常有两个；叶鞘早落。雄球花椭圆形，黄色，长约1cm；雌球花及小球果单生或2～3个集生，卵圆形，紫色或红紫色。球果直立，圆锥状卵圆形或卵圆形，成熟时淡紫褐色或红褐色，长3～4.5cm；成熟后种鳞不张开或微张开；种鳞近宽菱形，鳞盾宽三角形，鳞脐明显，紫黑色，先端具突尖，微反曲；种子暗褐色，三角形或倒卵圆形，无翅，仅周围有微隆起的棱脊。花期6～7月份，球果第二年9月份成熟。

(a)

(b)

图9-102　偃松

分布与习性：产于我国大兴安岭、小兴安岭、长白山区域。喜阴湿，耐寒，耐贫瘠土壤。

园林用途：树形奇特，枝叶繁茂，具有观赏价值，常用于岩石园。

6. 木贼麻黄

别名：山麻黄。

拉丁学名：*Ephedra equisetina* Bunge.

科属：麻黄科，麻黄属。

形态特征：直立或斜生小灌木（图9-103），高达1m，木质茎明显；小枝细，对生或轮生，灰绿色或蓝绿色，径约1mm；节间短，长约2cm，纵横纹不明显。叶膜质鞘状，带红紫色，大部合生，仅端部分离，裂片2，长约2mm。花序腋生，雄球花无梗，单生或3～4集生于节上，雌球花常两个对生节上，苞片3对，最上一对大部合生，雌花1～2朵，珠被管长2mm，弯曲。雌球花成熟时，苞片变红色、肉质，呈长卵圆形，长约7mm；种子圆形，不露出，上部有棱。花期4～5月份；种子7～8月份成熟。

(a) (b) (c)

图9-103 木贼麻黄

分布与习性：产于内蒙古、河北、山西、陕西、四川西部、青海、新疆等地。性强健耐寒，喜生于干旱的山地及沟岸边。

园林用途：可作干旱地绿化用。

7. 鹅耳枥

别名：穗子榆。

拉丁学名：*Carpinus turczaninowii* Hance.

科属：桦木科，鹅耳枥属。

形态特征：落叶小乔木或灌木（图9-104），高达5m；树皮暗灰褐色，浅纵裂；小枝被短柔毛。叶卵形或卵状椭圆形，长2.5～5cm，宽1.5～3.5 cm，顶端锐尖或渐尖，基部近圆形或宽楔形，边缘具规则或不规则的重锯齿，背面沿脉通常疏被长柔毛；叶柄长4～10mm，疏被短柔毛。果序长3～5cm；果苞变异较大，长6～20mm，宽4～10mm，内侧的基部具一个内折的卵形小裂片。小坚果宽卵形，长约3mm。花期4～5月份。坚果，果序下垂，长6～20mm，果期8～9月份。

(a)

(b)

(c)

图9-104 鹅耳枥

分布与习性：产于辽宁南部、山西、河北、河南、山东、陕西、甘肃。生于海拔500～2000m的山坡或山谷林中，山顶及贫瘠山坡也能生长。稍耐阴，喜肥沃湿润土壤，也耐干旱瘠薄。

园林用途：鹅耳枥叶形秀丽，果穗奇特，枝叶茂密，为著名园林观赏植物。

8. 榛

别名：榛子、平榛。

拉丁学名：*Corylus heterophylla* Fisch. ex Trantv.

科属：桦木科，榛属。

形态特征：落叶灌木或小乔木（图9-105），高1～7m。叶互生；阔卵形至宽倒卵形，长5～13cm，宽4～7cm，先端近截形而有锐尖头，基部圆形或心形，边缘有不规则重锯齿，背面脉上有短柔毛；叶柄长1～2cm，密生细毛；托叶小，早落。花单性，雌雄同株，先叶开放；雄花成柔荑花序，长5～10cm，每苞有副苞两个，鲜紫褐色，雄蕊8，药黄色；雌花2～6个簇生枝端，开花时包在鳞芽内，仅有花柱外露，花柱两个，红色。小坚果近球形，径0.7～1.5cm，淡褐色，总苞叶状或钟状，由1～2个苞片形成，边缘浅裂，裂片几全缘，有毛。花期4～5月份，果期9～10月份。

(a)

(b)

(c)

图9-105　榛

分布与习性：分布于中国东北、华北、西北的山地。多生于向阳山坡及林缘。性喜光，耐寒，耐旱，也耐水湿，喜肥沃之酸性土壤，萌芽力强。

园林用途：北方地区山区绿化树种，可作庭园绿化用树，是著名的小坚果树种。

9. 毛榛

别名：小榛树、胡榛子、火榛子。

拉丁学名：*Corylus mandshurica* Maxim.

科属：桦木科，榛属。

形态特征：灌木（图9-106），高2～4m，丛生，多分枝。树皮灰褐色或暗灰色，龟裂。幼枝黄褐色，密被长柔毛。叶宽卵形或矩圆状倒卵形，长3～11cm，宽2～9cm，先端具5～9(或11）骤尖的裂片，中央的裂片常呈短尾状，基部心形，边缘具不规则的重锯齿。雌雄同株。雄花柔荑花序2～4枚生于叶腋；雌花序头状，2～4枚生于枝顶或叶腋。坚果单生或2～6枚簇生；果苞管状，外被黄色刚毛及白色短柔毛。坚果近球形，长约12mm。

(a)

(b)

图9-106　毛榛

分布与习性：广布于我国的东北、华北。属耐阴的中生灌木。

园林用途：叶可作饲料，木材坚硬、耐腐，可做伞柄、手杖等。果可食。

10. 无花果

别名：映日果、奶浆果、蜜果。

拉丁学名：*Ficus carica* L.

科属：桑科，榕属。

形态特征：落叶小乔木或灌木（图9-107）。干皮灰褐色，平滑或不规则纵裂。小枝粗壮，托叶包被幼芽。单叶互生，厚膜质，宽卵形或近球形，长10～20cm，3～5掌状深裂，少有不裂，边缘有波状齿，上面粗糙，下面有短毛。隐头花序单生叶腋。聚花果梨形，熟时黑紫色；瘦果卵形，淡棕黄色。花期4～5月份，自6月中旬至10月均可结果。

(a)

(b)

(c)

图9-107 无花果

分布与习性：原产于欧洲地中海沿岸和中亚地区，我国以长江流域和华北沿海地带栽植较多。喜温暖湿润的海洋性气候，喜光、喜肥，不耐寒，不抗涝，较耐干旱。

园林用途：本种叶片宽大，果实奇特，夏秋果实累累，是优良的庭院绿化和经济树种，具有抗多种有毒气体的特性，耐烟尘，少病虫害，可用于厂矿绿化和家庭副业生产，叶、果、根可入药。

11. 柘树

别名：柘刺、柘桑。

拉丁学名：*Cudrania tricuspidata* (Carr.)Bur.

科属：桑科，柘属。

形态特征：落叶灌木或小乔木（图9-108），高达8m，树皮淡灰色，成不规则的薄片状剥落；幼枝有细毛，后脱落，有硬刺，刺长5～30mm。叶卵形或倒卵形，长3～12cm，宽3～7cm，全缘或3裂。花排列成头状花序，单生或成对腋生。聚花果近球形，红色。花期6月份，果期9～10月份。

(a)

(b)

(c)

图9-108 柘树

分布与习性：分布于河北南部、华东、中南、西南等省区。喜光，也耐阴，耐寒，耐干旱瘠薄，喜钙土，多生于山脊的石缝中，适生性很强。根系发达，生长较慢。

园林用途：柘树叶秀果丽，适应性强，可在公园的边角、背阴处、街头绿地作庭荫树或刺篱；繁殖容易、经济用途广泛，是风景区绿化荒滩保持水土的先锋树种。

12. 东北茶藨子

别名：山麻子。

拉丁学名：*Ribes mandshuricum* (Maxim.) Kom.

科属：虎耳草科，茶藨子属。

形态特征：落叶灌木（图9-109），高1～3m；小枝灰色或褐灰色，皮纵向或长条状剥落。叶宽大，长5～10cm，宽几与长相近，基部心脏形，常掌状3裂，稀5裂，边缘具不整齐粗锐锯齿或重锯齿；叶柄长4～7cm。总状花序长7～16cm，具花40～50朵；花两性；花萼浅绿色或带黄色，倒卵状舌形或近舌形，长2～3mm；花瓣近匙形，长1～1.5mm，浅黄绿色。果实球形，直径7～9mm，红色，味酸可食；种子多数。花期4～6月份，果期7～8月份。

(a)　(b)　(c)

图9-109　东北茶藨子

分布与习性：分布于黑龙江、辽宁、内蒙古、陕西、甘肃等地。生于山坡或山谷针、阔叶混交林下或杂木林内，海拔300～1800m。喜光，稍耐阴，耐寒性强，怕热。

园林用途：夏秋红果颇为美丽，宜在北方自然风景区或森林公园中配植，饶有野趣，也可植于庭园中观赏。

13. 水葡萄茶藨子

别名：水葡萄。

拉丁学名：*Ribes procumbens* Pall.

科属：虎耳草科，茶藨子属。

形态特征：落叶蔓性小灌木（图9-110），高仅20～40cm；枝常蔓延生根，小枝灰褐色，皮稍呈条状剥裂。叶宽肾形，长2.5～6cm，基部截形至浅心脏形，掌状3～5裂，边缘具粗大钝锯齿；具黄色腺体，有时混生疏腺毛。总状花序长2～4cm，具花6～12朵；萼片卵圆形或卵状椭圆形，长2～3.5mm，宽1.5～2.5mm，先端圆钝，紫红色；花瓣近扇形或倒卵圆形，长1～1.5mm；雄蕊几与花瓣近等长；子房无柔毛或疏生黄色腺体；花柱不分裂或仅柱头两裂。果实卵球形，直径1～1.3cm，熟时紫褐色，疏生黄色腺体，果肉味甜芳香，可供生食。花期5～6月份，果期7～8月份。

(a)

(b)

(c)

图9-110　水葡萄茶藨子

分布与习性：产于黑龙江、内蒙古。生于低海拔地区落叶松林下、杂木林内阴湿处及河岸旁。

园林用途：本种株丛矮小，果实鲜艳，可用于自然园林绿化。

14. 香茶藨

别名：黄花茶藨子、黄丁香。

拉丁学名：*Ribes odoratum* Wendl.

科属：虎耳草科，茶藨子属。

形态特征：落叶灌木（图9-111），高可达2m，干皮黑褐色片状剥裂。小枝褐色，有毛无刺。单叶互生，叶片卵圆形，长4～10cm，宽3～6cm，上部3～5深裂，裂片先端具粗齿，叶基楔形，全缘，两面无毛或仅叶背具细毛和锈斑。叶具长叶柄。总状花序有花5～10朵，两性花，具叶状苞片，花萼管状，黄色，上部5裂外翻。花瓣小，红色，与萼裂互生，花丝条片状，与花瓣互生。花部5数，浆果球形，长约0.9cm，熟时黑色。花期3～4月份，果于7～8月份成熟。

(a)

(b)

(c)

图9-111　香茶藨

分布与习性：原产美国中部地区。我国华北、华东地区有引进栽培，生长良好。喜光照，也耐阴，喜温暖湿润的气候，耐寒力强，适于深厚肥沃土壤，有一定的抗干旱能力。萌芽力强，耐修剪。

园林用途：花色鲜艳，开花时一片金黄，香气四溢，是良好的园林观赏花木品种。

15. 圆醋栗

别名：灯笼果、挂金灯。

拉丁学名：*Ribes grossularia* L.

科属：虎耳草科，茶藨子属。

形态特征：落叶灌木（图9-112），高达1.5m。节具3叉刺，刺长约1cm，节间被刺毛。叶宽2～6cm，基部心形或宽楔形，3～5裂，裂片先端钝圆，具圆齿，无毛或下面被柔毛。花1～2萼裂，花瓣小，淡绿白色，雄蕊较萼裂片短。果近球形，径约1cm，被柔毛及腺刺毛或无毛，红色、黄色或绿色。花期5～6月份，果期7月份。

(a)

(b)

(c)

图9-112　圆醋栗

分布与习性：原产于欧洲。我国黑龙江、河北、山东、新疆有栽培。性喜光，喜温暖，果期需水较多，对土壤要求不严。

园林用途：由于株型矮小，呈伞状，既适合规模化大面积栽培，又可在花园、阳台、楼顶零星栽培。完全成熟的果实酸甜适口，别具一格，是初夏水果淡季的开胃食品，颇受消费者欢迎。

16. 黑穗醋栗

别名：黑醋栗、黑豆果、黑加仑。

拉丁学名：*Ribes nigrum* L.

科属：虎耳草科，茶藨子属。

形态特征：落叶灌木（图9-113），高达2m。小枝粗，幼枝被腺点及微柔毛或近无毛。叶近圆形，宽5～10cm，3～5裂，裂片宽卵形，先端尖，基部心形，上面无毛，下面密被树脂点及稀疏毛，具不规则锯齿；叶柄被柔毛。花白色；花序具花4～10，萼筒被树脂点及柔毛，萼裂片长圆形，反曲。果近球形，径约1cm，黑色。花期5～6月份，果期7～8月份。

(a)

(b)

(c)

图9-113　黑穗醋栗

分布与习性：广布于欧、亚两洲，多为栽培品种。喜光、耐寒、耐贫瘠。

园林用途：果可食及制果酱，可栽培供观赏。

17. 水栒子

别名：栒子木、多花栒子。

拉丁学名：*Cotoneaster multiflora* Bunge.

科属：蔷薇科，栒子属。

形态特征：落叶灌木（图9-114），高2～4m，小枝细长，紫色。叶卵形，长2～5cm，先端常圆钝，基部广楔形或近圆形。花白色，径1～1.2cm，花瓣开展，近圆形，6～21朵成聚伞花序。果近球形或倒卵形，径约8mm，红色。花期5月份，果熟期9月份。

(a)

(b)

图9-114　水栒子

分布与习性：广布于东北、华北、西北和西南；亚洲西部和中部其他地区也有分布。性强健，耐寒，喜光，稍耐阴，对土壤要求不严，极耐干旱和贫瘠；喜排水良好的土壤，水湿、涝洼常造成死亡。耐修剪。

园林用途：本种花果繁多而美丽，秋季红果累累，是极佳的观花、观果树种，宜丛植于草坪边缘及路旁。

18. 平枝栒子

别名：栒刺木、铺地蜈蚣。

拉丁学名：*Cotoneaster horizontalis* Decne.

科属：蔷薇科，栒子属。

形态特征：落叶或半常绿匍匐灌木（图9-115），高不超过0.5m，枝水平开张成整齐的两列状；小枝圆柱形，黑褐色。叶片近圆形或宽椭圆形，长5～14mm，宽4～9mm，先端多数急尖，基部楔形，全缘。花1～2朵腋生，近无梗，直径5～7mm；萼筒钟状，萼片三角形；花瓣直立，倒卵形，长约4mm，宽3mm，粉红色；雄蕊约12；花柱常为3。果实近球形，直径4～6mm，鲜红色，常具3小核，稀2小核。花期5～6月份，果期9～10月份。

(a)

(b)

(c)

图9-115　平枝栒子

分布与习性：分布于秦岭、鸡公山、黄河上游、长江中下游地区。喜阳光和排水良好，稍耐阴。

园林用途：平枝栒子的枝叶横展，叶浓绿发亮，晚秋叶色红亮，粉花红果，与岩石配植非常适宜，或作地面覆盖植物，也是制作盆景的上好材料。

19. 火棘

别名：救兵粮、火把果。

拉丁学名：*Pyracantha fortuneana* (Maxim.) Li.

科属：蔷薇科，火棘属。

形态特征：常绿灌木（图9-116），高约3m；枝端成刺状。叶片倒卵形或倒卵状矩圆形，长1.5～6cm，宽0.5～2cm，先端圆钝或微凹，有时有短尖头，基部楔形，下延，边缘有圆钝锯齿，齿尖向内弯，近基部全缘，两面无毛。复伞房花序，花白色，直径约1cm；萼筒钟状，无毛，裂片三角卵形；花瓣圆形。果实近圆形，直径约5mm，萼片宿存。花期5月份，果熟期9～10月份。

(a)

(b)

(c)

图9-116　火棘

分布与习性：分布于黄河以南各省，生于海拔500～2800m的山地灌丛中或河沟。性喜温暖湿润且通风良好、阳光充足的环境，具有较强的耐寒性，耐瘠薄，对土壤要求不严。

园林用途：火棘树形优美，夏有繁花，秋有红果，果实存留枝头甚久，在庭院中作绿篱以及园林造景材料，在路边可以用作绿篱，美化、绿化环境。也可制作盆景。

20. 黑果腺肋花楸

拉丁学名：*Aronia melanocarpa*

科属：蔷薇科，腺肋花楸属。

形态特征：落叶灌木（图9-117），树高1.5～2.5m。叶卵圆形，深绿色，叶缘具重锯齿，秋季叶色变红。复伞房花序，花白色，花瓣5。果球形，紫黑色，果径1.4cm；花期5月份，果熟期9～10月份。

(a)

(b)

(c)

图9-117　黑果腺肋花楸

分布与习性：原产于美国东北部，东欧大部分国家都有栽培。喜光，耐寒，抗旱性较强，对土壤要求不严。

园林用途：本种春季花开繁盛、香气宜人，以秋季叶色火红，冬季果实累累而著称。为珍贵园林绿化树种。

21. 欧李

别名：山梅子、小李仁、乌拉奈。

拉丁学名：*Prunus humilis* (Bge.) Sok.

科属：蔷薇科，李属。

形态特征：落叶灌木（图9-118），高1～1.5m。树皮灰褐色，小枝被柔毛。叶互生，长圆形或椭圆状披针形，长2.5～5cm，宽1～2cm，先端尖，边缘有浅细锯齿，下面沿主脉散生短柔毛。花与叶同放，单生或两朵并生；萼片5，花后反折；花瓣5，白色或粉红色；雄蕊多数；心皮1。核果近球形，直径约1.5cm，熟时鲜红色。花期4～5月份，果期5～6月份。

(a)

(b)

(c)

图9-118　欧李

分布与习性：主产黑龙江、吉林、辽宁、内蒙古、河北、山东。喜光，耐寒，喜湿润肥沃壤土。

园林用途：本种花果俱美，宜作庭园观赏树种。

22. 扁核木

别名：蕤核。

拉丁学名：*Prinsepia uniflora* Batal.

科属：蔷薇科，扁核木属。

(a) (b)

图9-119 扁核木

形态特征：落叶灌木（图9-119），高1～2m；老枝紫褐色，树皮光滑；小枝灰绿色或灰褐色；枝刺钻形，长0.5～1cm。叶互生或丛生，近无柄；叶片长圆披针形或狭长圆形，长2～5.5cm，宽6～8mm，先端圆钝或急尖，基部楔形或宽楔形，全缘，有时呈浅波状或有不明显锯齿。花单生或2～3朵簇生于叶丛内；花直径8～10mm；萼片短三角卵形或半圆形；花瓣白色，有紫色脉纹，长5～6mm，先端啮蚀状，基部宽楔形，有短爪；雄蕊10；心皮1，无毛，花柱侧生，柱头状。核果球形，红褐色或黑褐色，直径8～12mm，有光泽；核左右压扁的卵球形，长约7mm，有沟纹。花期4～5月份，果期8～9月份。

分布与习性：产于河南、山西、陕西、内蒙古、甘肃和四川等地。生长在海拔900～1100m的阳坡处或山脚下。喜光，耐寒，深根性，耐干旱瘠薄，忌水湿，以在深厚肥沃的土壤上生长较好。

园林用途：扁核木花、果均具观赏价值，适宜在园林绿地中的草坪边缘、庭院角隅种植或与山石配植。

23. 东北扁核木

别名：辽宁扁核木、扁胡子、东北蕤核。

拉丁学名：*Prinsepia sinensis* (Oliv.) Oliv. ex Bean.

科属：蔷薇科，扁核木属。

形态特征：灌木（图9-120），高达2～3m，分枝多；树皮灰色，枝有刺；髓部为片状。叶长4～8cm，宽1～2cm；叶柄长5～8mm；花1～4簇生于叶腋，径1.2～1.8cm；萼片三角状卵形；花瓣5，黄色；雄蕊18～20，花丝与花药等长；子房1室，花柱侧生于子房基部。核坚硬，微扁，长12mm，宽10mm，有皱纹。花期5月份，果熟期8～9月份。

(a) (b) (c)

图9-120 东北扁核木

分布与习性：产于黑龙江、吉林、辽宁。生于杂木林中或阴山坡的林间，或山坡开阔处以及河岸旁。喜光、耐寒，适应性较强。

园林用途：本种枝多而密，常呈拱形，花橘黄色，微有香气。核果熟时红色，挂果期长达1个月之久，为稀有珍贵树种，是东北地区极好的刺篱观花、观果植物。

24. 紫穗槐

别名：棉槐、棉条、穗花槐。

拉丁学名：*Amorpha fruticosa* L.

科属：豆科，紫穗槐属。

形态特征：落叶灌木（图9-121），高1～4m，丛生，枝叶繁密，直伸，皮暗灰色，平滑，小枝灰褐色，有凸起锈色皮孔。叶互生，奇数羽状复叶，小叶11～25，卵形或椭圆形，先端圆形，全缘，叶内有透明油腺点。总状花序密集顶生或主要枝端腋生，花轴密生短柔毛，萼钟形，常具油腺点，旗瓣蓝紫色，翼瓣、龙骨瓣均退化。荚果弯曲短，长7～9mm，棕褐色，密被疣状腺点，不开裂，内含1种子，种子具光泽，千粒重10g。花果期5～10月份。

(a)

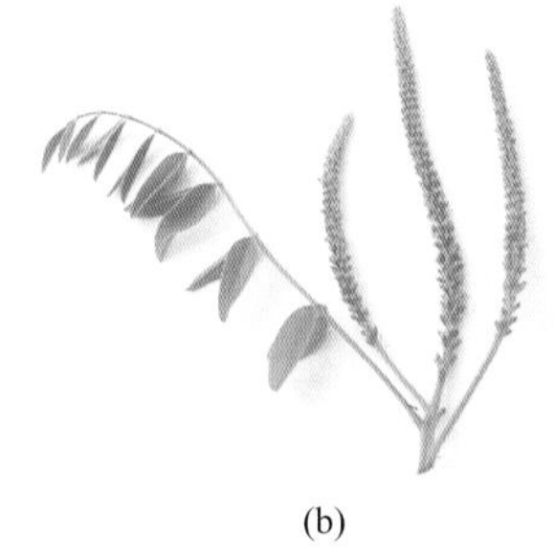
(b)

(c)

图9-121　紫穗槐

分布与习性：原产美国，广布于我国东北、华北、华东、河南、湖北、四川等地。喜光，耐寒、耐旱、耐湿、耐盐碱、抗风沙，抗逆性极强，萌芽性强，根系发达。

园林用途：枝叶繁密，根部有根瘤可改良土壤，枝叶对烟尘有较强的吸附作用。可用作水土保持、被覆地面和工业区绿化。

25. 山麻杆

别名：桂圆树、红荷叶、桐花杆。

拉丁学名：*Alchornea davidii* Franch

科属：大戟科，山麻杆属。

形态特征：落叶丛生小灌木（图9-122），高1～2m，茎干直立且分枝少，茎皮常呈紫红色。幼枝密被绒毛，后脱落，老枝光滑。单叶互生，叶广卵形或圆形，先端短尖，基部圆形，长7～17cm，宽6～19cm，背面紫色，三出脉，叶缘有齿牙状锯齿，叶柄有两个以上之腺体。托叶两枚、线形。花小、单性同株；雄花密生成短穗状花序；雌花疏生，排成总状花序，位于雄花序的下面，无花瓣，萼4裂、紫色。蒴果扁球形，密生短柔毛；种子球形。花期3～4月份，果熟6～7月份。

(a)　(b)　(c)

图9-122　山麻杆

分布与习性：我国长江流域及以南都有分布，生长于低山区、河谷两岸、山野阳坡的灌丛中。喜光照，稍耐阴，喜温暖湿润的气候环境，对土壤的要求不严，以深厚肥沃的沙质壤土生长最佳。萌蘖性强，抗旱能力低。

园林用途：茎干丛生，茎皮紫红，早春嫩叶紫红，后转红褐，是一个良好的观茎、观叶树种，丛植于庭院、路边、山石之旁，具有丰富色彩的效果。

26. 盐肤木

别名：五倍子树、山梧桐、黄瓤树。

拉丁学名：*Rhus chinensis* Mill.

科属：漆树科，盐肤木属。

形态特征：落叶灌木至小乔木（图9-123）；小枝被柔毛，有皮孔。叶互生，奇数羽状复叶，叶轴具宽翅，有小叶7～13；小叶边缘有粗锯齿，背面粉绿色，有柔毛。圆锥花序顶生，直立，宽大；花小，杂性；花萼5裂；花瓣5；雄蕊5；花盘环状；子房上位。果序直立，核果，球形，被腺毛和具节柔毛，成熟后红色。

(a)

(b)

(c)

图9–123　盐肤木

分布与习性：中国除黑龙江、吉林、内蒙古和新疆外，其余各省区均有分布。喜温暖湿润气候，也能耐一定寒冷和干旱。对土壤要求不严，耐瘠薄，不耐水湿。根系发达，有很强的萌蘖性。

园林用途：盐肤木是我国主要经济树种，可供制药和作工业染料的原料。其皮部、种子还可榨油。在园林绿化中，可作为观叶、观果的树种。

27. 红瑞木

别名：凉子木、红瑞山茱萸。

拉丁学名：*Swida alba* Opiz.

科属：山茱萸科，梾木属。

形态特征：落叶灌木（图9-124），高3m；休眠枝血红色，常被白粉，皮孔明显。单叶对生，卵形至椭圆形，长4～9cm，宽2.5～5.5cm。伞房状聚伞花序顶生；花小，黄白色。核果斜卵圆形，花柱宿存，成熟时白色或稍带蓝紫色。

(a)

(b)

(c)

图9–124　红瑞木

分布与习性：分布于东北、内蒙古、河北、山东、江苏、陕西，生于海拔600～1700m（在甘肃可高达2700m）的杂木林或针阔叶混交林中。性极耐寒、耐旱、耐修剪，喜光，喜较深厚湿润且肥沃疏松的土壤。

园林用途：红瑞木秋叶鲜红，小果洁白，落叶后枝干红艳如珊瑚，是少有的观茎植物，也是良好的切枝材料。园林中多丛植草坪上或与常绿乔木相间种植，得红绿相映之效果。

28. 山茱萸

别名：山萸肉、药枣、枣皮。

拉丁学名：*Cornus officinalis* Sieb. et Zucc.

科属：山茱萸科，山茱萸属。

形态特征：落叶灌木或小乔木（图9-125），高约4m。树皮浅褐色，成薄片剥裂。单叶对生，叶腋有黄褐色毛丛。伞形花序顶生或腋生，花先叶开放，黄色。核果长椭圆形，光滑，熟时红色。种子长椭圆形，两端钝圆。

(a)

(b)

(c)

图9-125　山茱萸

分布与习性：产自我国长江流域及河南、陕西等地，各地多栽培。性强健，喜光，耐寒，喜肥沃而湿度适中的土壤，也能耐旱。

园林用途：早春枝头开金黄色小花，入秋有亮红的果实，深秋有鲜艳的叶色，均美丽可观。宜植于庭园观赏，或作盆栽、盆景材料。

29. 黄荆

别名：五指柑、五指风、布荆。

拉丁学名：*Vitex negundo* L.

科属：马鞭草科，牡荆属。

形态特征：落叶灌木或小乔木（图9-126），高可达6m，枝叶有香气。新枝方形，灰白色，密被细绒毛。掌状复叶对生；小叶片椭圆状卵形，长4～9cm，宽1.5～3.5cm，中间的小叶片最大，全缘或浅波状，背面密被白色绒毛。圆锥花序顶生；萼钟形，5齿裂；花冠唇形，淡紫色，长约6mm；雄蕊4，2强；子房4室。核果，卵状球形，褐色，径约2.5mm，下半部包于宿萼内。花期6～8月份，果期8～9月份。

(a)

(b)

(c)

图9-126　黄荆

常见变种：

（1）牡荆（var. *cannabijolia* Hand.-Mazz.）：小叶边缘有多数锯齿，表面绿色，背面淡绿色。分布于华东、华北、中南以至西南各地。

（2）荆条（var. *heterophylla* Rehd.）：小叶边缘有缺刻状锯齿、浅裂以至深裂。我国东北、华北、西北、华东及西南各地均有分布。

分布与习性：分布于秦岭淮河以南地区。生于向阳山地。喜光，能耐半阴，耐干旱、耐瘠薄，萌蘖力强，耐修剪。

园林用途：黄荆树形疏散，叶茂花繁，淡雅秀丽，最适宜植于山坡、湖塘边、游路旁点缀风景，也很适合家庭盆栽观赏。

30. 接骨木

别名：公道老、马尿骚、续骨木。

拉丁学名：*Sambucus williamsii* Hance.

科属：忍冬科，接骨木属。

形态特征：灌木至小乔木（图9-127），高达6m；老枝有皮孔。叶单数羽状复叶；小叶5～7枚，椭圆形至矩圆状披针形，长5～12cm，顶端尖至渐尖，基部常不对称，边有锯齿，揉碎后有臭味。圆锥花序顶生，长达7cm；花小，白色至淡黄色；萼齿三角状披针形；花冠辐状，裂片5，长约2mm；雄蕊5，约与花冠等长。浆果状核果近球形，直径3～5mm，红色或黑紫色；种子2～3粒，卵形至椭圆形，长2.5～3.5mm，略有皱纹。

(a)

(b)

(c)

图9-127 接骨木

分布与习性：我国自东北向南分布，至南岭以北，西至甘肃南部和四川、云南（东南部）。性强健，喜光，耐寒，耐旱。根系发达，萌蘖性强。

园林用途：接骨木枝叶繁茂，春季白花满树，夏秋红果累累，是良好的观赏灌木，宜植于草坪、林缘或水边；对工厂的有害气体有较强的抗性，可用于城市、工厂的防护林。

项目测评

为实现本项目目标，要求学生完成表9-4中的作业，并为老师提供充分的评价证据。

表9-4 园林灌木识别与应用项目作业测评标准

任务	合格标准（P）=∑P_n		良好标准（M）=合格标准+∑M_n		优秀标准（D）=良好标准+∑D_n	
任务一	P_1	调查当地花灌木种类，并总结冬季和生长季识别要点	M_1	总结花灌木共同特征，图示并熟练识别30种	D_1	能熟练识别80种园林灌木树种，并能根据形态特征确定其园林应用
	P_2	能够熟练识别20种花灌木				
任务二	P_3	调查当地绿篱及整形灌木种类，并总结冬季和生长季识别要点	M_2	总结绿篱及整形灌木的观赏特点，图示并熟练识别20种		
	P_4	能够熟练识别10种绿篱及整形灌木				
任务三	P_5	调查当地屋基种植灌木种类，并总结冬季和生长季识别要点	M_3	调查屋基种植灌木树形特点，图示并熟练识别20种	D_2	调查一个城市绿地园林灌木种类及应用特点，分析优缺点，并给出合理配置建议
	P_6	能够熟练识别10种屋基种植灌木				

注：本项目测评结果采用通过或不通过的评价形式，并给出反馈；如果没通过，学生在教师辅导下进一步完善答案之后再次提交，从而得到最终评价（下同）。

课外研究

木本蔬菜知多少

树　　木	食用部位	食用方法
白玉兰	花	洗净后在鸡蛋糊中拖一下油炸
白鹃梅	嫩叶	以水烫熟后调食或炒食
棣棠	花	以水稍烫、漂洗后炒、做汤或拖面油炸
海棠花	花	炒食、作汤
扁核木	茎叶	水烫、浸泡后炒或拌食
杜梨	花	做汤、糖渍、蜜渍或蒸糕
梅	花瓣	煮粥或熘
粉团蔷薇	花	做汤、糖渍、蜜渍或蒸糕
覆盆子	嫩茎及幼叶	水烫、浸泡后炒或拌食
月季	鲜花	糖渍或者做汤
玫瑰	鲜花	糖渍或者做汤
腊梅	花	制腊梅蛋花汤、腊梅火锅
洋紫荆	花、嫩叶、幼果	花、嫩叶作汤，幼果直接吃
合欢	嫩芽	水烫、浸泡控水后炒、炸
锦鸡儿	花	水烫后控干拌食或炒食
胡枝子	嫩芽、嫩叶、幼果	水煮、浸泡去异味后炒食或拌面蒸食
刺槐	嫩芽、花蕾	水烫、浸泡后炒食或拌食
槐树	嫩芽、花蕾	水烫后拌食或蒸食
紫藤	嫩芽和花	经水稍烫、漂洗后炒、做汤或拖面油炸
刺楸	幼芽	水烫、浸泡后炒、拌、盐渍
刺五加	幼芽	水烫、浸泡后炒、拌、做汤、作馅、蒸食、盐渍、晒干菜
接骨木	嫩芽	水烫、漂洗后炒、拌、做汤，花序炒食
小叶杨	嫩叶	水煮、浸泡去苦味后炒食调食
山杨	嫩叶	水煮、浸泡后炒食或拌面蒸食
垂柳	嫩叶	水煮、漂洗后炒食
春榆	嫩果、幼叶	炒、拌、做汤、做馅
构树	食用嫩叶及雄花	炒、拌、做汤、做馅
杜仲	嫩芽	水烫、漂洗后炒食或做汤
香椿	幼芽、嫩叶	水烫后拌食，盐渍保存
桂花	花	做汤、糖渍、盐渍、蜜渍或蒸糕
枸杞	嫩芽、花	嫩芽水烫、漂洗后炒食，花炒食或做汤
梓树	嫩芽、花	嫩芽水烫、漂洗后炒食，花炒食或做汤
木槿	花	稍煮后拌食，炒食、做汤，煮豆腐

项目十 园林藤木识别与应用

技能目标

能识别北方常见各种园林藤木树种；能掌握各藤木树种的园林应用特点并能合理配置。

知识目标

掌握北方常见园林藤木树种的形态特征及分布习性。

任务 调查与识别藤木树

任务分析

调查并识别当地藤木树的种类及应用效果。通过实地识别与调查，可以了解当地藤木树的应用种类及应用效果，为园林树种的合理配置提供实践依据。

任务实施

【材料与工具准备】

检索表、树木识别手册、记录本、记录笔等。

【实施过程】

1.初步调查树木种类。
2.根据检索表或树木识别手册进行树种确认。
3.教师核对并讲解树种识别要点。
4.总结藤木树应用种类及应用效果。

【注意事项】

1.注意了解藤木树的攀援类型。
2.注意了解藤木树的生态习性和观赏效果与园林应用的协调效果。

任务考核

任务考核从职业素养和职业技能两方面进行评价，标准见表10-1。

表10-1 调查与识别藤木任务的考核标准

考核内容		考核标准	考核分值
职业素养	职业道德 职业态度 职业习惯	忠于职守，乐于奉献；实事求是，不弄虚作假；积极主动，操作认真；善始善终，爱护公物	30
职业技能	任务操作	按要求完成调查树种； 能准确识别10种常见藤木	30 30
	总结创新	识别要点整理及时准确	10

理论认知

1.铁线莲

别名：番莲、威灵仙、铁线牡丹。

拉丁学名：*Clematis florida* Thunb.

科属：毛茛科，铁线莲属。

形态特征：落叶或半常绿藤本（图10-1），长约4m。叶常为2回3出羽状复叶，小叶卵形或卵状披针形，长2～5cm，全缘或有少数浅缺刻，叶表暗绿色，叶背疏生短毛或近无毛，网脉明显；花单生于叶腋，无花瓣；花梗细长，于近中部处有两枚对生的叶状苞片；萼片花瓣状，常6枚，乳白色，背有绿色条纹，径5～8cm；雄蕊暗紫色，无毛；子房有柔毛，花柱上部无毛，结果时不延伸。花期3～6月份。

(a)　(b)　(c)

图10-1　铁线莲

经国际铁线莲协会确定的铁线莲栽培品种有以下6类：

（1）铁线莲类：木质藤本　夏季开花，花朵着生在老枝或成熟枝上。如中国原产的铁线莲（*C. florida*），即为代表种。

（2）杂种铁线莲类：木质藤本　夏季和秋季开花，花朵较多，着生在新梢上。代表种为杂种铁线莲，花大而抗寒，花色丰富，欧美园林栽培者多属此类。

（3）毛叶铁线莲类：木质藤本　夏秋开花，花朵较少，着生于短侧枝上。代表种毛叶铁线莲为本属各原种中花朵最大者。

（4）转子莲类：木质藤本　春季开花，花朵着生于老枝或成熟枝上。中国原产的转子莲（*C. patens*）为此类代表种。

（5）红花铁线莲类：亚灌木　夏季开花，花朵着生在当年新梢上，连续开花，花喇叭状或钟形，以美国原产的红花铁线莲（*C. texensis*）为典型代表。

（6）意大利铁线莲类：木质藤本　夏、秋开花，花朵多，着生于夏梢上。代表种系南欧及西亚原产的意大利铁线莲，以生长势健旺为特点。

分布与习性：产于广西、广东、湖南、湖北、浙江、江苏、山东等地；日本及欧美多有栽培。喜光，但侧方庇荫时生长更好。喜肥沃轻松、排水良好的石灰质土壤。耐寒性较差。在华北常盆栽，温室越冬。

园林用途：本种花大而美是点缀园墙、棚架、围篱及凉亭等垂直绿化的好材料，也可与假山、岩石相配植或作盆栽观赏。

2.木通

别名：山通草、五叶木通。

拉丁学名：*Akebia quinata* (Thunb.) Decne.

科属：木通科，木通属。

形态特征：落叶木质缠绕藤本（图10-2），长3～15m，全株无毛。幼枝灰绿色，有纵纹。掌状复叶，小叶5枚，倒卵形或椭圆形，长3～6cm，先端圆常微凹至具一细短尖，基部圆形或楔形，全缘。短总状花序腋生，花单性，雌雄同株；花淡紫色，花序基部着生1～2朵雌花，上部着生密而较细的雄花；萼片3枚；雄花具雄蕊6个；雌花较大，有离生雌蕊3～12。果肉质，浆果状，长椭圆形，长约8cm，熟后紫色，柔软，沿腹缝线开裂。种子多数，卵状长圆形而稍扁，黑色或黑褐色。花期4～5月份，果熟期8月份。

(a)

(b)

(c)

图10-2 木通

分布与习性：广布于长江流域、华南及东南沿海各省，北至河南、陕西。朝鲜、日本也有分布。稍耐阴，喜温暖气候及湿润而排水良好的土壤，通常见于山坡疏林或水田畦畔。

园林用途：本种花叶秀美可观，作园林篱垣、花架绿化材料，或令其缠绕树木、点缀山石都很合适，也可作盆栽桩景材料。

3.三叶木通

别名：八月炸、三叶拿绳。

拉丁学名：*Akebia trifoliata* (Thunb.) Koidg.

科属：木通科，木通属。

形态特征：落叶木质藤本（图10-3），长达10m。茎、枝无毛，灰褐色。3出复叶，小叶卵圆形，先端钝圆或具短尖，基部圆形或心形，边缘浅裂或呈波状，叶柄细长，长6～8cm，小叶3片，革质，长3～7cm，宽2～4cm，上面略具光泽，下面粉灰色。雌雄同株异花，总状花序腋生，长8～10cm，总梗细长；雌花紫红色，生于同一花序下部，有花1～3朵；雄花生于花序上部，淡紫色较小，约有20朵。果实肉质，浆果状，长圆筒形，长约8cm，直径4cm左右，紫红色，果皮厚，果肉多汁。花期5～6月份，8～9月份成熟后沿腹缝线开裂。

(a)

(b)

图10-3 三叶木通

变种：白木通［*Akebia trifoliata*（Thunb.）Koidz. var. *australis*（Diels）］

本变种形态与三叶木通相近，但小叶全缘，质地较厚。

分布与习性：产于华北至长江流域各省。喜阴湿，较耐寒。常生长在低海拔山坡林下草丛中。在微酸、多腐殖质的黄壤中生长良好，也能适应中性土壤。茎蔓常匐地生长。

园林用途：三叶木通姿态虽不及木通雅丽，但叶形、叶色别有风趣，且耐阴湿环境。配植荫木下、岩石间或叠石洞壑之旁，叶蔓纷披，野趣盎然。

4.木通马兜铃

别名：关木通、东北木通、万年藤。

拉丁学名：*Aristolochia manshuriensis* Kom.

科属：马兜铃科，马兜铃属。

(a)

(b)

图10-4　木通马兜铃

形态特征：木质藤本（图10-4），长10m以上；嫩枝深紫色，密生白色长柔毛；茎皮灰色，老茎表面散生淡褐色长圆形皮孔。叶革质，心形或卵状心形，长15～29cm，宽13～28cm，边全缘，嫩叶上面疏生白色长柔毛，以后毛渐脱落，下面密被白色长柔毛，也渐脱落而变稀疏；花单朵，稀两朵聚生于叶腋；花梗长1.5～3cm，常向下弯垂，初被白色长柔毛，以后无毛，中部具心形小苞片；花被管中部马蹄形弯曲，下部管状，长5～7cm，直径1.5～2.5cm，弯曲之处至檐部与下部近相等，外面粉红色，具绿色纵脉纹；檐部圆盘状，边缘浅3裂，子房圆柱形，具6棱，顶端3裂。蒴果长圆柱形，暗褐色，有6棱，长9～11cm，直径3～4cm，成熟时6瓣开裂；种子三角状心形，长宽均6～7mm，干时灰褐色，背面平凸状，具小疣点。花期6～7月份，果期8～9月份。

分布与习性：产于东北、华北。生于海拔100～2200m阴湿的阔叶和针叶混交林中。朝鲜北部和俄罗斯有分布。喜阴湿，较耐寒。

园林用途：本种的茎中药材名称为木通，性寒、味苦，有清热、利尿之功效。

5. 大血藤

别名：血藤、红皮藤、大活血。

拉丁学名：*Sargentodoxa cuneata* (Oliv.) Rehd. et Wils.

科属：木通科，大血藤属。

形态特征：落叶木质藤本（图10-5），长可达10m。藤径粗达9cm，全株无毛；当年枝条暗红色，老树皮有时纵裂。3出复叶，或兼具单叶，小叶革质，顶生小叶近棱状倒卵圆形，长4～12.5cm，宽3～9cm，全缘，侧生小叶斜卵形。总状花序长6～12cm，雄花与雌花同序或异序，雄花生于基部；雌蕊多数，螺旋状生于卵状突起的花托上。果为由多数浆果组成的聚合果，肉质，有柄，生于球形花托上，每一浆果近球形，直径约1cm，成熟时黑蓝色。种子卵球形，长约5mm，黑色，光亮。花期4～5月份，果期6～9月份。

(a)

(b)

(c)

图10-5　大血藤

分布与习性：分布于河南、安徽、江苏、浙江、江西、湖南、湖北、四川、广西、云南东南部。在自然界常生于海拔较高的阳坡疏林中。

园林用途：可引入园林作荫棚树种。

6. 五味子

别名：北五味子、山花椒、乌梅子。

拉丁学名：*Schisandra chinensis*

科属：木兰科，五味子属。

形态特征：落叶木质藤本（图10-6），高达8m，最高可达15m。老藤皮暗褐色，幼茎紫红色或淡黄色，密布圆形凸出的皮孔，茎柔软坚韧，右旋缠绕。具地下匍匐茎。单叶互生，倒卵形或椭圆形，长5～9cm，宽2.5cm，先端锐尖，基部楔形，叶缘有具腺点的疏细齿。叶面绿色，有光泽，叶背淡绿色，沿脉有疏毛，叶柄长2～3cm。芽为单芽或混合芽，混合芽内着2～3朵花，也有4～5朵花，花单性，多雌雄同株，罕异株，花被6～9，乳白色，雄蕊5～6，长约2mm，雌蕊的心皮离生，集合排在凸起的花托上。果为聚合浆果，近球形，成熟时为艳红色，径约1cm，有1～2粒种子，肾形，淡橘黄色，表面光滑。花期5～6月份，果期8～9月份。

(a)

(b)

(c)

图10-6 五味子

分布与习性：产自中国东北、华北及湖北、湖南、江西、四川等地；朝鲜、日本、俄罗斯也有分布。在自然界常缠绕他树生长，多生于山之阴坡。喜光，耐半阴，耐寒性强，喜适当湿润而排水良好的土壤。

园林用途：因果实成串，鲜红而美丽，故可作庭园观果树种，也可盆栽供观赏。

7.藤本月季

别名：藤蔓月季、爬藤月季、爬蔓月季。

拉丁学名：Morden cvs.of Chlimbers and Ramblers.

科属：蔷薇科，蔷薇属。

形态特征：藤本月季为落叶灌木（图10-7），呈藤状或蔓状，姿态各异，可塑性强，短茎的品种枝长只有1m，长茎的达5m，少数品种可达10m以上。其茎上有疏密不同的尖刺，形态有直刺、斜刺、弯刺、钩形刺，依品种而异。花单生、聚生或簇生，花茎2.5～14cm，花色有红、粉、黄、白、橙、紫、镶边色、原色、表背双色等，十分丰富，花型有杯状、球状、盘状、高

(a)

(b)

(c)

图10-7 藤本月季

芯等。

品种：依开花习性分一季性开花和经常开花两大类。

（1）一季开花系　19世纪初由我国月季、香水月季、杂种长春月季及杂种香水月季相互杂交经选育而成。

（2）经常开花系

① 藤本杂种香水月季　包括少量藤本杂种春月季在内，本品系是由相应的杂种香水月季与杂种长春月季的芽变种。著名蔓性品种有："藤和平"为"和平"的芽变种，"藤墨红"为"墨红"的芽变种，"藤十全十美"为"十全十美"的芽变种，"藤彩云"为"彩云"的芽变种，"华夏"为"萨曼莎"的芽变种，"坤藤"为"坤特利"的芽变种等。

② 藤本丰(多)花月季　此品系的著名品种有"藤勇士"、"安吉拉"、"花仙"、"欢腾"、"卧龙"、"奇境"、"红卧龙"等。

③ 藤本壮(大)花月季　由大花月季系芽变而来，有"藤伊莉莎白女皇"、"西方大地"、"多特蒙德"、"橘红火焰"等。

④ 大花型藤本月季　由杂交长春月季和杂种香水月季杂交或由光叶蔷薇和杂种香水月季杂交而得，属于较新的品系。属这一品系的品种有"光普"、"读书台"、"大游行"、"兰月亮"、"德国金星"、"娱乐场"、"白河"等。

⑤ 耐寒藤本月季　为我国光叶蔷薇与美国耐寒月季的杂交种。著名品种为"花旗藤"("大花七姐妹")，耐寒品种还有"莫扎特"、"御用马车"、"嫦娥奔月"、"夏令营"等。

⑥ 藤本微型月季　由微型月季系芽变而来。属此品系的品种有"溪水"、"藤彩虹"、"藤梅郎荻娜"、"银河"、"金色阳光"、"藤红宝石"、"藤紫色时代"、"藤草裙舞女"、"甜梦"等。

分布与习性：原种主产于北半球温带、亚热带，我国为原种分布中心。现代杂交种类广布欧洲、美洲、亚洲、大洋洲，尤以西欧、北美和东亚为多。我国各地多栽培，以河南南阳最为集中，耐寒（比原种稍弱）。喜光，喜肥，要求土壤排水良好。

园林用途：藤本月季花多色艳，全身开花、花头众多，甚为壮观。园林中多将之攀附于各式通风良好的架、廊之上，可形成花球、花柱、花墙、花海、拱门形、走廊形等景观。

8. 紫藤

别名：藤萝、朱藤。

拉丁学名：*Wisteria sinensis* Sweet.

科属：豆科，紫藤属。

形态特征：落叶攀援缠绕性大藤本植物（图10-8），干皮深灰色，不裂。嫩枝暗黄绿色，密被柔毛，冬芽扁卵形，密被柔毛。一回奇数羽状复叶互生，小叶对生，有小叶7～13枚，卵状椭圆形，先端长渐尖或突尖，叶表无毛或稍有毛，叶背具疏毛或近无毛，小叶柄被疏毛，侧生总状花序，长达15～25cm，呈下垂状，总花梗、小花梗及花萼密被柔毛，花紫色或深紫色。荚果扁圆条形，长达10～25cm，密被黄色绒毛，种子扁球形、黑色。花期4～5月份，果熟8～9月份。

产地与习性：原产我国，朝鲜、日本也有分布。我国华北地区多有分布，以河北、河南、山西、山东最为常见。适应性强，较耐寒，能耐水湿及瘠薄土壤，喜光，较耐阴。主根深，侧根浅，不耐移栽。生长较快，寿命很长。

园林用途：春季紫花烂漫，别有情趣，适栽于湖畔、池边、假山、石坊等处，具独特风格，盆景也常用，是优良的观花藤本植物。

(a)

(b)

(c)

图10-8 紫藤

9.南蛇藤

别名：过山枫、挂廓鞭、香龙草。

拉丁学名：*Celastrus orbiculatus* Thunb.

科属：卫矛科，南蛇藤属。

形态特征：落叶藤本（图10-9）。长达12m，小枝圆，无毛。单叶互生，叶通常阔倒卵形，近圆形或长方椭圆形，长5～13cm，宽3～9cm，先端圆阔，具有小尖头或短渐尖，基部阔楔形到近钝圆形，边缘具锯齿，两面光滑无毛或叶背脉上具稀疏短柔毛。聚伞花序腋生，间有顶生，花序长1～3cm，小花1～3朵。蒴果近球状，橙黄色，直径8～10mm；种子椭圆状稍扁，长4～5mm，直径2.5～3mm，赤褐色。花期5～6月份，果期7～10月份。

(a)

(b)

(c)

图10-9 南蛇藤

分布与习性：分布于我国东北、华北、西北、华东、华中、华南、西南等地，俄罗斯、朝鲜、日本也有分布。一般多野生于山地沟谷及林缘灌木丛中。垂直分布可达海拔1500m。性喜阳耐阴，分布广，抗寒耐旱，对土壤要求不严。

园林用途：南蛇藤秋季叶片经霜变红或变黄时，美丽壮观；果成熟时累累硕果，竞相开裂，露出鲜红色的假种皮，宛如颗颗宝石；作为攀援绿化材料，若剪取成熟果枝瓶插，装点居室，也能令满室生辉。

10.爬行卫矛

别名：小叶扶芳藤。

拉丁学名：*Euonymus fortunei* Hand.-Mazz. var. *radicans* Rehd.

科属：卫矛科，卫矛属。

形态特征：常绿藤本（图10-10）。茎匍匐或攀援，长可达10m。枝密生小瘤状突起，并能随处生多数细根。叶革质，长卵形至椭圆状倒卵形，长2～7cm，缘有钝齿，基部广楔形，表面通常浓绿色，背面脉不明显；叶柄长约5mm。聚伞花序分枝端有多数短梗花组成的球状小聚伞；花绿白色，径约4mm，4数。蒴果近球形。种子外被橘红色假种皮。花期6～7月份，果期9～10月份。

(a)

(b)

(c)

图10-10　爬行卫矛

分布与习性：分布于中国华北、华东、中南、西南各地。喜温暖湿润，较耐寒，耐阴，不喜阳光直射。

园林用途：爬行卫矛抗性强，且寿命长，繁殖容易，是地面覆盖的优良植物。

11.葡萄

拉丁学名：*Vitis vinifera* L.

科属：葡萄科，葡萄属。

形态特征：木质藤本（图10-11）；树皮成片状剥落；幼枝有毛或无毛；卷须分枝。叶圆卵形，宽7～15cm，三裂至中部附近，基部心形，边缘有粗齿，两面无毛或下面有短柔毛；叶柄长4～8cm。圆锥花序与叶对生；花杂性异株，花形小，淡黄绿色；花萼盘形；花瓣5，长约2mm，上部合生呈帽状，早落；雄蕊5；花盘由5腺体组成；子房两室，每室有两胚珠。浆果椭圆状球形或球形，有白粉。

(a)

(b)

(c)

图10-11　葡萄

分布与习性：原产亚洲西部。现我国辽宁中部以南各地均有栽培。性喜光，喜干燥及夏季高温的大陆性气候，耐干旱，怕涝，深根性，生长快，结果早，寿命较长。

园林用途：葡萄是很好的园林棚架植物，既可观赏、遮阴，又可结合果实生产。庭院、公园、疗养院及居民区均可栽植，但最好选用栽培管理较粗放的品种。

12.山葡萄

别名：野葡萄。

拉丁学名：*Vitis amurensis* Rupr.

科属：葡萄科，葡萄属。

形态特征：落叶藤本（图10-12）。藤可长达15m以上，树皮暗褐色或红褐色，藤匍匐或攀援于其他树木上。卷须顶端与叶对生。单叶互生、深绿色、宽卵形，秋季叶常变红。圆锥花序与叶对生，花小而多、黄绿色。雌雄异株。果为圆球形浆果，黑紫色带蓝白色果霜。花期5～6月份，果期8～9月份。

(a)

(b)

(c)

图10-12　山葡萄

分布与习性：原产中国东北、华北及朝鲜、俄罗斯远东地区。中国主要分布于黑龙江、吉林、辽宁、内蒙古等地，生长于海拔200～1200m的地区，多生在山坡、沟谷林中及灌丛中。山葡萄适应性强，耐寒，喜湿润腐殖土，抗病性强，易于管理。

园林用途：果熟季节，串串晶莹的紫葡萄掩映在红艳可爱的秋叶之中，甚为迷人。山葡萄含丰富的蛋白质、碳水化合物、矿物质和多种维生素，生食味酸甜可口，富含浆汁，是美味的山间野果。山葡萄是酿造葡萄酒的原料。

13.蛇白蔹

别名：山胡烂、见毒消、蛇葡萄。

拉丁学名：*Ampelopsis brevipedunculata*（Maxim.）Trautv.

科属：葡萄科，蛇葡萄属。

形态特征：落叶木质藤本（图10-13）。枝条粗壮，具皮孔；幼枝有毛；卷须分叉。单叶互生；叶柄长3～7cm，有毛或无毛；叶片纸质，宽卵形，长宽各6～12cm，先端渐尖，常3浅裂、稀不裂，基部心形，边缘有较粗大的圆钝锯齿，上面深绿色，无毛或有细毛，下面淡绿色，疏生短柔毛或变无毛。花两性，聚伞花序与叶对生或顶生，花序梗长2～3.5cm；花黄绿色；萼片5，稍裂开；花瓣5，镊合状排列，卵状三角形，长约2.5mm；雄蕊5；花盘杯状；子房上位，两室，花柱短细，圆柱状。浆果近圆球形，径6～8mm，成熟时鲜蓝色。花期4～8月份，果期7～11月份。

(a)

(b)

图10-13　蛇白蔹

分布与习性：产于亚洲东部及北部，中国自东北经河北、山东到长江流域、华南等地均有分布。生于山坡、路旁、沟边灌木丛中。性强健，耐寒。

园林用途：在园林绿地及风景区可用作棚架绿化材料，颇具野趣。

14.白蔹

别名：山地瓜、野红薯、山葡萄秧。

拉丁学名：*Ampelopsis japonica* (Thunb.) Makino.

科属：葡萄科，蛇葡萄属。

形态特征：落叶木质藤本（图10-14），长约1m。块根粗壮，肉质，数个相聚。茎多分枝，幼枝带淡紫色，光滑，有细条纹；卷须与叶对生。掌状复叶互生；小叶3～5，裂片卵形至椭圆状卵形或卵状披针形，边缘有深锯齿或缺刻，中间裂片最长，中轴有闲翅，裂片基部有关节，两面无毛。聚伞花序小，与叶对生，花序梗长3～8cm，细长，常缠绕；花小，黄绿色；花萼5浅裂；花瓣、雄蕊各5。浆果球形，径约6mm，熟时白色或蓝色，有针孔状凹点。花期5～6月份，果期9～10月份。

(a)

(b)

(c)

图10-14　白蔹

分布与习性：产自亚洲东部及北部，中国自东北经河北、山东到长江流域、华南均有分布。多生于山坡、路旁或林缘。性强健，耐寒。

园林用途：在园林绿地及风景区可用作棚架绿化材料，颇具野趣。

15.乌头叶蛇葡萄

别名：草葡萄、草白蔹。

拉丁学名：*Ampelopsis aconitifolia* Bunge.

科属：葡萄科，蛇葡萄属。

形态特征：落叶木质藤本（图10-15）。根外皮紫褐色、内皮淡粉红色，具黏性。茎圆柱形，具皮孔，髓白色，幼枝被黄绒毛，卷须与叶对生。叶互生，广卵形，3～5掌状复叶；小叶片全部羽裂或不裂，披针形或菱状披针形，边缘有大圆钝锯齿，无毛，或幼叶下面脉上稍有毛：叶柄较叶短。聚伞花序与叶对生，总花柄较叶柄长；花小，黄绿色；花萼不分裂；花瓣5；花盘边平截；雄蕊5；子房两室，花柱细。浆果近球形，直径约6mm，成熟时橙黄色。花期4～6月份，果期7～10月份。

(a)

(b)

图10-15　乌头叶蛇葡萄

分布与习性：分布于内蒙古、陕西、甘肃、宁夏、河南、山东、河北、山西等地。多生于路边、沟边、山坡林下灌丛中、山坡石砾地及沙质地，耐阴，抗寒，喜肥沃而疏松的土壤。

园林用途：多用于篱垣、林缘地带，还可以作棚架绿化。

16.爬山虎

别名：爬墙虎、地锦。

拉丁学名：*Parthenocissus tricuspidata*

科属：葡萄科，爬山虎属。

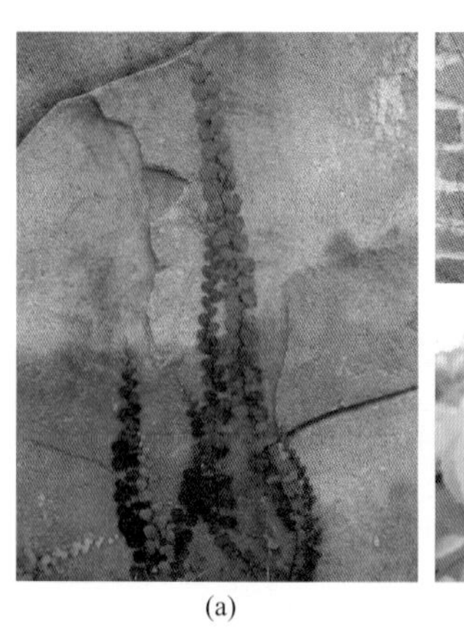
(a)

(b)

(c)

图10-16　爬山虎

形态特征：落叶木质藤本植物（图10-16）。藤茎可长达18m。树皮有皮孔，髓白色。枝条粗壮，老枝灰褐色，幼枝紫红色。枝具卷须，与叶对生，多分枝，先端具黏性吸盘，吸附他物。叶宽卵形或3裂，缘有粗锯齿，基部心形，秋季变为鲜红色。花多为两性，雌雄同株，聚伞花序，长4～8cm，较叶柄短；花5数；萼全缘；花瓣顶端反折。浆果球形，熟时蓝黑色，被白粉。花期6月份，果期9～10月份。

分布与习性：原产于亚洲东部、喜马拉雅山区及北美洲，我国各地广泛栽培。适应性强，喜阴湿环境，不怕强光，耐寒，耐旱，耐修剪，怕积水，对土壤要求不严，对SO_2等有害气体有较强的抗性。

园林用途：能借助吸盘爬上墙壁或山石，枝繁叶茂，层层密布，入秋叶色变红，格外美观。夏季对墙体的降温效果显著。常用作垂直绿化材料。

17.五叶地锦

别名：五叶爬山虎、美国地锦。

拉丁学名：*Parthenocissus quinquefolia* Planch.

科属：葡萄科，爬山虎属。

形态特征：落叶木质藤本（图10-17）。老枝灰褐色，幼枝紫红色，髓白色。卷须与叶对生，顶端吸盘大。掌状复叶，具五小叶，小叶长椭圆形至倒长卵形，先端尖，基部楔形，缘具大齿牙，叶面暗绿色，叶背稍具白粉并有毛。7～8月份开花，聚伞花序集成圆锥状。浆果球形，蓝黑色，被白粉。花期6月份，果期10月份。

(a)

(b)

(c)

图10-17　五叶地锦

分布与习性：分布于北美和亚洲。喜阴湿环境，耐寒，耐旱，怕涝，耐修剪，对土壤要求不严，气候适应性广泛。

园林用途：蔓茎纵横，密布气根，翠叶遍盖如屏，秋后入冬，叶色变红或黄，十分艳丽，是垂直绿化主要树种之一。

18.猕猴桃

别名：猕猴梨、藤梨、羊桃。

拉丁学名：*Actinidia chinensis*

科属：猕猴桃科，猕猴桃属。

形态特征：落叶缠绕藤本（图10-18）。小枝幼时密生灰棕色柔毛，老时渐脱落；髓大，白色，片状。叶纸质，圆形、卵圆形或倒卵形，长5～17cm，顶端突尖、微凹或平截，缘有刺毛状细齿，表面仅脉上有疏毛，背面密生灰棕色星状绒毛。雌雄异株，花单生或数朵生于叶腋。萼片5，有淡棕色柔毛；花瓣5～6，有短爪；雄蕊多数，花药黄色；花柱丝状，多数。浆果卵形或长圆形，横径约3cm，密被黄棕色有分枝的长柔毛。花期5～6月份，果熟期8～10月份。

(a)

(b)

(c)

图10-18　猕猴桃

分布与习性：广布于长江流域及其以南各省区，北至陕西、河南等省也有分布。喜光，略耐阴；喜温暖气候，也有一定的耐寒能力，喜深厚、肥沃、湿润而排水良好的土壤。

园林用途：本种花大、美丽，又有芳香，是良好的棚架材料，既可观赏又有经济效益，最适合在自然式公园中配置应用。

19. 软枣猕猴桃

别名：猕猴梨、软枣子。

拉丁学名：*Actinidia arguta* (Sieb. et Zucc.) Planch.

科属：猕猴桃科，猕猴桃属。

形态特征：落叶大藤本（图10-19），长达30m。皮淡灰褐色，片裂，具长圆状浅色皮孔。叶革质或纸质，卵圆形、椭圆形或长圆形，长5～6cm，宽3～10cm，边缘有锐锯齿。腋生聚伞花序，花3～6朵，直径1.2～2cm；萼片5；花瓣5，白色，倒卵圆形；雄蕊多数。浆果球形至长圆形，两端稍扁平，顶端有钝短尾状喙。花期6～7月份，果期8～9月份。

(a)

(b)

(c)

图10-19　软枣猕猴桃

分布与习性：分布于我国黑龙江、吉林、山东及华北、西北以及长江流域各省区，朝鲜、日本、俄罗斯也有分布。生于阔叶林或针阔混交林中。喜凉爽、湿润的气候，或山沟溪流旁，多攀援在阔叶树上，枝蔓多集中分布于树冠上部。

园林用途：是优良的耐寒藤架和垂直绿化树种，常栽于庭院、门前、路边、墙壁和楼台上。

20. 葛枣猕猴桃

别名：天木蓼。

拉丁学名：*Actinidia polygama*（Sieb. et Zucc.）Miq.

科属：猕猴桃科，猕猴桃属。

形态特征：落叶藤本（图10-20），长达8m。嫩枝稍有柔毛；髓实心，白色。叶广卵形至卵状椭圆形，长8～14cm，叶端渐尖，叶基圆形、广楔形或近心形，叶缘有细锯齿，背脉有疏毛；部分叶的上部或几乎全部变成银白色或黄色。花1～3朵腋生，白色，径1.5～2cm，花药黄色，子房瓶状，无毛。果黄色，卵圆形，长2～3cm，有尖头。花期7月份，果9月份成熟。

(a) (b) (c)

图10-20 葛枣猕猴桃

分布与习性：产于中国东北、西北及山东、湖北、四川、云南等地。朝鲜、日本、俄罗斯也有分布。生于山地林中。耐寒性强。

园林用途：部分叶呈银白色，可供观赏，可植于园林之中攀附树木或山坡岩石；或作棚架植物。

21. 杠柳

别名：羊奶子、北五加皮、羊角桃。

拉丁学名：*Periploca sepium* Bunge

科属：萝藦科，杠柳属。

形态特征：蔓性藤本（图10-21），长达1m，除花外全株无毛，体内具白色乳汁。叶对生，革质，披针形或矩圆状披针形，长5～8cm，宽1～2.5cm，先端长渐尖，基部楔形，全缘。二歧聚伞花序腋生，有花数朵，花直径1.5～2cm；花萼5裂，裂片卵圆形，边缘膜质；花冠辐状，紫红色，5裂，裂片矩圆形，长约7mm，中央加厚部分纺锤形，里面被长柔毛；副花冠环状，10裂，其中5裂延伸呈丝状，顶端弯钩状，被柔毛；雄蕊5，着生在副花冠里面，花药粘连包围柱头。蓇葖果双生，长圆柱形，长8～11cm，两端渐细尖；种子多数，顶端具种毛。花期6～7月份，果期8～9月份。

(a)

(b)

(c)

图10-21 杠柳

分布与习性：分布在西北、东北、华北地区及河南、四川、江苏等省区。生于黄土丘陵、固定或半固定沙丘。喜光、耐旱、耐寒、耐盐碱。根蘖性强，具有广泛的适应性。

园林用途：具有一定的观赏效果，宜作污地遮掩树种。

22. 凌霄

别名：紫葳、女藏花、中国凌霄。

拉丁学名：*Campsis grandiflora* (Thunb.) Loisel.

科属：紫葳科，凌霄属。

形态特征：落叶藤本（图10-22），长可达10m。树皮灰褐色，呈细条状纵裂；小枝紫褐色。羽状复叶对生；小叶7～9，卵形至卵状披针形，长3～7cm，宽1.5～3cm，先端长尖，基部不对称，两面无毛，边缘疏生7～8锯齿，两小叶间有淡黄色柔毛。花橙红色，由3出聚伞花序集成稀疏顶生圆锥花丛；花萼钟形，质较薄，绿色，有10条突起纵脉，5裂至中部，萼齿披针形；花冠漏斗状，直径约7cm。蒴果长如豆荚，顶端钝。种子多数。花期6～8月份，果期11月份。

(a)

(b)

(c)

图10-22　凌霄

分布与习性：原产中国华东、华中、华南等地；日本也有栽培。喜光而稍耐阴，幼苗宜稍庇荫；喜温暖湿润，耐寒性较差，耐旱忌积水，喜微酸性、中性土壤。萌蘖力、萌芽力强。

园林用途：凌霄干枝虬曲多姿，翠叶团团如盖，入夏后朵朵红花缀于绿叶中次第开放，十分美丽，可植于假山等处，也是廊架绿化的上好植物。

23. 美国凌霄

别名：美洲凌霄、洋凌霄。

拉丁学名：*Campsis radicans* (L.) Seem.

科属：紫葳科，凌霄属。

形态特征：落叶藤本（图10-23），长可达10m。小叶9～13，椭圆形至卵圆形，长3～6cm，叶轴及叶背均生短柔毛，缘疏生4～5粗锯齿。花数朵集生成短圆锥花序；萼片裂较浅，深约1/3；花冠筒状漏斗形，较凌霄为小，径约4cm，通常外面橘黄色，裂片鲜红色。蒴果筒状长圆形，先端尖。花期6～8月份，果期9～10月份。

(a)

(b)

(c)

图10-23　美国凌霄

分布与习性：原产美国，中国各地引入栽培。喜光，稍耐阴，耐寒力较强，北京可露地越冬，耐干旱，也耐水湿，对土壤要求不严，深根性，萌蘖力、萌芽力强。

园林用途：美国凌霄枝叶繁茂，花色鲜艳，花形美丽，可定植在花架、花廊、假山、枯树或墙垣边，任其攀附。在园林中甚受人们喜爱。

24. 金银花

别名：忍冬、金银藤。

拉丁学名：*Lonicera japonica* Thunb.

科属：忍冬科，忍冬属。

形态特征：半常绿藤本（图10-24）；幼枝红褐色，密被黄褐色毛。叶纸质，卵形至矩圆状卵形，极少有1至数个钝缺刻，长3～8cm，顶端尖或渐尖，基部圆形或近心形，上面深绿色，下面淡绿色。花成对腋生，苞片叶状；萼筒无毛，花冠二唇形，上唇4裂而直立，下唇反转，花冠筒与裂片等长，花初开为白色略带紫晕，后变黄色，芳香。浆果球形，直径6～7mm，两个离生，熟时蓝黑色，有光泽；种子卵圆形或椭圆形，褐色，长约3mm，中部有1凸起的脊，两侧有浅的横沟纹。花期4～6月份，果熟期10～11月份。

(a)

(b)

(c)

图10-24 金银花

分布与习性：原产我国，分布各省。生于山坡灌丛或疏林中、乱石堆、山脚路旁及村庄篱笆边，海拔最高达1500m。适应性很强，喜阳、耐阴，耐寒性强，也耐干旱和水湿，对土壤要求不严。根系繁密发达，萌蘖性强，茎蔓着地即能生根。

园林用途：金银花植株轻盈，藤蔓缭绕，冬叶微红，花先白后黄，富含清香，是色香俱全的藤本植物，可布置庭园、屋顶花园，制作桩景。

25. 贯月忍冬

别名：贯叶忍冬、穿叶忍冬。

拉丁学名：*Lonicera sempervirens* Linn.

科属：忍冬科，忍冬属。

形态特征：常绿藤本，全体近无毛；幼枝、花序梗和萼筒常有白粉。叶宽椭圆形、卵形至矩圆形，长3～7cm，顶端钝或圆而常具短尖头，基部通常楔形，下面粉白色，有时被短柔伏毛，小枝顶端的1～2对基部相连成盘状；叶柄短或几乎不存在。花轮生，每轮通常6朵，2至数轮组成顶生穗状花序；花冠近整齐，细长漏斗形，外面橘红色，内面黄色，长3.5～5cm，筒细，中部向上逐渐扩张，中部以下一侧略肿大，长为裂片的5～6倍，裂片直立，卵形，近等大；雄蕊和花柱稍伸出，花药远比花丝短。果实红色，直径约6mm。花期4～8月份（见图10-25）。

图10-25 贯叶忍冬

分布与习性：原产北美洲。我国上海、杭州等城市常有栽植。喜光，不耐寒，适宜排水良好、湿润、肥沃、疏松土壤。

园林用途：花开红色，十分美丽，可用作棚架、花廊等垂直绿化。

项目测评

为实现本项目目标，要求学生完成表10-2中的作业，并为老师提供充分的评价依据。

表10-2　园林藤木识别与应用项目作业测评标准

任务	合格标准（P）=$\sum P_n$		良好标准（M）=合格标准+$\sum M_n$		优秀标准（D）=良好标准+$\sum D_n$	
任务一	P_1	调查当地藤木种类，并总结冬季和生长季识别要点	M_1	图示并总结20种藤木识别要点	D_1	调查当地垂直绿化类型及树种应用特点
	P_2	能够熟练识别5种藤木				

课外研究

园林彩叶树种

彩叶树种是指叶片呈现出异于绿色的不同色彩而具有较高观赏价值的树种。从园林应用的角度，根据叶色变化的特点，可以将彩叶树种分为春色叶树种、秋色叶树种和常色叶树种三类。春色叶树种是指在春季新梢的叶片呈现彩色叶色的树种；秋色叶树种是指在秋季成熟叶片呈现彩色叶色的树种；常色叶树种是指整个生长期内都呈现彩色叶色的树种，即通常指的彩叶树种，根据其颜色不同，可分为：红色、黄色、紫色、蓝色、花色等。

1. 彩叶树种的成因

主要有三种，土壤微生物，不稳定，特定的微生物消失，彩化性状也消失；病毒，不稳定，特定病毒消失，彩化性状也消失；自身变异，具有稳定性，可通过无性繁殖遗传下来。

2. 常见彩叶树种

红色叶类有美国红栌、红叶臭椿、日本红枫、北美红枫、美国红栎等；黄色叶类有金叶国槐、金枝国槐、金叶小檗、金叶接骨木、金叶复叶槭、金叶女贞、金叶莸、金叶黄栌、金丝垂柳等；紫色等叶类有紫叶矮樱、紫叶小檗、科罗拉多蓝杉、花叶复叶槭、花叶红瑞木等。

3. 彩叶树种的应用原则

要符合彩叶植物的生物学特性。如紫叶小檗处于半阴或全阴的环境中，叶片失去彩叶效果。将彩叶植物与色彩反差较大的背景植物或建筑物进行搭配，才能获得最佳观赏效果。

植物与四周环境相协调。如建筑物前将彩叶植物修剪成圆形、直线形等造型。在大片草坪上，可铺设大面积色块或孤植较大规格的彩叶植物。

附 录 某园林集团绿化养护操作细则

第一章 总则

第一条 园林机械及物料类必须安排专人管理。

第二条 操作者必须是经过养护组负责人培训合格的人员，穿戴好工作服和劳保用品，如防护眼镜、手套、工作鞋等。

第三条 绿化养护工负责此操作细则具体的执行。

第二章 苗木修剪

修剪原则：草坪、地被及灌木，雨水天气及有露水时不宜进行修剪。

第四条 草坪修剪

1.草坪修剪根据当地气候、草坪品种，合理选择修剪次数，修剪时应遵循1/3原则（总高度1/3）。草坪修剪要方向一致，根据现场地形走向进行修剪，每次修剪时选择不同走向，避免草坪长势偏向一侧。

2.修剪草坪前清除草地上的石块、枯枝等杂物。

3.若草过长应分次剪短，不允许超负荷运作。

4.草坪修边后高度与大面积修剪后的草坪高度一致。

5.修剪后草坪上的其他植物无机械损伤、无破坏造型苗木。

6.无特殊情况，同一块草坪应在同一时间剪完，以免生长不均。

7.重要接待、大型活动、节假日及每日的8：00以前19：00后禁止修剪。

8.草坪修剪完后养护负责人对修剪效果进行检查，检查标准如下：

草坪修剪后高度一致，花纹美观，无漏剪，修剪后草坪上无明显的草屑、杂物等。

第五条 乔木修剪

1.棕榈科植物老化枝叶枯黄面积达2/3时需剪除，其叶壳在底部开裂达1/3以上时应剥除，修剪时应严格保护主干顶芽不受损伤。

2.乔木修剪应两个人以上配合，用人字梯及高枝剪、高枝锯进行，原则上不得爬树修剪，如确需爬树修剪时一定要系好安全带后方可操作。

3.对由于受意外伤害折断而枯黄的枝叶应及时清剪，对消耗树体过多水分及养分的果实应摘除。

4.每年12月至次年2月应对乔木修剪，剪除徒长枝、树身的萌蘖枝、并生枝、下垂枝、病虫枝、交叉枝、扭伤枝、枯枝、烂头等，并对树冠适当整形保持形状，对造型树木应每两个月修剪一次外形，以保持形状。

5.修剪工不得擅自改变原植株的造型，不得擅自截剪直径5cm以上的枝条。

6. 山体斜坡及池边的乔木养护操作应注意安全，戴好有关安全设备。

7. 剪下的枝叶应及时清除运走。

8. 乔木修剪完后养护负责人对修剪效果进行检查，检查标准如下：

（1）修剪整形应达到均衡树势、完整枝冠和促进生长的要求。

（2）乔木修剪后树冠完整美观，主侧枝分布均匀、数量适宜，内膛不乱，通风透光较好，无2cm以上的枯枝、折断枝、修剪后的废留枝。

（3）乔木修剪截口与枝位平齐，直径2～3cm以上的截口先用伤口涂抹剂处理后封蜡或涂抹油漆，防止伤口腐烂。

第六条　灌木修剪

1. 3～5月每月修剪一次，6～11月每月修剪2次，12～2月共修剪1～2次；北方12～3月越冬期禁止修剪，实际情况按当地气候、苗木生长状况掌握修剪次数。

2. 边修剪边清理干净修剪后的枝叶。

3. 修剪后的灌木应平整，基本无漏剪，撕裂率小于10%。

4. 灌木修剪完后养护负责人对修剪效果进行检查，检查标准如下：

（1）修剪工必须按规定的造型进行修剪，不允许随意改动造型。

（2）小叶灌木用大号枝剪修剪，大叶灌木（非洲茉莉、鸭脚木、大叶伞及变叶木等）要用小号枝剪修剪。

（3）同一棵灌木应在当天工作日内修剪完毕，以免影响美观。

（4）灌木修剪后保持树冠丰满，造型美观，生长枝不超过5cm。

（5）修剪后灌木没有明显的枯枝、折断枝、修剪后的废留枝。

第七条　地被修剪

1. 3～5月每月修剪一次，6～11月每月修剪2次，12～2月共修剪1～2次；北方12～3月越冬期禁止修剪，实际情况按当地气候、苗木生长状况掌握修剪次数。

2. 以观花为主的地被，花期禁止修剪。

3. 地被、绿篱修剪完后养护负责人对修剪效果进行检查，检查标准如下：

（1）地被植物修剪后的生长枝控制在5cm以下。

（2）地被植物修剪后顶面平整、线条美观、造型饱满，不同地被植物交界处，线条分明，间隙为不露土。

（3）地被植物上不能存在枯枝落叶、残留修剪枝条等杂物。

（4）修剪工必须按规定的造型进行修剪，不允许随意改变造型。

第三章　绿化浇灌类

浇灌原则：

1. 浇水时要以喷洒形式浇灌，水流不能过急，以免造成对苗木破坏。

2. 苗木浇水要均匀、无遗漏，无大面积积水。

3. 浇水人员在浇水中，如有行人、车辆路过应避让，以免打湿行人衣服、车辆压坏水管。

4. 浇灌完后水管应整齐有序地排好，水管中无积水。

第八条　草坪的浇灌

1. 3～5月每周浇2～4次水，6～11月每天浇水一次，11：00～15：00高温期禁浇水，12～2月每周浇2～3次水，每天11：00～15：00进行浇水。北方在12月初或寒流来临前，必须浇透一次过冬水后，至来年的2月之前停止浇水。实际浇水根据地域、土壤、天气、苗木生长习性等综合因素确定浇水时间及次数。

2. 根据草坪土壤湿度进行浇水，浇灌必须浇透根系层10～15cm，但不允许地面积水。

3.养护工浇灌后养护负责人对浇灌效果进行检查，检查标准如下：

草坪浇水后无遗漏，无大面积积水，无冲毁草坪现象等。

第九条　乔木浇灌

1.新种乔木在3个月内按季节，每天树干及叶片喷水，12～2月每天喷水1次；3～5月每天喷水2次，6～11月每天喷水2～3次。

2.乔木在12～4月每周灌水1～2次；在5～11月每周灌水3～5次，每次浇灌要一次性灌透。北方在12月初或寒流来临前，必须浇透一次过冬水后，至来年的2月之前停止浇水。实际浇水根据地域、土壤、天气、苗木生长习性等综合因素确定浇水时间及次数。

3.在12～4月低温浇水在9：00～16：00进行，5～11月高温期在10：00以前或16：00以后进行浇水。

4.暴雨后一天内，树木周围仍有积水，应予排除，对于低洼地可采取打透气孔的方式排水。

5.养护工浇灌后养护负责人对浇灌效果进行检查，检查标准如下：

浇水后无遗漏，无大面积积水。

第十条　灌木浇水

1.3～5月每周浇水3～4次；6～11月每天浇水1次，10：00以前或16：00以后，高温期忌浇水；12～2月每周浇水2～3次，每天10：00～15：00浇水。北方在12月初或寒流来临前，必须浇透一次过冬水后，至来年的2月之前停止浇水。实际浇水根据地域、土壤、天气、苗木生长习性等综合因素确定浇水时间及次数。

2.根据土壤干湿度进行浇水，浇灌必须浇透根系层，但不允许积水造成苗木萎缩烂根。

3.浇灌时水管不能从灌木上拖拉及搁放，以免损坏灌木。

4.养护工浇灌后养护负责人对浇灌效果进行检查，检查标准如下：

浇水后无遗漏，无大面积积水，无冲毁灌木造型现象。

第十一条　地被植物浇灌

1.3～5月每周浇水3～4次；6～11月每天浇水1次，10：00以前16：00以后，高温期忌浇水；12～2月每周浇水2～3次，浇水时间为每天10：00～15：00。北方在12月初或寒流来临前，必须浇透一次过冬水后，至来年的2月之前停止浇水。实际浇水根据地域、土壤、天气、苗木生长习性等综合因素确定浇水时间及次数。

2.根据土壤干湿度进行浇水，浇灌必须浇透根系层，但不允许积水造成苗木萎缩烂根。

3.浇灌时水管不能从地被植物上拖拉及搁放，以免损坏地被。

4.养护工浇灌后养护负责人对浇灌效果进行检查，检查标准如下：

浇水后无遗漏，无大面积积水，无冲毁地被植物造型现象。

第十二条　花坛、花境浇灌

1.室外的盆栽时花夏秋季一般每天早晚各浇水一次，春冬季视天气情况每1～2天浇水一次。

2.室外种植的时花浇水视天气而定，以泥面不干裂、时花无缺水萎蔫现象为准。

3.时花摆放后期，若每盆时花内处于较佳观赏状态的花朵不超过最佳观赏期的1/3时应定为待换花。若花坛中待换花的比例超过1/2时要求全部更换。

4.养护工浇灌后养护负责人对浇灌效果进行检查，检查标准如下：

浇水后无遗漏，无积水，无冲毁时花植物花蕾、花朵现象。

第四章　绿化施肥类

施肥原则：施肥一般在修剪后一两天进行，一般不在修剪前和刚修剪完施肥。

第十三条　草坪施肥

1.在3月、4月、11月可施用长效有机肥，在5～10月生长季节期每月施速溶复合肥一次，每年草坪在越冬前几天需全面增施一次有机肥，可使草坪安全越冬，南方在12月、北方在11月进行。1月、2月生长缓慢期禁止施肥，草坪增绿剂和尿素只在重大节庆日和检查时才用于追绿，其他时间控制使用。

2.施肥时间应在15：00以后，并同时进行浇水以避免造成灼伤。

3.均匀施肥，避免草坪产生花斑或云斑。

4.复合肥每平方米的用量为25g。

5.禁止使用劣质及过期的肥料。

6.施肥人员施肥后养护负责人对施肥结果进行检查，检查标准如下：

（1）施肥方法为撒施及根外追肥。

（2）撒施均匀，施肥后草坪未产生花斑或云斑。

（3）草坪施肥合理，无肥害发生。

第十四条　乔木施肥

1.乔木在12～2月内可施有机肥一次，在3～11月生长期，每2个月施肥一次，北方12～2月禁止施肥；每年在越冬前几天需全面增施一次有机肥，可使乔木安全越冬，南方在12月、北方在11月进行。观花的乔木在花期前、花期后进行。

2.施用的肥料种类应视树种、生长期及观赏等不同要求而定，早期欲扩大冠幅，宜施氮肥；观花、观果树种应增施磷、钾肥；小区内乔木禁施用尿素等高氮速效肥。

3.乔木施肥时采用穴施或环施法，施肥结合中耕同时进行。

4.施完肥后马上浇水以溶解肥料。

5.施肥人员施肥后养护负责人对施肥结果进行检查，检查标准如下：

（1）乔木施肥时采用穴施或环施法，施肥结合中耕同时进行。

（2）施肥后浇水及时，枝叶根部有无肥害发生。

第十五条　灌木施肥

1.在3月、4月、11月、12月份可施1～2次长效有机肥；5～10月每月施一次复合肥，观花灌木花前增施磷、钾肥；1～2月生长缓慢期禁止施肥。每年在越冬前几天需全面增施一次有机肥，可使灌木安全越冬。

2.施肥时间应在15：00以后，并同时浇水以避免造成灼伤。

3.施肥人员施肥后养护负责人对施肥结果进行检查，检查标准如下：

施肥方法为穴施或环施，施肥要均匀适量，浇水及时，无烧苗现象。

第十六条　地被植物的施肥

1.在3月、4月、11月、12月份可施1～2次长效有机肥；5～10月每月施一次复合肥，观花地被花前增施磷、钾肥；1～2月生长缓慢期禁施肥。每年在越冬前几天需全面增施一次有机肥，可使苗木安全越冬。

2.施肥应在15：00以后进行，并同时浇水以避免造成灼伤。

3.施肥人员施肥后养护负责人对施肥结果进行检查，检查标准如下：

施肥方法为撒施，施肥要均匀适量，无苗木长势不均或参差不齐现象，浇水及时无烧苗现象。

第五章　病虫害防治

病虫害防治原则：

1.预防为主，综合防治。药剂应选用无公害、高效、低毒、无强刺激药剂。

2.在高温期、阴雨天气和大风天气，节假日及人流高峰期禁止喷施药剂。

3.每月喷一次广谱杀虫剂及杀菌剂。

4.施药前提前做好安全防范工作，喷药时应挂放明显的喷药警示标志。

5.应交替使用几种药物喷杀，避免重复同一种药导致病虫害产生抗药性。

6.喷药时要喷洒均匀，应注意喷植物的叶背及根茎部位，药剂浓度适当。

7.喷药时当打药桶内剩下少许农药应停止喷施，此时剩下农药浓度较大对植物易造成药害，需用水稀释后再喷施。

8.药剂喷施后对使用物品清洗干净及时归仓。

第十七条 草坪病虫害防治

1.对于草坪突发的病虫害应及时针对性地防治。草坪锈病用粉锈灵1200×液或福星1500×液等进行防治；草坪斑钱病用百菌清1000×液或甲基托布津1200×液等进行防治；蛴螬对草坪的危害用敌百虫1200×液、敌敌畏1000×或呋喃丹撒施进行防治；地螟对草坪的危害用青虫杀尽1000×液或菊酯1500×液进行防治。

2.刚修剪后的草坪及时喷施一次杀菌剂，防止病菌通过修剪口进行传播。

3.防治人员喷药后养护负责人对防治结果进行检查，检查标准如下：

（1）选用药品是否合理，配比浓度是否合理。喷洒要均匀适量，无药害现象。

（2）防治后各种病虫害是否有明显的控制效果。

第十八条 乔木病虫害防治

1.对突出性病虫害应及时针对性地喷洒农药，柱干害虫天牛选用40%氧化乐果800倍液、50%杀螟松乳油200～300倍液、20%灭蛀磷乳油200～400倍液在成虫产卵期及幼虫孵化期向树干喷药，每周一次，连续喷3～4次。3～4月在双条杉天牛成虫出孔期喷施20%康福多浓可溶剂6000倍液，或25%阿克泰颗粒剂4000倍液封杀成虫和卵，加入2/1000平平加（化工商品）渗透剂可提高防治效果。幼虫活动期间用40%氧化乐果乳油、50%久效磷乳油、蛀虫灵Ⅱ号、80%敌敌畏乳油5～10倍液由排粪孔注入，或用新型高压注射器向干内注射内吸性药剂（如氧化乐果、护树宝、果树宝等药剂），并用黄泥堵孔；或用磷化锌毒签插入并堵孔，均可取得较好的防效。地下害虫蝼蛄类常用的药液有50%辛硫磷1000倍液和20%甲基异硫磷2000倍液进行防治。地老虎选用90%敌百虫晶体1500倍液、50%敌敌畏乳油1000倍液、50%辛硫磷乳油1000倍液，每亩用药液50～60kg均匀喷洒。

2.防治人员喷药后养护负责人对防治结果进行检查，检查标准如下：

（1）选用药品是否合理，配比浓度是否合理。喷洒要均匀适量，无药害现象。

（2）无蛀干害虫、介壳虫等为害，食叶害虫咬食的叶片，每株在7%以下。

第十九条 灌木病虫害防治

1.对突发病虫害必须在两个工作日以内进行针对性治疗。炭疽病用0.5%硫粉剂或1200×百菌清进行防治；立枯病用1000×甲基托布津、1200×三唑酮进行防治；根腐病用1000×根腐灵、1000×代森锰钾进行防治；灰霉病用1000×卡霉通、1000×三唑酮进行防治；蚜虫用乐果1000×液、氯氰菊酯1200×液进行防治；青虫用1000×青虫尽杀、1200×万灵进行防治；红蜘蛛用三氯杀螨醇1000×、螨克1200×液进行防治。

2.防治人员喷药后养护负责人对防治结果进行检查，检查标准如下：

（1）选用药品是否合理，配比浓度是否合理。

（2）喷药后灌木病虫枝叶在8%以下。

（3）喷洒要均匀适量，无药害现象。

第二十条 地被植物的病虫害防治

1.刚修剪后的地被及时喷施一次杀菌剂，防止病菌通过修剪口进行传播。

2.对突发病虫害必须在两个工作日以内进行针对性治疗。炭疽病用0.5%硫分剂或1200×百菌清进行防治；立枯病用1000×甲基托布津、1200×三唑酮进行防治；根腐病用1000×根腐灵、1000×代森锰钾进行防治；灰霉病用1000×卡霉通、1000×三唑酮进行防治；蚜虫用乐果1000×液、氯氰菊酯1200×液进行防治；青虫用1000×青虫尽杀、1200×万灵进行防治；红蜘蛛用三氯杀螨醇1000×液、螨克1200×液进行防治。

3.防治人员喷药后养护负责人对防治结果进行检查，检查标准如下：

（1）选用药品是否合理，配比浓度是否合理。

（2）地被植物的虫口密度控制在6%以下。

（3）喷洒要均匀适量，无药害现象。

第二十一条　花坛花境病虫害防治

1.摆放的时花应每天巡查，发现病虫害应及时喷药，没有特别病虫害的时花要求每半月防治一次。

2.室内时花严禁用剧毒、强刺激性或污染时花叶片和花瓣的粉剂性农药。

3.防治人员喷药后养护负责人对防治结果进行检查，检查标准如下：

（1）选用药品是否合理，配比浓度是否合理。

（2）喷洒要均匀适量，无药害现象。

（3）无明显病虫害，大叶时花叶面无虫口。

第六章　绿化中耕松土、除杂草类

第二十二条　草坪中耕松土、除杂草

1.草坪在建植2～3年后长势逐步衰减，应每年打孔一次；视草坪生长密度，1～2年疏草一次；举行过大型活动后，草坪应局部疏草并培沙。

2.大范围打孔疏草：准备机械、沙、工具，先用剪草机将草重剪一次，用疏草机疏草，用打孔机打孔，用人工扫除或用旋刀剪草机吸走打出的泥块及草渣，施入土壤改良肥，培沙。

3.局部疏草：用铁耙将被踩实部分耙松，深度约5cm，清除耙出的土块杂物，施入土壤改良肥并进行培沙。

4.草坪如出现直径10cm以上秃斑、枯死，或局部恶性杂草占该部分草坪草50%以上且无法用除草剂清除的，应局部更换该处草坪草，更换草坪时应切边整齐，新旧草皮接口吻合，并滚压紧实。

5.草坪局部出现被踩实，导致生长严重不良，应局部疏草改良。

6.草坪打孔疏草应在5～10月间进行。

7.人工除草，一般少量杂草或无法用除草剂的草坪杂草采用人工拔除。

8.人工除草按区、片、块划分，定人、定量、定时地完成除草工作。

9.应采用蹲姿作业，不允许坐地或弯腰寻杂草。

10.应用辅助工具将草连同草根一起拔除，不可只将杂草地上部分去除。

11.拔出的杂草应及时放于垃圾桶内，不可随处乱放。

12.除草剂除杂草，已蔓延的恶性杂草用选择性除草剂防除。

13.药物除草应由绿化负责人或技术员配药，正确选用除草剂。

14.喷除草剂时喷枪要压低，严防药雾飘到其他植物上。

15.喷完除草剂的喷枪、桶、机等要彻底清洗，并用清水抽洗喷药机几分钟，洗出的水不可倒在有植物的地方。

16.靠近时花、灌木、小苗的地方禁用除草剂，禁用灭生性除草剂。

17.喷药前提前做好安全防范工作；喷药时应挂放明显的喷药标志。

18.养护工作业完后养护负责人对工作结果进行检查，检查标准如下：

（1）草坪没有明显高于8cm的杂草，8cm的杂草不得超过5棵／㎡。

（2）整块草坪没有明显的阔叶杂草。

（3）整块草地没有已经开花结籽的杂草。

第二十三条 乔木中耕松土、除杂草

1.树木缺株及枯死的苗木补植时，地区养护负责人填写《苗木计划表》经公司领导批准后方可实施，补植的树木原则上应选用与原有树种、规格相同的苗木；特殊情况要更改品种、规格需由项目养护有限公司领导审批后方可实施。

2.树木根部附近的土壤要保持树木根部疏松，易板结的土壤，在蒸腾旺季应每月松土一次。

3.乔木周围的野草，应结合中耕进行铲除，特别注意具有严重危害的各类藤蔓（例如菟丝子等）。

4.中耕、除草宜在晴朗或雨后初晴且土壤不过分潮湿的条件下作业。

5.养护工作业完后养护负责人对工作结果进行检查，检查标准如下：

（1）穴球是否圆滑、整齐，人工除杂草是否连根拔起。

（2）各地区养护负责人每周须对各区域大型乔木（贵重树木）进行巡查。

（3）各地区养护负责人每半年须对各区域乔木进行详细的清点一次。

第二十四条 灌木中耕松土、除杂草

1.灌木在3～12月必须每月松1次土，1～2月要培土防寒。

2.灌木不允许存在杂草及寄生植物。

3.灌木出现缺株或死苗要及时进行补种。死亡的苗木挖除前必须由地区养护负责人填写《工程、养护苗木报损表》，经公司领导批示后方可实施。

4.树木缺株及枯死的苗木补植时，地区养护负责人填写《苗木计划表》经公司领导批准后方可实施，补植的树木应选用与原有树种、规格相同的苗木。

5.灌木到场12h内补种完毕，及时浇透水。

6.养护工作业完后养护负责人对工作结果进行检查，检查标准如下：

（1）灌木不允许存在寄生植物。

（2）人工除杂草是否连根拔起。

（3）穴球是否圆滑、整齐。

7.各地区养护负责人每周须对各区域贵重灌木进行巡查。

8.各地区养护负责人每半年须对各区域苗木进行详细的清点一次。

第二十五条 地被、绿篱中耕松土、除杂草

1.部分地被植物种植后每月松土一次（地被松土主要是指种植较稀疏的植物，如玫瑰、月季、美人蕉等植物）。

2.地被植物每平方米杂草在5～7根以内，没有高出地被植物的杂草。

3.地被植物出现缺株或死苗要及时进行补种。

4.补种的苗木必须与原有苗木品种、规格一致。

5.地被苗到场24h内补种完毕，并及时浇透水。

6.养护工作业完后养护负责人对工作结果进行检查，检查标准如下：

（1）地被植物边缘是否明显，控制在5cm以下。

（2）地被植物每平方米杂草控制在5～7根以内，没有高出地被植物的杂草。

参考文献

[1] 陈有民. 园林树木学. 北京：中国林业出版社，2006.

[2] 陈植. 观赏树木学. 北京：中国林业出版社，1984.

[3] 龚维红，赖九江. 园林树木栽培与养护. 北京：中国电力出版社，2009.

[4] 刘宏涛等. 园林花木繁育技术. 沈阳：辽宁科学技术出版社，2005.

[5] 施振周，刘祖祺. 园林花木栽培新技术. 北京：中国农业出版社，1999.

[6] 宋小兵等. 园林树木养护问答240例. 北京：中国林业出版社，2002.

[7] 苏雪痕. 植物造景. 北京：中国林业出版社，1998.

[8] 田伟政. 园林树木栽培技术. 北京：化学工业出版社，2009.

[9] 王生义. 园林树木的冬态识别. 科技情报开发与经济，2007，17(1).

[10] 王永. 园林树木. 北京：中国电力出版社，2009.

[11] 魏岩. 园林植物栽培与养护. 北京：中国科学技术出版社，2003.

[12] 张天麟. 园林树木1600种. 北京：中国建筑工业出版社，2010.

[13] 张养中，郑红霞，张颖. 园林树木与栽培养护. 北京：化学工业出版社，2006.

[14] 郑宴义. 园林植物繁殖栽培新技术. 北京：中国农业出版社，2006.

[15] 中华人民共和国劳动与社会保障部，中华人民共和国国家林业局. 国家职业标准《林木种苗工》. 北京：中国林业出版社，2005.

[16] 周兴元. 园林植物栽培. 北京：高等教育出版社，2006.

[17] 卓开荣. 园林植物生长环境. 北京：化学工业出版社，2010.

[18] 刘奕清. 观赏植物. 北京：化学工业出版社，2009.

[19] 熊运海. 园林植物造景. 北京：化学工业出版社，2009.

[20] 张祖荣. 园林树木栽植与养护技术. 北京：化学工业出版社，2009.

[21] 鞠志新. 园林苗圃. 北京：化学工业出版社，2009.

[22] 崔金腾. 园林彩叶植物与景观配置. 北京：化学工业出版社，2017.

[23] 雷琼等. 园林植物种植设计. 北京:化学工业出版社，2017.

[24] 鲁敏等. 风景园林生态应用设计. 北京:化学工业出版社，2015.

[25] 唐岱等. 园林树艺学. 北京：化学工业出版社，2014.

[26] 布凤琴等. 300种常见园林树木识别图鉴. 北京：化学工业出版社，2014.

[27] 中国科学院中国植物志编辑委员会. 中国植物志第七十二卷. 上海：科学出版社，1988：255.

[28] 王庆菊. 园林树木原色图鉴. 北京：化学工业出版社，2016.

[29] 王庆菊，刘杰. 园林树木（北方本）. 北京：中国农业大学出版社，2017.

索引